FZI-Berichte Informatik

Herausgegeben vom Forschungszentrum Informatik
an der Universität Karlsruhe (FZI)

Herausgebergremium: R. Dillmann G. Goos P. C. Lockemann
U. Rembold W. Rosenstiel

B. Eschermann

Testfreundliche Synthese hochintegrierter Schaltungen

Springer-Verlag

Berlin Heidelberg New York
London Paris Tokyo
Hong Kong Barcelona
Budapest

Herausgeber

Forschungszentrum Informatik an der Universität Karlsruhe (FZI)
Haid-und-Neu-Straße 10-14, W-7500 Karlsruhe 1

Autor

Bernhard Eschermann
Universität-GH Siegen, FB 12
Hölderlinstraße 3, W-5900 Siegen

ISBN-13: 978-3-540-55661-9   e-ISBN-13: 978-3-642-77639-7
DOI: 10.1007/ 978-3-642-77639-7

Satz: Reproduktionsfertige Vorlage vom Autor
45/3140-5 4 3 2 1 0 – Gedruckt auf säurefreiem Papier

Vorwort

In der vorliegenden Arbeit werden Verfahren vorgestellt, mit deren Hilfe aus Funktionsbeschreibungen digitaler Steuerwerke Schaltungsstrukturen synthetisiert werden können, die zugleich effizient realisierbar und testbar sind. Im Vergleich zum bisherigen Vorgehen, Testhilfen in Schaltungen erst nach beendetem Entwurf einzuarbeiten, wird es dadurch möglich, besser testbare Schaltungen mit weniger Aufwand zu implementieren. Die Vorgabe von Testbarkeitsanforderungen erlaubt es außerdem, den Entwurfsablauf im Hinblick auf diese Anforderungen zielgerichteter zu organisieren.

Steuerwerke sind neben Operationswerken die wesentlichen Bestandteile digitaler Datenverarbeitungssysteme. Im Gegensatz zu Operationswerken sind sie durch eine komplexe und unregelmäßige innere Struktur gekennzeichnet. Aus diesem Grund gestaltet sich ihr Test in hochintegrierten Schaltungen besonders schwierig, und nachträglich integrierte Testhilfen verursachen hier einen besonders großen Mehraufwand. Die Suche nach neuartigen Syntheseverfahren, die diese Probleme lösen, erscheint deshalb besonders attraktiv.

Ausgangspunkt der Betrachtungen ist die funktionale Modellierung eines Steuerwerks als deterministischer endlicher Automat, der in eine auch für Testzwecke optimierte Implementierung auf Gatterebene transformiert werden soll. Dazu werden Hardware-Strukturen vorgeschlagen, die es ermöglichen, einerseits Testhilfen zur Reduzierung der Systemlogik zu nutzen, andererseits Testbarkeitsanforderungen durch spezielle Syntheseverfahren besonders effizient zu erfüllen. Anstatt eine feste Teststruktur in eine starre, zuvor entworfene Schaltung einzufügen, kann die Schaltung während des Entwurfs so optimiert werden, daß die Testausstattungen möglichst effizient realisierbar sind. Entsprechende Entwurfsmethoden und Optimierungsalgorithmen werden sowohl für extern testbare als auch für selbsttestbare Steuerwerke beschrieben.

Durch die gleichzeitige Synthese von System- und Testlogik wird es überdies möglich, neue Teststrategien zu verwirklichen, die zu einer erhöhten Fehlererfassung führen. Bei extern zu testenden Steuerwerken erlauben „emulierte Prüfpfade" den Verzicht auf unterschiedliche Arbeitsweisen im System- und Testbetrieb. Für selbsttestbare Steuerwerke wird gezeigt, wie ein „paralleler

Selbsttest" die Anwendbarkeit von Tests mit Zufallsmustern auf allgemeine Schaltwerke erweitert.

Insgesamt wird damit ein Instrumentarium zur Verfügung gestellt, das es gestattet, für Steuerwerke in integrierten Schaltungen den scheinbaren Widerspruch von geringem Realisierungs- und zugleich geringem Testaufwand aufzulösen. Gleichzeitig demonstriert der Ansatz beispielhaft eine neue Methodik des Entwurfs, die die Testbarkeit und damit die Verläßlichkeit zu realisierender Schaltungen als a priori zu verfolgendes Ziel stärker in den Mittelpunkt rückt.

Das Manuskript entspricht meiner Dissertation mit dem Titel „Testfreundliche Synthese von VLSI-Steuerwerken", die im Mai 1991 von der Fakultät für Informatik der Universität Karlsruhe angenommen wurde. Sie entstand während meiner Tätigkeit als wissenschaftlicher Mitarbeiter am Institut für Rechnerentwurf und Fehlertoleranz der Universität Karlsruhe.

Zu großem Dank für die Betreuung der Arbeit und die Übernahme des Referats sowie für seine großzügige Unterstützung und sein stetes Interesse bin ich dem Leiter des Instituts, Herrn Prof. Dr.-Ing. D. Schmid, verpflichtet. Mein Dank gilt auch Herrn Prof. Dr.-Ing. H. M. Lipp für die Übernahme des Korreferats, die sorgfältige Begutachtung der Arbeit und die sich daraus ergebenden Hinweise.

Weiterhin danke ich allen Mitarbeiterinnen und Mitarbeitern am Institut für Rechnerentwurf und Fehlertoleranz für die gute Zusammenarbeit. Besonders danke ich Herrn Prof. Dr. H.-J. Wunderlich für seine Bereitschaft zu Diskussionen über das Themengebiet sowie für die hilfreichen Hinweise zur Darstellung der Arbeit. Ferner möchte ich allen Studenten danken, die mich durch Diplom- und Studienarbeiten bzw. ihre Tätigkeit als wissenschaftliche Hilfskraft unterstützt haben.

Schließlich danke ich dem Herausgebergremium des Forschungszentrums Informatik in Karlsruhe für die Aufnahme des Buches in die Reihe FZI-Berichte Informatik und dem Springer-Verlag, besonders Frau I. Mayer und Herrn Dr. H. Wössner, für die sorgfältige Vorbereitung des Manuskripts zum Druck.

Karlsruhe, April 1992   Bernhard Eschermann

Inhaltsverzeichnis

1 Einleitung

1.1 Motivation

Wesentliche Bestandteile digitaler Datenverarbeitungssysteme sind *Operationswerke*, in denen Daten miteinander verknüpft werden, und *Steuerwerke*, die solche Verknüpfungen in der richtigen Reihenfolge aktivieren und die für den Datentransport notwendigen Verbindungswege durchschalten. Operationswerke bestehen im allgemeinen aus einer modularen Zusammenschaltung von regelmäßigen Blöcken wie Registern, Multiplexern, arithmetisch-logischen Einheiten u. ä., während Steuerwerke durch eine komplexe und unregelmäßige innere Struktur mit vergleichsweise geringer Anzahl von Speicherelementen charakterisiert sind. Beide Schaltungstypen sind häufig auf einem Chip integriert. Obwohl das Operationswerk dabei im allgemeinen den größeren Teil der Fläche einnimmt, ist das Steuerwerk aufgrund seiner geringeren Regularität oftmals schwieriger zu entwerfen. „The control logic is often the 10 % of the chip that takes 90 % of the time to design" [DMNS 88b]. Für anwendungsspezifische Schaltungen hat dieses Problem eine noch größere Bedeutung, da sie im allgemeinen von Steuerwerksanteilen dominiert sind [Keut 89, Wolf 90].

Die Gesamtkosten einer Schaltung setzen sich aus stückzahlunabhängigen Entwurfs- und stückzahlabhängigen Herstellungs- und Testkosten zusammen. Die durch Fortschritte in der Chiptechnologie steigende Schaltungskomplexität führt zu Entwurfs- und Testkosten, die relativ zu den eigentlichen Fertigungskosten steigen [CaHi 90]. Daher gewinnt die Reduktion der Entwurfs- und Testkosten besonderes Gewicht.

In diesem Zusammenhang wird seit längerem weltweit an Systemen zur Unterstützung der Entwicklung integrierter Schaltungen gearbeitet. Vor allem die Umsetzung von in Schaltplänen festgehaltenen Schaltungsstrukturen in Vorgaben für die Fertigung ist bereits weitgehend automatisiert. Erreicht wurde dadurch eine Senkung der Entwurfskosten und Entwurfszeiten, was besonders anwendungsspezifischen Schaltungen mit relativ geringen Stückzahlen zugute kommt, aber auch für Produkte mit hohen Stückzahlen wie z. B. Mikroprozessoren wichtig ist [Boss 87, SIEM 89]. In den letzten Jahren konzentrierte sich die Forschung stärker auf Ansätze zur Umsetzung der funktionalen Spezifikation einer Schaltung in eine Schaltungsstruktur. Systeme zur Synthese von Steuerwerken fanden dabei aufgrund der oben geschilderten Probleme besondere Beachtung und erste kommerzielle Anwendungen [Perr 89].

Die Testkosten wachsen ungefähr quadratisch mit der Anzahl der Transistoren in einer integrierten Schaltung und verursachen mittlerweile einen signifikanten Anteil der Gesamtkosten [HNFG 89]. Für anwendungsspezifische Schaltungen ist dieser Anteil teilweise auf 60-70 % [Benn 84, Will 86] gestiegen. Um eine befriedigende Produktqualität garantieren zu können, wird es daher unabdingbar, Schaltungen vor der Herstellung so zu modifizieren, daß sie leichter testbar werden („design for testability"); selbst bei Implementierung eines sogenannten Prüfpfades können die Testkosten inzwischen jedoch 50 % der Gesamtkosten ausmachen [Fair 90]. Die notwendigen Schaltungsmodifikationen nach Abschluß des eigentlichen Entwurfs vergrößern außerdem die Chipfläche (z. B. um 5-25 % für kommerzielle Mikroprozessoren [NFWN 89]) und damit die Herstellungskosten und reduzieren gleichzeitig die Geschwindigkeit der Schaltung.

Da der Trend zu höherer Chipkomplexität, höherer Geschwindigkeit und kürzeren Produktzyklen anhält, macht sich das nachträgliche Hinzufügen von Testhilfen immer mehr als Schwäche der bisherigen Entwurfs- und Testmethodik bemerkbar [CaHi 90]. Steuerwerke führen aufgrund ihrer unregelmäßigen und stark vermaschten inneren Struktur und der daraus resultierenden großen sequentiellen Tiefe zu besonderen Testproblemen und erfordern einen überproportional großen Zusatzaufwand für Testschaltungen [KuSa 84, Perr 89]. Hauptziel neuartiger Entwurfs- und Teststrategien muß deshalb die gleichzeitige Optimierung von Schaltungsfläche, Geschwindigkeit, Testbarkeit und Entwurfsaufwand sein. Im einzelnen stellen sich die Teilprobleme wie folgt dar:

Fläche: In Anbetracht des steigenden Integrationsgrades könnte man annehmen, daß der Schaltungsmehraufwand für einen testfreundlichen Entwurf weniger ins Gewicht fällt. Durch die höhere Integrationsdichte soll jedoch hauptsächlich die Möglichkeit genutzt werden, mehr Funktionen auf einem Chip unterzubringen und damit teure, relativ unzuverlässige und langsame Verbindungen zwischen verschiedenen Chips zu vermeiden, weshalb man weiterhin alle Möglichkeiten nutzt, um Chip-Fläche einzusparen. Dies gilt umso mehr, als die für die Fertigungskosten maßgebliche Ausbeute exponentiell mit wachsender Chip-Fläche abnimmt [Wund 91].

Testbarkeit: Je mehr Bauelemente auf einem Chip vereinigt werden, desto schwieriger wird es, die für die einzelnen Bauelemente optimierten Teststrategien zu einer Teststrategie für den Gesamtentwurf zu vereinigen. Es ist daher wünschenswert, die Teststrategie nicht mehr „bottom-up" aus den fertig entworfenen Bauteilen abzuleiten, sondern zunächst eine globale Chip-Teststrategie zu entwickeln und diese „top-down" zu den einzelnen Moduln zu propagieren [Gaba 90]. Aufgabe der Synthesewerkzeuge ist es dann, die Moduln entsprechend der vorgegebenen Test-Spezifikation zu optimieren [BIST 90].

Geschwindigkeit: Die höheren Geschwindigkeitsanforderungen verlangen ebenfalls eine stärkere Berücksichtigung der Testbarkeit während der Synthese der Schaltungen, da zur Gewährleistung der Testbarkeit nachträglich einzufügende zusätzliche Gatter den kritischen Pfad verlängern können und damit die maximal mögliche Betriebsfrequenz reduzieren [MiAT 88]. Auch zur Reduktion der für das Zeitverhalten immer maßgeblicher werdenden Leitungsverzögerungen ist es notwendig, die Zusatzfläche für Testbarkeitsmaßnahmen so klein wie möglich zu halten. Nicht zuletzt werden für schnellere Schaltungen dynamische Tests immer wichtiger. Konventionelle Selbsttestschaltungen können zwar zum Test mit der normalen Betriebsfrequenz der Schaltung benutzt werden, gerade für Steuerwerke wird durch die Umschaltung in einen speziellen Testmodus die Aussagekraft des Tests für dynamische Fehlfunktionen aber stark eingeschränkt [Kras 89].

Entwicklungszeit: Kürzere Produktzyklen erfordern kürzere Entwicklungszeiten, um Produkte schneller auf den Markt bringen zu können. Zusätzliche Entwurfsschritte, um Testschaltungen in eine bereits fertig synthetisierte Schaltung einzubeziehen, sind daher unerwünscht [Tuck 90, Gaba 90]. Erfüllt die Schaltung nach Einfügung der Testschaltungen nicht mehr die Anforderungen in Bezug auf Geschwindigkeit und Fläche, werden Iterationen im Entwurfsprozeß notwendig und die Entwicklung wird weiter verlangsamt. So verzögert sich die Auslieferung von fast 50 % aller anwendungsspezifischen integrierten Schaltungen wegen auftretender Testprobleme [Rein 89].

Testbarkeit wird neben Chipfläche und Geschwindigkeit somit zu einem weiteren wesentlichen Entwurfsparameter [IEEE 90a], Testbarkeitsanforderungen sollten schon auf höheren Entwurfsebenen bei der Umsetzung der funktionalen Beschreibung einer Schaltung in eine Strukturbeschreibung berücksichtigt werden [Gaba 90]. Neue Synthesewerkzeuge sollten eine einfachere Testplanung und -steuerung für die Gesamtschaltung durch Vorgabe der Teststrategie beim Entwurf der Einzelmoduln ermöglichen, durch eine bessere Verbindung von System- und Testfunktion sowohl Chipfläche einsparen als auch die Verarbeitungsgeschwindigkeit vergrößern, die Testbarkeit, z. B. für dynamische Fehler erhöhen und Entwurfskosten und Entwurfszeit durch eine stärkere Automatisierung und Einbeziehung von Testbarkeitsmaßnahmen in die Synthese verringern [BIST 90, Tuck 90, CaHi 90].

1.2 Ziel der Arbeit

Das Ziel dieser Arbeit ist es, Hardware-Strukturen, Entwurfsmethoden und Synthesealgorithmen zu entwickeln, um ausgehend von der funktionalen Spezifikation von Steuerwerken für vorgegebene Teststrategien flächen- oder geschwindigkeitsoptimierte Realisierungen zu erzeugen und die notwendigen Teststrukturen automatisch einzufügen („synthesis for testability"). Anstatt Testausstattungen in fertig entworfene Schaltungen mit festgelegten Struktu- ren einzupassen, sollen die Freiheitsgrade der Synthese dazu genutzt werden, die Testausstattungen möglichst effizient in die zu generierende Struktur ein- beziehen zu können. Schaltungsfläche und -geschwindigkeit können während der Synthese im Hinblick auf die endgültige Schaltungsstruktur optimiert wer- den und nicht für eine durch Testausstattungen noch zu modifizierende Zwi- schenstruktur. Weiterhin lassen sich Testausstattungen dazu nutzen, auch während des Betriebs einer Schaltung gewisse Aufgaben zu übernehmen und damit die zur Realisierung der Schaltung notwendige Anzahl von Bauelemen- ten zu reduzieren. Umgekehrt kann die Testausstattung unter dem Gesichts- punkt ausgewählt werden, während des Systembetriebs von möglichst großem Nutzen zu sein. Die Testausstattung erscheint dadurch nicht mehr als für die Systemfunktionalität irrelevanter Zusatzaufwand – ein Punkt, der häufig für die mangelnde Akzeptanz von Maßnahmen zur Erhöhung der Testbarkeit ver- antwortlich gemacht wird [Breu 90, Bose 90, HNFG 89]. Bild 1.1 stellt den Unterschied zwischen dem herkömmlichen „design for testability" und dem oben umrissenen neuen Konzept nochmals graphisch dar.

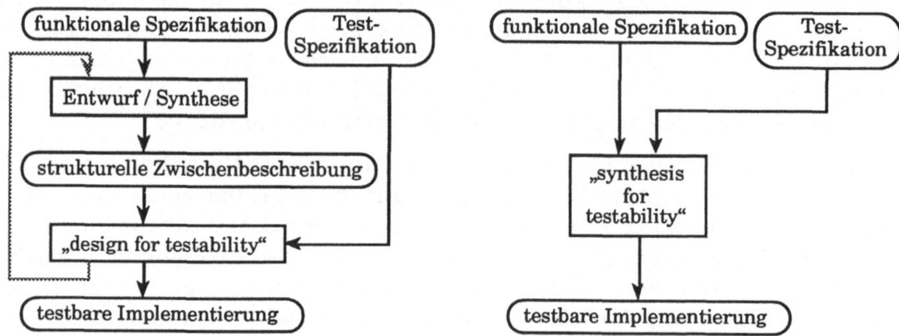

Bild 1.1: Vergleich von „design for testability" und „synthesis for testability"

Durch die Berücksichtigung von Testbarkeitsanforderungen werden die Test- kosten, durch optimierte Entwurfsverfahren die Chipfläche und damit die Fer- tigungskosten, durch Verfahren zur Automatisierung des Syntheseprozesses die Entwurfskosten reduziert. Gleichzeitig lassen sich durch Testschaltungen verursachte Geschwindigkeitseinbußen reduzieren. Die frühzeitige Berück- sichtigung der Testbarkeit erlaubt es zusätzlich, mit neuen Testmethoden eine Erhöhung der Fehlererfassung und damit der Produktqualität zu erhalten.

1.3 Aufbau der Arbeit

Kapitel 2 stellt zunächst die für das Verständnis der Arbeit notwendigen Grundlagen zusammen und führt in die verwendete Symbolik und Terminologie ein. Dazu wird ein Überblick über die Steuerwerkssynthese, über Testmethoden und Entwurfsmodifikationen zur Verbesserung der Testbarkeit hochintegrierter Schaltungen gegeben. Basierend auf diesen konventionellen Verfahren entstanden in den letzten zwei Jahren erste Ansätze für alternative Methoden zur Synthese testfreundlicher Steuerwerke, auf deren Charakteristiken, Vor- und Nachteile zum Abschluß von Kapitel 2 eingegangen wird.

Kapitel 3 stellt einen einheitlichen Rahmen für testfreundliche Schaltungen vor und entwickelt daraus optimierte Hardware-Strukturen sowohl für selbsttestbare als auch für extern testbare Steuerwerke. Diese Steuerwerksstrukturen erlauben es, die vorgegebene Teststrategie der zu realisierenden Schaltung bereits während des funktionalen Entwurfs zu berücksichtigen, System- und Testhardware besser aufeinander abzustimmen und die Testausstattungen auch während des Normalbetriebs zu nutzen.

Die folgenden Kapitel 4 bis 6 beschäftigen sich dann mit Entwurfsmethoden, um diese Zielstrukturen möglichst effizient auszunutzen, und mit Algorithmen, um den Syntheseprozeß zu automatisieren. Da für die Optimierung der meisten vorgestellten Steuerwerksstrukturen die Zustandscodierung eine zentrale Rolle spielt, wird dieses Thema in Kapitel 4 getrennt behandelt. Unter Rückgriff auf die dort bereitgestellten Hilfsmittel stellen Kapitel 5 Syntheseverfahren für selbsttestbare Steuerwerke und Kapitel 6 Syntheseverfahren für extern testbare Steuerwerke vor. Durch die gemeinsame Synthese von System- und Testlogik wird insbesondere für selbsttestbare Schaltungen nicht nur eine Optimierung der Entwurfsergebnisse erreicht, sondern zusätzlich werden neue Testmethoden möglich, die eine kostengünstigere Überprüfung von Steuerwerken gestatten. Ihre Analyse schließt sich jeweils an. Zur experimentellen Überprüfung der vorgestellten Verfahren werden nach der Darstellung der theoretischen Grundlagen die damit erzielbaren Resultate für eine Reihe von Benchmark-Beispielen konventionellen Lösungen vergleichend gegenübergestellt.

Abschließend faßt Kapitel 7 die wesentlichen Ergebnisse der Arbeit kurz zusammen. In einem Ausblick wird auf offene Probleme und weitere Entwicklungsmöglichkeiten bei der Synthese testfreundlicher Schaltungen hingewiesen.

2 Synthese und Test hochintegrierter Steuerwerke

2.1 Steuerwerksentwurf

Abschnitt 2.1.1 gibt zunächst einen allgemeinen Überblick über den Steuerwerksentwurf, bevor in den folgenden Abschnitten spezieller auf Fragen der Steuerwerksbeschreibung, der Zustandscodierung und der Logikminimierung eingegangen wird. Dabei soll hauptsächlich die im weiteren verwendete Terminologie und Symbolik eingeführt werden, für eine detailliertere Einführung muß auf entsprechende Standardliteratur verwiesen werden (z. B. [McCl 86]).

2.1.1 Allgemeines

Digitale Schaltungen lassen sich in Schaltnetze (kombinatorische Schaltungen) und Schaltwerke (sequentielle Schaltungen) unterteilen. Während ein Schaltnetz vorgegebenen Eingangssignalen stets eindeutig bestimmte Ausgangssignale zuordnet, hängen die Ausgangssssignale bei einem Schaltwerk zusätzlich von der Folge von Eingangssignalen in der Vergangenheit ab. Schaltwerke sind intern aus Schaltnetzen und Speichergliedern aufgebaut. Wegen der geringen Bedeutung größerer asynchroner Schaltwerke in integrierten Digitalschaltungen [RoCa 89] wird dabei im folgenden stets von einer synchronen Realisierung mit taktgesteuerten Speichergliedern ausgegangen.

Beim Entwurf entstehen im allgemeinen zwei Arten von Schaltwerken sehr unterschiedlicher Funktion und Struktur. Das eine Schaltwerk - das *Operationswerk* - verarbeitet vorgegebene Daten, das andere - das *Steuerwerk* - steuert diese Verarbeitung nach einem festgelegten Programm [GiLi 80]. Zur Kommunikation der beiden Schaltwerke untereinander wird eine Anzahl von Status- und Steuersignalen genutzt (siehe Bild 2.1). Ziel des Steuerwerksentwurfs ist eine möglichst „günstige" strukturelle Implementierung des vorgegebenen Verhaltens, wobei als Gütekriterium meist eine Kombination aus Entwurfsaufwand, Realisierungskosten und Verarbeitungsgeschwindigkeit herangezogen wird. Der wesentliche Freiheitsgrad beim Steuerwerksentwurf besteht in der Realisierung seiner Schaltnetzbestandteile.

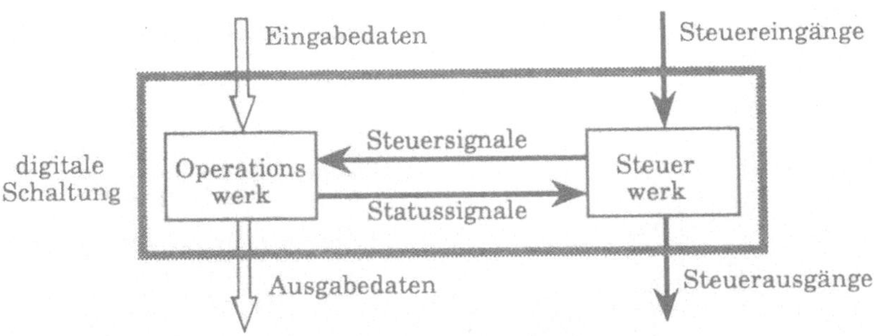

Bild 2.1: Operations- und Steuerwerk

Bei *mikroprogrammierten Steuerwerken* [Wilk 51] werden die kombinatorischen Verknüpfungen durch entsprechende Belegungen von Festwertspeichern realisiert, bei *festverdrahteten Steuerwerken* durch „krause Logik", d. h. die unregelmäßige Zusammenschaltung von logischen Grundbausteinen (Gattern). Dazwischen liegen *PLA-Steuerwerke*, bei denen die „Speichermatrix" an die zu realisierenden Schaltnetze angepaßt werden kann. Die Entwurfs- und Optimierungsmethoden für mikroprogrammierte Steuerwerke unterscheiden sich wesentlich von denen anderer Steuerwerke [Ager 76, Gras 78 Mala 85].

Mikroprogrammierte Steuerwerke bieten vor allem durch die Realisierung eines größeren Schaltnetzes in einem Baustein und die Flexibilität aufgrund der leichten Änderbarkeit der Speicherbelegung Vorteile. Bei Mikroprozessoren ermöglichen beschreibbare Mikroprogrammspeicher die Emulation verschiedener Architekturen. Mit dem Aufkommen von RISC-Prozessoren, der zunehmenden Verbreitung anwendungsspezifischer integrierter Schaltungen und der Entwicklung von Synthesesystemen, die ausgehend von einer flexiblen Beschreibungsform automatisch flächeneffiziente Layouts für die Realisierung des gesamten Steuerwerks in einem Baustein generieren können, gewinnen festverdrahtete und PLA-Steuerwerke allerdings stärkere Bedeutung [Demi 87, Perr 89]. Die später vorgestellten Optimierungsverfahren sind angesichts dieser Entwicklung primär auf festverdrahtete und PLA-Steuerwerke ausgerichtet, obgleich die Grundstrukturen und Testmethoden in beliebigen Steuerworkrealisierungen eingesetzt werden können.

Bild 2.2 gibt eine Übersicht über das beim Steuerwerksentwurf übliche Vorgehen. Ausgangspunkt des Entwurfs ist eine formale Beschreibung des Steuerwerksverhaltens, die entweder direkt vorgegeben wird oder von einem Synthesesystem beim Entwurf des Operationswerks abgeleitet werden kann [BCDO 88, HaPa 89, CaRo 89, CaTa 89]. Unter Umständen kann das Steuerwerk noch in Teilsteuerwerke aufgespalten werden [DeNe 88, GrMu 88]; jedoch wird eine der Struktur des Operationswerkes angepaßte Modularisierung meist bereits vor einer Formalisierung der Steuerwerksbeschreibung vorgenommen [Spaa 86, CaEi 87, BCDO 88, KuDe 89].

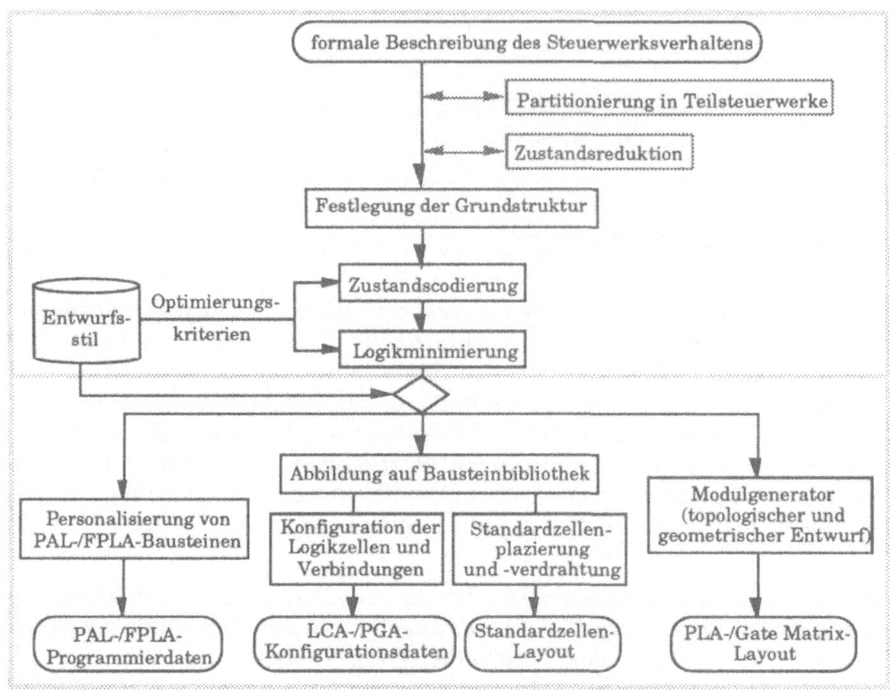

Bild 2.2: Gliederung des Entwurfsprozesses für Steuerwerke

Eventuell können äquivalente bzw. verträgliche Zustände der Steuerwerksbeschreibung zusammengefaßt werden. Für vollständig spezifizierte Steuerwerke ist dieses Problem der *Zustandsreduktion* mit polynomialem Aufwand zu lösen [Hopc 71], für die meist in der Praxis auftretenden unvollständig spezifizierten Steuerwerke ist es allerdings NP-vollständig [Pfle 73]. Eine Verkleinerung der Zustandsanzahl vermindert die Anzahl der zu realisierenden Zustandsübergänge und unter Umständen auch die Anzahl der notwendigen Speicherelemente. Allerdings ist nicht garantiert, daß dies auch immer die Komplexität der realisierten Schaltung reduziert [AvQH 90].

Der nächste Entwurfsschritt nach der Festlegung der Grundstruktur des Steuerwerks ist die *Zustandscodierung*, bei der den symbolischen Zuständen der Steuerwerksbeschreibung eine binäre Codierung zugewiesen wird. Damit können die Zustände als Bitvektoren in einem aus Flipflops bestehenden Zustandsregister gespeichert und in booleschen Verknüpfungsbausteinen verarbeitet werden. Die nachfolgende *Logikminimierung* reduziert den Realisierungsaufwand der resultierenden Verknüpfungen mit Hilfe von Gesetzen der booleschen Algebra. Der gewählte Entwurfsstil wirkt sich auf die bisher behandelten Schritte des logischen Entwurfs nur über die Kostenfunktion der Optimierung aus.

Beim folgenden physikalischen Entwurf beinflußt die Zieltechnologie dagegen stark die notwendige Folge weiterer Entwurfsschritte [RoCa 89]. Für einige Standardentwurfsstile wie programmierbare Logikfelder (PALs und FPLAs) [SaSB 90], programmierbare Zellbausteine (LCAs) [Free 89] und programmierbare Gate Arrays (PGAs) [McSh 90], Standardzellschaltungen [Gerv 86], integrierte PLAs [BHMS 84] und Gate Matrix-Implementierungen [WiHW 85] ist die Verschiedenheit des weiteren Vorgehens in Bild 2.2 veranschaulicht. Da die vorliegende Arbeit von der Zieltechnologie und dem darauf bezogenen physikalischen Entwurf soweit wie möglich abstrahiert, soll hierauf nicht näher eingegangen werden.

2.1.2 Beschreibungsformen

Formal läßt sich das Verhalten jedes Schaltwerks durch einen diskreten deterministischen endlichen Automaten modellieren; in der Praxis bewährt sich diese Modellierung jedoch besonders gut für Steuerwerke [RoCa 89].

Definition 2.1: Ein *Steuerwerk* S = (E, A, Z, $f_a{}^V$, $f_z{}^V$, Z^0) ist die technische Realisierung eines deterministischen endlichen Automaten mit der Eingabemenge E, der Ausgabemenge A, der Zustandsmenge Z, einem Anfangszustand $Z^0 \in Z$, sowie einer Ausgabefunktion $f_a{}^V$:E × Z → A und einer (Zustands-)Übergangsfunktion $f_z{}^V$: E × Z → Z.

Dabei wurde ein Mealy-Automat zugrunde gelegt, für den Spezialfall von Moore-Automaten entfällt die Abhängigkeit der Ausgabefunktion von der Eingabe, $f_a{}^V$: Z → A. Die beiden das Verhalten des Steuerwerks festlegenden Funktionen $f_a{}^V$ und $f_z{}^V$ können durch eine symbolische Überdeckung $\mathcal{C}$ spezifiziert werden. Für undefinierte Ausgaben bzw. Folgezustände wird dabei im folgenden das Symbol ε verwendet.

Definition 2.2: Ein *symbolischer Implikant* eines Steuerwerks S ist ein 4-Tupel I = (E_i, Z_j; $Z_k{}^+$, A_ℓ) mit $E_i \in E$, $Z_j \in Z$, $Z_k{}^+ \in Z \cup \{\varepsilon\}$, $A_\ell \in A \cup \{\varepsilon\}$ und

$$Z_k{}^+ = \begin{cases} \varepsilon \text{ falls } f_z{}^V(E_i,Z_j) \text{ undefiniert} \\ f_z{}^V(E_i,Z_j) \text{ sonst} \end{cases}, \quad A_\ell = \begin{cases} \varepsilon \text{ falls } f_a{}^V(E_i,Z_j) \text{ undefiniert} \\ f_a{}^V(E_i,Z_j) \text{ sonst} \end{cases}$$

Definition 2.3: Die *symbolische Überdeckung* C eines Steuerwerks S ist die Menge aller zur Beschreibung des Steuerwerks notwendigen symbolischen Implikanten von S, $C = \{I = (E_i, Z_j; Z_k{}^+, A_\ell) \mid Z_k{}^+ \neq \varepsilon \vee A_\ell \neq \varepsilon\}$.

Die symbolische Überdeckung eines Steuerwerks kann in Form einer *Ablauftabelle* dargestellt werden (siehe Bild 2.3), deren Zeilen den symbolischen Implikanten des Steuerwerks entsprechen.

symbol. Eingabe	symbol. Zustand	symbol. Folgezustand	symbol. Ausgabe
E_1	Z_1	Z_1^+	A_1
...	...	...	...
E_i	Z_j	Z_k^+	A_ℓ
...	...	...	...

Bild 2.3: Ablauftabelle eines Steuerwerks

Eine anschaulichere, für größere Steuerwerke aber unübersichtlichere Darstellung bietet der Zustandsübergangsgraph (Bild 2.4).

Definition 2.4: Der *(Zustands-)Übergangsgraph* ZG = (Z, Ü) eines Steuerwerks S ist ein gerichteter markierter Graph, dessen Knoten den Zuständen Z und dessen Kanten den Zustandsübergängen $Ü \subseteq Z \times Z$ des Steuerwerks entsprechen. Ein Zustandsübergang führt dabei von einem Zustand Z_j zu einem Zustand $Z_k^+ = f_z^V(E_i, Z_j)$ und ist mit der zugehörigen Eingabe E_i und der Ausgabe $A_\ell = f_a^V(E_i, Z_j)$ markiert.

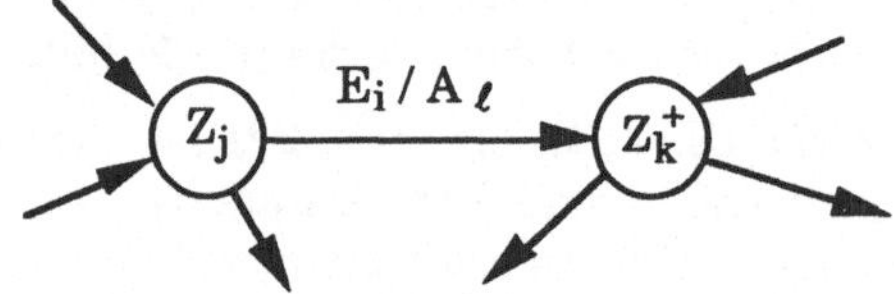

Bild 2.4: Ausschnitt aus dem Zustandsübergangsgraphen eines Steuerwerks

In dieser Arbeit wird vorausgesetzt, daß die Schnittstellen des Steuerwerks zum Operationswerk und zur Umgebung (vgl. Bild 2.1) bereits festgelegt wurden, d. h. daß die einzelnen symbolischen Eingaben einer vorgegebenen Belegung von p binären Eingangssignalen e_i und die einzelnen symbolischen Ausgaben einer ebenfalls festen Belegung von q binären Ausgangssignalen a_i entsprechen. Die Menge der Eingänge des Steuerwerks wird mit $\mathcal{E}$, die Menge der Ausgänge mit $\mathcal{A}$ bezeichnet.

Definition 2.5: Die *Eingabecodierung* ψ_E: E $\rightarrow$ {0,1,–}^{p} ordnet jeder symbolischen Eingabe eine p-dimensionale Eingabebelegung e = $(e_1, ... e_p)$ zu, wobei die Zuordnung $e_i = -$ ausdrückt, daß alle Eingabebelegungen e, die durch eine beliebige Verfügung der Eingabevariable e_i zu 0 oder 1 entstehen, zu der symbolischen Eingabe gehören.

Definition 2.6: Die *Ausgabecodierung* ψ_A: A $\rightarrow$ {0,1,–}^{q} ordnet jeder symbolischen Ausgabe eine q-dimensionale Ausgabebelegung a = $(a_1, ... a_q)$ zu. Ist $a_i = -$, kann diese Ausgabevariable beliebig entweder zu 0 oder zu 1 verfügt werden.

Der Wert „–" (*don't care*) bei Eingabevariablen erlaubt es somit, in der Beschreibung mit weniger Implikanten auszukommen, da mehrere Eingabebelegungen zusammengefaßt werden können. Für Ausgabevariablen wird die Funktion $f_a{}^V$ durch das Auftreten von *don't cares* in eine Relation umgewandelt, da zu einem Paar aus Eingabe und Zustand nun mehrere Ausgabebelegungen gehören, aus denen eine beliebige zur Implementierung ausgewählt werden kann. In einem vollständig definierten Schaltwerk gibt es diesen Freiheitsgrad nicht.

Definition 2.7: Ein Schaltwerk S heißt *vollständig definiert*, wenn für alle Paare aus Eingabe und Zustand die Folgezustände und Ausgaben ungleich ε sind und die Ausgabecodierung keine *don't cares* enthält, $\psi_A: A \rightarrow \{0;1\}^q$. Sonst ist S *unvollständig definiert*.

Zum Vergleich der mit verschiedenen Entwurfsmethoden erhaltenen Implementierungen wird in dieser Arbeit häufig eine Sammlung der international üblichen Benchmark-Beispiele verwendet, die zu diesem Zweck von ACM/ SIGDA zusammengestellt wurde [MCNC 88]. Die Steuerwerke stammen von verschiedenen Universitäten, Forschungseinrichtungen und Industrieunternehmen in den USA und Europa. Ihre wesentlichen Parameter sind in Tabelle 2.1 aufgeführt.

Tabelle 2.1: Zusammenstellung der Benchmark-Beispiele

Beispiel	Eingänge	Ausgänge	Zustände	Beispiel	Eingänge	Ausgänge	Zustände
bbara	4	2	10	kirkman	12	6	16
bbsse	7	7	16	lion	2	1	4
bbtas	2	2	6	lion9	2	1	9
beecount	3	4	7	mark1	5	16	15
cse	7	7	16	mc	3	5	4
dk14	3	5	7	modulo12	1	1	12
dk15	3	5	4	opus	5	6	10
dk16	2	3	27	planet	7	19	48
dk17	2	3	8	s1	8	6	20
dk27	1	2	7	s1a	8	6	20
dk512	1	3	15	sand	11	9	32
donfile	2	1	24	scf	27	56	121
ex1	9	19	20	shiftreg	1	1	8
ex2	2	2	19	sse	7	7	16
ex3	2	2	10	styr	9	10	30
ex4	6	9	14	tav	4	4	4
ex5	2	2	9	tbk	6	3	32
ex6	5	8	8	train11	2	1	11
keyb	7	2	19	train4	2	1	4

Die meisten der Steuerwerke sind unvollständig definierte Mealy-Schaltwerke, obwohl auch Moore-Schaltwerke und vollständig definierte Schaltwerke enthalten sind. Viele der Steuerwerke sind relativ klein, so daß sich die Vergleiche später meist auf die größten der angeführten Beispiele beschränken.

Die Realisierung von Steuerwerken mit digitalen Bausteinen erfordert eine Abbildung der symbolischen Zustände auf Inhalte binärer Speicherelemente. Es sei $n = |Z|$ die Anzahl von Zuständen. Dann werden zur Speicherung des Zustandes

$$r \geq r_0, \qquad r_0 = \lceil \mathrm{ld}\, n \rceil \tag{2.1}$$

binäre Speicherelemente benötigt. Die Menge der Speicherelemente sei mit $\mathcal{F}$ bezeichnet, der Inhalt des i-ten Speicherelements mit z_i.

Definition 2.8: Eine *Zustandscodierung* $\psi_Z\colon Z \rightarrow \{0,1\}^r$ ordnet jedem symbolischen Zustand eineindeutig eine r-dimensionalen Zustandsbelegung $z = (z_1, \ldots z_r)$ zu.

Mit den drei Codierungen ψ_Z, ψ_E und ψ_A ist die Spezifikation der Schaltnetzelemente des Steuerwerks im wesentlichen festgelegt. Da in dieser Arbeit die Zustandscodierung eine bedeutend wichtigere Rolle als die Ein- und Ausgabecodierung spielt, wird sie statt mit ψ_Z einfach mit ψ bezeichnet. Die symbolischen Implikanten $(E_i, Z_j; Z_k^+, A_\ell)$ eines Steuerwerks S werden in boolesche Implikanten $(e, z; z^+, a)$ mit $e = \psi_E(E_i)$, $z = \psi(Z_j)$, $z^+ = \psi(Z_k^+)$ und $a = \psi_A(A_\ell)$ verwandelt, wobei für die nicht definierten Folgezustände und Ausgaben *don't cares* eingesetzt werden, $\psi(\varepsilon) = \{-\}^r$, $\psi_A(\varepsilon) = \{-\}^q$. Die symbolische Überdeckung C des Steuerwerks S geht dadurch in die Spezifikation eines Schaltnetzes über. Bild 2.5 zeigt die Gestalt einer solchen codierten Ablauftabelle.

Eingabe- belegung	Zustands- belegung	Folgezustands- belegung	Ausgabe- belegung
$\psi_E(E_1)$	$\psi(Z_1)$	$\psi(Z_1^+)$	$\psi_A(A_1)$
...	...	...	...
$\psi_E(E_i)$	$\psi(Z_j)$	$\psi(Z_k^+)$	$\psi_A(A_\ell)$
...	...	...	...

Bild 2.5: Codierte Ablauftabelle eines Steuerwerks

Die zu implementierende Ausgabefunktion $f_a^I \equiv f_a^V[\psi, \psi_E, \psi_A]$ wird durch

$$f_a^I\colon \{0,1,-\}^{p+r} \rightarrow \{0,1,-\}^q,\ f_a^I(\psi_E(E_j), \psi(Z_j)) = \psi_A(f_a^V(E_j, Z_j)), \tag{2.2}$$

die Übergangsfunktion $f_z^I \equiv f_z^V[\psi, \psi_E]$ durch

$$f_z^I\colon \{0,1,-\}^{p+r} \rightarrow \{0,1,-\}^r,\ f_z^I(\psi_E(E_j), \psi(Z_j)) = \psi(f_z^V(E_j, Z_j)) \tag{2.3}$$

spezifiziert. Wird im folgenden einfach von der Ausgabefunktion f_a bzw. der Übergangsfunktion f_z gesprochen, sind die zu implementierenden Funktionen f_a^I und f_z^I gemeint.

Die Grundstruktur einer Steuerwerksimplementierung zeigt Bild 2.6. Abhängig von den gespeicherten Werten der Zustandsvariablen z und der Eingabebelegung e werden mit Hilfe eines Schaltnetzes gewisse Ausgabevariablen a erzeugt. Außerdem muß in diesem Schaltnetz die Voraussetzung dafür geschaffen werden, daß das Steuerwerk mit dem nächsten Taktsignal in den Folgezustand z^+ übergeht. Abhängig von der Art der verwendeten Speicherelemente ist für die Ersetzung der augenblicklichen Zustandsbelegung z durch die neue Belegung z^+ eine Ansteuerung der Speicherelemente mit einer bestimmten Ansteuerbelegung y nötig. Werden D-Flipflops verwendet, gilt einfach $y = z^+$, $f_y(e, z) = f_z(e, z)$.

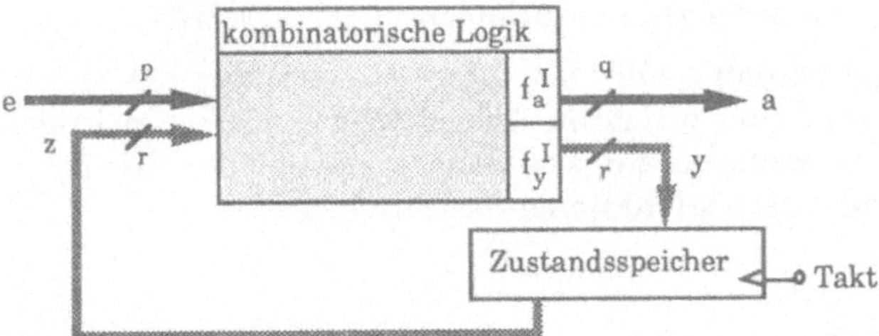

Bild 2.6: Grundstruktur einer Steuerwerksimplementierung

Diese Grundstruktur ist allen Steuerwerken gemeinsam. Bild 2.7 zeigt als Beispiel die vereinfachte Struktur des Hauptsteuerwerks im Mikroprozessor Motorola MC68000 [MaNC 84]. Die konkrete Implementierung des Schaltnetzes wird erst während der Logiksynthese festgelegt.

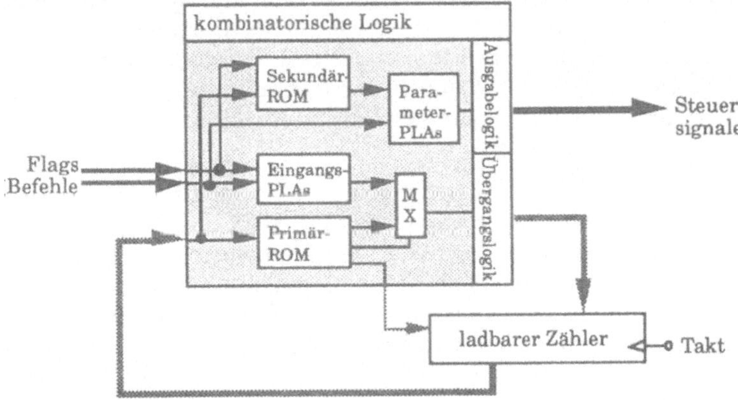

Bild 2.7: Grundstruktur des MC68000-Hauptsteuerwerks

Bevor auf die Zustandscodierung und Logiksynthese näher eingegangen wird, soll noch der Abhängigkeitsgraph definiert werden, der zur Beschreibung der Struktur eines Steuerwerks insbesondere im Hinblick auf dessen Testbarkeit eine ähnliche Wichtigkeit besitzt wie der Übergangsgraph zur Beschreibung seines Verhaltens.

Definition 2.9: Der *Abhängigkeitsgraph* einer Steuerwerksstruktur ist ein gerichteter Graph AG = (V, E) mit der Knotenmenge $V = \mathcal{E} \cup \mathcal{F} \cup \mathcal{A}$, wobei $\mathcal{E}$ die primären Eingänge, $\mathcal{F}$ die Flipflops und $\mathcal{A}$ die primären Ausgänge des Steuerwerks enthält, und einer Kantenmenge $E \subseteq \{(v_1, v_2) \mid v_1 \in \mathcal{E} \cup \mathcal{F}, v_2 \in \mathcal{F}$ oder $v_1 \in \mathcal{F}, v_2 \in \mathcal{A}\}$, welche die kombinatorischen Abhängigkeiten der Zustandsvariablen v_2 von Eingangs- oder Zustandsvariablen v_1 bzw. der Ausgabevariablen v_2 von den Zustandsvariablen v_1 repräsentiert.

Der Abhängigkeitsgraph enthält damit alle Informationen über die Abhängigkeit der Flipflop-Eingänge und primären Ausgaben von primären Eingaben und Flipflop-Ausgängen, wodurch ein wesentlicher Anteil der Struktur der Zustandsübergangs- und Ausgabefunktionen beschrieben ist.

2.1.3 Zustandscodierung

Der Einfluß der Zustandscodierung auf die Realisierungskomplexität von festverdrahteten oder PLA-Steuerwerken wurde teilweise als sehr gering eingeschätzt oder auch ganz geleugnet (vgl. z. B. [Wend 74] S. 109 oder [GiLi 80] S. 270). In [Brow 81] wird die Ansicht vertreten, die Suche nach günstigen Zustandscodierungen sei prinzipiell nicht automatisierbar, und selbst neuere Synthesesysteme verzichten manchmal auf dieses Minimierungspotential (z. B. [EbKK 88]). Da die Zuweisung binärer Codewörter zu Zuständen durch eine beliebige injektive Funktion $\psi: Z \rightarrow \{0,1\}^r$ zu einer zulässigen Spezifikation der kombinatorischen Logik f_a und f_y des Steuerwerks führt, ist es tatsächlich unmöglich, die Qualität einer bestimmten Zustandscodierung ψ direkt zu evaluieren. Allerdings ergeben sich nach der Minimierung von f_a und f_y für eine bestimmte Zieltechnologie sehr starke Unterschiede im Aufwand zur Implementierung des Steuerwerks.

Daß die Wahl einer günstigen Zustandscodierung unabdingbar für die flächeneffiziente Realisierung von Steuerwerken ist, zeigt das folgende Beispiel sehr deutlich. Das Verhalten eines seriellen 3-Bit-Schieberegisters kann durch einen endlichen Automaten mit einem Eingang, einem Ausgang und acht Zuständen modelliert werden. Eine Implementierung dieses Schieberegisters mit minimaler Transistoranzahl ist bekannt und benötigt außer drei Flipflops keine weiteren Schaltelemente (Bild 2.8). Die Realisierung in Bild 2.8 entspricht *einer* Möglichkeit, die acht Zustände mit 3-Bit-Codewörtern zu codieren.

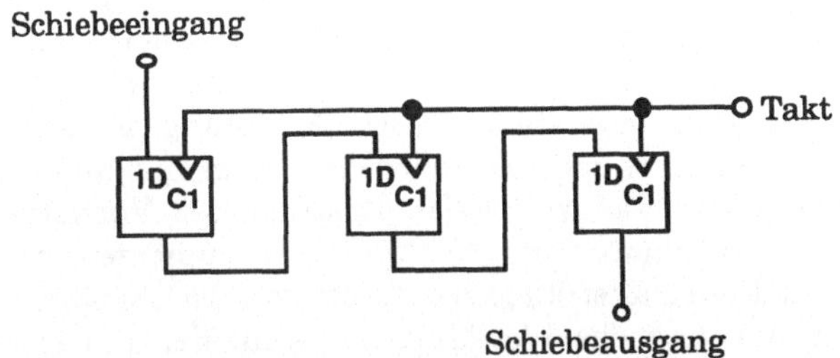

Bild 2.8: Optimale Implementierung eines 3-Bit-Schieberegisters

Überprüft man auch alle anderen Möglichkeiten der Zustandscodierung und führt anschließend jeweils eine mehrstufige Logikminimierung durch, erhält man für die notwendige Anzahl von Transistoren zur Realisierung der kombinatorischen Logik* die Verteilung in Bild 2.9. Wählt man die Codierung sehr ungünstig, kann es sein, daß für die kombinatorische Logik 92 zusätzliche Transistoren benötigt werden. Das Bild macht deutlich, daß es relativ unwahrscheinlich ist, rein zufällig eine sehr gute Zustandscodierung zu wählen. In den letzten Jahren wurde deshalb verstärkt an Verfahren zur Optimierung der Zustandscodierung gearbeitet. Einen kurzen Überblick darüber gibt Abschnitt 4.3 (vgl. auch [Esch 91]).

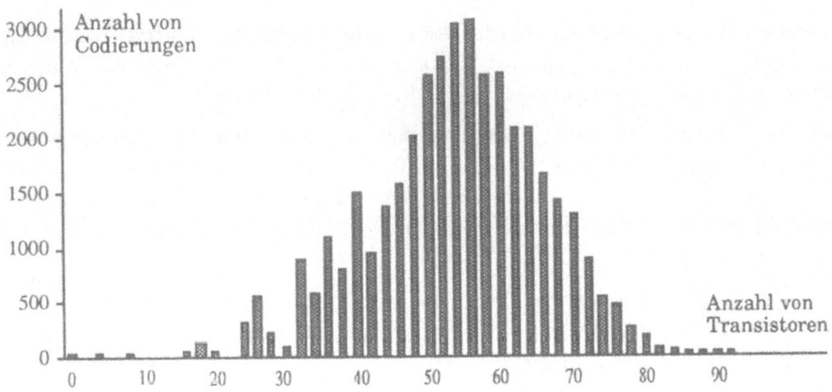

Bild 2.9: Anzahl der Transistoren zur Realisierung der kombinatorischen Logik bei verschiedenen Zustandscodierungen

---

* Es wurde eine Realisierung mit Komplexgattern in statischer CMOS-Technologie angenommen.

In Definition 2.8 wurde die Zustandscodierung ψ als injektive Abbildung von der Menge der Zustände Z in die Menge der Codewörter C = $\{0,1\}^r$ eingeführt. Die Voraussetzung, daß es sich um eine eineindeutige Abbildung handelt, ist jedoch nicht unbedingt notwendig. Es ist auch möglich, einem Zustand mehrere Codewörter zuzuweisen und dadurch einen Zustand der Verhaltensbeschreibung effektiv in mehrere äquivalente Zustände der Implementierung aufzuspalten. Diese Technik findet allerdings hauptsächlich bei asynchronen Schaltwerken Anwendung, um kritische Wettläufe zu vermeiden [Unge 69]; sie führt zu Problemen beim Test [DMNS 90] und bleibt daher im folgenden unberücksichtigt.

2.1.4 Logiksynthese

Aufgabe der Logiksynthese ist es, ausgehend von der Spezifikation eines Schaltnetzes, z. B. dem Ausgabe- und Zustandsüberführungsschaltnetz eines Schaltwerks, minimierte Beschreibungen der Schaltnetze zu generieren, die sich effizient auf eine gegebene Zieltechnologie abbilden lassen. Das Zielkriterium kann dabei die resultierende Fläche der Schaltnetzimplementierung, ein Maß für die Geschwindigkeit des Schaltnetzes oder eine Kombination beider Parameter sein.

Zunächst sollen einige Möglichkeiten zur Beschreibung von Schaltnetzen eingeführt werden.

Definition 2.10: Eine p-stellige *boolesche (Schalt-)Funktion* f bildet binäre Eingangsbelegung e = $(e_1, \ldots e_p)$ mit p Komponenten $e_i \in \{0,1\}$ eindeutig auf die Werte a = 0, 1 oder *don't care* ab, f: $\{0,1\}^p \rightarrow \{0,1,-\}$, f(e) = a.

In einer Implementierung der Funktion darf für alle Eingangsbelegungen mit f(e) = − (*don't care*) beliebig entweder eine 0 oder eine 1 erzeugt werden. Mehrere Funktionen f_i, i = 1, $\ldots$ q, über derselben Menge von p Eingangsvariablen können zu einer booleschen *Bündelfunktion* f = $f_1 \times f_2 \times \ldots \times f_q$: $\{0,1\}^p \rightarrow \{0,1,-\}^q$ zusammengefaßt werden.

Definition 2.11: Eine boolesche Funktion heißt *vollständig definiert*, wenn ihr Wertebereich aus der Menge $\{0,1\}$ besteht, d. h. keine *don't cares* enthält, sonst heißt sie *unvollständig definiert*.

Eine Bündelfunktion heißt genau dann vollständig definiert, wenn alle booleschen Funktionen, aus denen sie zusammengesetzt ist, vollständig definiert sind.

Definition 2.12: Die *1-Menge* einer booleschen Funktion f ist die Menge aller Eingangsbelegungen e $\in \{0,1\}^p$ mit f(e) = 1. Die *0-Menge* ist die Menge aller Eingangsvektoren mit f(e) = 0, die *DC-Menge* ist die Menge aller Eingangsvektoren mit f(e) = −.

Satz 2.13:　Boolesche Funktionen sind durch die Angabe von zwei beliebigen Mengen aus 1-Menge, 0-Menge und DC-Menge vollständig spezifiziert.

Der Beweis beruht darauf, daß jedem Element $e \in \{0,1\}^p$ durch eine boolesche Funktion genau einer der drei Funktionswerte 0, 1 oder – zugewiesen wird, so daß 1-Menge $\cup$ 0-Menge $\cup$ DC-Menge $= \{0,1\}^p$ und alle drei Mengen disjunkt sind.

Zur Minimierung der Anzahl durchlaufener Gatter und damit indirekt der Schaltnetzverzögerung beschränkt man sich häufig auf zweistufige Schaltnetze (siehe Bild 2.10).

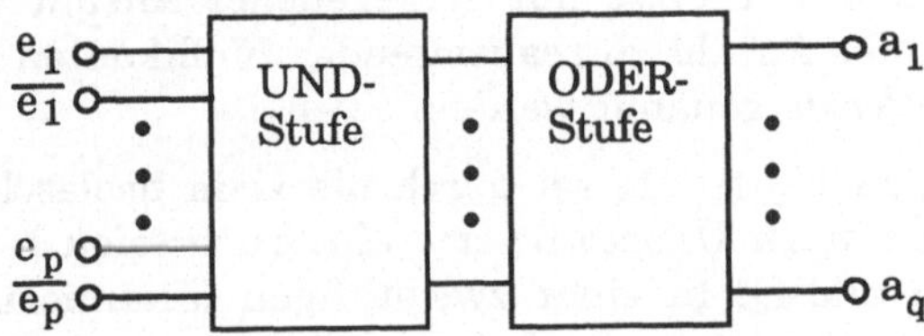

Bild 2.10: Zweistufiges (disjunktives) Schaltnetz

Definition 2.14: Alle Elemente $m = (m_1, \ldots m_p)$ des p-dimensionalen booleschen Raums $m \in \{0,1\}^p$ mit $f(m) = 1$ heißen *Minterme* der booleschen Funktion f.

Jeder Minterm entspricht einer Konjunktion der p Eingangsvariablen $e_1, \ldots e_p$, wobei Eingangsvariablen e_i mit $m_i = 0$ negiert werden. Die Disjunktion aller Minterme einer Funktion f stellt die Funktion f in *disjunktiver Normalform* dar. Sie ermöglicht die Realisierung jeder Funktion als zweistufiges Schaltnetz. Im allgemeinen gibt es jedoch günstigere Realisierungen.

Definition 2.15: Ein Belegungsblock $x = (x_1, \ldots x_p) \in \{0,1,-\}^p$ *enthält* einen anderen Belegungsblock $y = (y_1, \ldots y_p) \in \{0,1,-\}^p$, $y \subseteq x$, wenn für alle Komponenten $i = 1, \ldots p$ der Belegungen die Beziehung $x_i = - \lor x_i = y_i$ gilt.

Definition 2.16: Ein *boolescher Implikant* einer p-stelligen Funktion f ist ein Vektor $I = (I_1, \ldots I_p) \in \{0,1,-\}^p$, so daß für alle in I enthaltenen Eingangsvektoren $m \subseteq I$, $m \in \{0,1\}^p$, $f(m) = 1$ gilt.

Ein boolescher Implikant I faßt damit mehrere Minterme m zusammen und entspricht einer Konjunktion der Eingangsvariablen e_i mit $I_i \neq -$, wobei Eingangsvariablen e_i mit $I_i = 0$ negiert werden. Ein Implikant wird als *symbolischer Implikant* bezeichnet, wenn er zumindest eine symbolische Komponente $e_i \notin \{0,1,-\}$ oder $a_i \notin \{0,1,-\}$ enthält (vgl. Definition 2.2).

Definition 2.17: Ein *Primimplikant* ist ein boolescher Implikant, der in keinem anderen Implikanten enthalten ist.

Definition 2.18: Eine boolesche Funktion f heißt in *disjunktiver Minimalform*, wenn die Funktion als Disjunktion einer minimalen Anzahl von Primimplikanten dargestellt wird.

Für Bündelfunktionen $f = f_1 \times f_2 \times ... \times f_q$ muß ein Implikant um die Angabe der Funktionen erweitert werden, für die er zum Funktionswert 1 führt,

$$I = (e; a) \qquad \text{mit} \qquad \forall m \subseteq e, i \in \{1, ... q\}: a_i \rightarrow f_i(m).$$

Die Definitionen 2.17 und 2.18 sind entsprechend zu erweitern (z. B. [Bart 61]).

Die disjunktive Minimalform führt im allgemeinen zur günstigsten zweistufigen disjunktiven Realisierung eines Schaltnetzes [McCl 86]. So hängt die Fläche der PLA-Realisierung eines Schaltnetzes mit vorgegebener Anzahl von Ein- und Ausgängen linear von der Anzahl zu realisierender Implikanten ab, die hier im allgemeinen *Produktterme* genannt werden.

Beispiel 2.1: Eine Bündelfunktion $f = f_1 \times f_2$ sei durch die zehn booleschen Implikanten in Bild 2.11 spezifiziert. Unspezifizierte Minterme seien Nullstellen beider Funktionen f_1 und f_2. In einer zweistufigen Minimierung kann die Anzahl der Implikanten von sieben auf vier verkleinert werden.

a b c d	f_1 f_2	a b c d	f_1 f_2
0 0 0 0	0 1	- - 0 0	0 1
0 0 1 1	1 1	0 - 1 1	1 1
0 1 0 0	0 1	- 1 1 1	1 1
0 1 1 1	1 1	1 0 0 0	1 0
1 0 0 0	1 1		
1 1 0 0	0 1		
1 1 1 1	1 1		

Bild 2.11: Beispiel für zweistufige Logikminimierung

Die Schaltung in Bild 2.12 entspricht einer Realisierung dieser Bündelfunktion in einem MOS-PLA mit positiver Logik. Die Bauelemente wurden geometrisch ähnlich wie im Layout angeordnet. Die Illustration macht deutlich, daß die „Breite" des PLA durch die Anzahl von Ein- und Ausgangsvariablen festgelegt wird, die Logikminimierung wirkt sich nur über die Anzahl der Produktterme auf die „Höhe" des PLA aus.

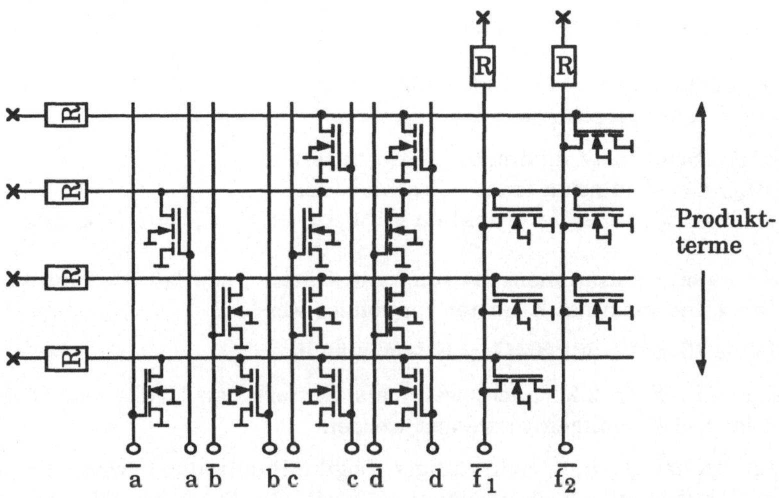

Bild 2.12: Schaltbild und Layoutstruktur einer PLA-Implementierung

Eine Möglichkeit, aus der Schaltnetzspezifikation eine disjunktive Minimalform herzuleiten, besteht darin, zunächst alle Primimplikanten zu erzeugen und dann eine minimale Überdeckung zu bestimmen [Quin 52]. Allerdings existieren Funktionen mit p Eingabevariablen, die $3^p/p$ Primimplikanten besitzen [BHMS 84], und die Suche nach einer minimalen Überdeckung ist ein NP-vollständiges Problem [Karp 72].

Problem DMF (disjunktive Minimalform):
Beschreibung: Gegeben seien eine p-stellige boolesche Funktion f: $\{0,1\}^p \rightarrow \{0,1,-\}$ und eine Zahl $K \in \mathbf{N}$.
Frage: Gibt es eine disjunktive zweistufige Form von f mit maximal K Implikanten?

Durch polynomiale Reduktion auf die Suche nach einer minimalen Überdeckung kann man zeigen:

Satz 2.19 [GaJo 79]: DMF ist NP-vollständig.

Üblicherweise werden zur Synthese zweistufiger disjunktiver Schaltnetze deshalb heuristische Verfahren verwendet [Lipp 83]. In [BHMS 84] werden z. B. ausgehend von einer Beschreibung mit beliebig großer Anzahl von Implikanten in einem iterativen Prozeß jeweils drei Schritte wiederholt: a) Verkleinerung eines Implikanten I in einen Implikanten $I' \subseteq I$, so daß die Disjunktion aller Implikanten gleich der Funktion f bleibt. b) Erzeugung von Primimplikanten aus Implikanten. c) Extraktion einer möglichst kleinen Teilmenge von Primimplikanten. In Schritt b) wird die Anzahl der Implikanten durch Zusammenfassung mehrerer Implikanten in einen Primimplikanten reduziert, in Schritt c) durch das Wegfallen nicht notwendiger Primimplikanten.

Noch schwieriger wird die Suche nach kostenminimalen Realisierungen, wenn die Einschränkung auf zweistufige Schaltnetze wegfällt. Schon die Auswahl einer geeigneten Kostenfunktion ist problematisch. Eine Möglichkeit ist es, die Anzahl benötigter Gatter zu minimieren.

Problem SMG (Schaltnetz minimaler Gatteranzahl):
Beschreibung: Gegeben seien eine boolesche Funktion f: $\{0,1\}^p \to \{0,1,-\}$, eine Menge von Gattertypen G_i der Funktion F_i: $\{0,1\}^{p_i} \to \{0,1\}$, i = 1, ... k, und eine Zahl $K \in \mathbf{N}$.
Frage: Gibt es eine Zusammenschaltung von Gattern so, daß die Funktion f realisiert wird und maximal K Gatter verwendet werden?

Satz 2.20 [IbSa 75, SaBh 80]: SMG ist NP-vollständig.

Insbesondere gilt Satz 2.20 auch, wenn als Gattertypen UND- und ODER-Gatter mit je zwei Eingängen verwendet werden.

Für die Durchführung einer mehrstufigen Logikminimierung erweist sich die Anzahl der Literale jedoch als geeignetere Kostenfunktion, zumal diese Anzahl für viele Zieltechnologien direkt mit der Anzahl der benötigten Transistoren zusammenhängt und experimentell festgestellt wurde, daß die Korrelation zwischen Literalanzahl und Implementierungsfläche sehr hoch ist [LiWo 88, BrHS 90].

Definition 2.21: Ein *Literal* ist ein bejahtes oder negiertes Variablensymbol in einem booleschen Ausdruck.

Problem SML (Schaltnetz minimaler Literalanzahl):
Beschreibung: Gegeben sei eine boolesche Funktion f: $\{0,1\}^p \to \{0,1,-\}$ und eine Zahl $K \in \mathbf{N}$.
Frage: Kann f durch einen (aus UND und ODER aufgebauten) booleschen Ausdruck mit maximal K Literalen repräsentiert werden?

Satz 2.22: SML ist NP-vollständig.

Beweis: α) SML $\in$ NP: trivial, durch Abzählen der Literale.
β) Reduktion auf SMG: Es sei G_1 ein UND-Gatter mit zwei Eingängen und G_2 ein ODER-Gatter mit zwei Eingängen. Ein boolescher Ausdruck für f enthält genau dann K Literale, wenn für das korrespondierende Schaltnetz mit den Gattertypen G_1 und G_2 K-1 Gatter verwendet werden. Wäre es möglich, eine Lösung für SML in polynomialer Zeit zu finden, könnte demnach auch SMG mit den Gattertypen G_1 und G_2 in polynomialer Zeit gelöst werden. ∎

Gegenüber einer zweistufigen Realisierung sind bei einer mehrstufigen (heuristischen) Minimierung von Bündelfunktionen zusätzliche Literaleinsparungen dadurch möglich, daß gemeinsame Unterausdrücke aus Teilfunktionen extrahiert und Ausdrücke faktorisiert werden [BrMc 82, GBGH 86, BRSW 87].

Beispiel 2.1 (Forts.): Die zweistufig minimierte Form von Bild 2.11 ist als boolescher Ausdruck in Bild 2.13a nochmals aufgeführt, allerdings ohne Mehrfachausnutzung von Bündelimplikanten. Die Anzahl der Literale ist 18, sie kann durch die Extraktion des beiden Funktionen gemeinsamen Teilausdrucks $x = bc\overline{d} \vee \overline{a}cd$ und die Faktorisierung von cd in x weiter auf 12 reduziert werden (Bild 2.13b).

$$f_1 = a\overline{b}\overline{c}\overline{d} \vee bc\overline{d} \vee \overline{a}cd$$

$$f_2 = \overline{c}\overline{d} \vee bc\overline{d} \vee \overline{a}cd$$

a) zweistufig minimiert

$$f_1 = a\overline{b}\overline{c}\overline{d} \vee x$$

$$x = (b \vee \overline{a})\,cd$$

$$f_2 = \overline{c}\overline{d} \vee x$$

b) mehrstufig minimiert

Bild 2.13: Beispiel für mehrstufige Logikminimierung

Bild 2.14 illustriert, daß in einer MOS-Komplexgatter-Realisierung die Anzahl von Transistoren in *Pulldown*-Zweigen gleich der Anzahl der Literale ist, da jedes der in einer booleschen Formel auftretenden Variablensymbole in der Schaltung durch einen Transistor realisiert wird. Die *Fläche* einer mehrstufigen Realisierung läßt sich weniger gut abschätzen, da die Layoutstruktur im Gegensatz zu einem PLA nicht fest vorgegeben ist.

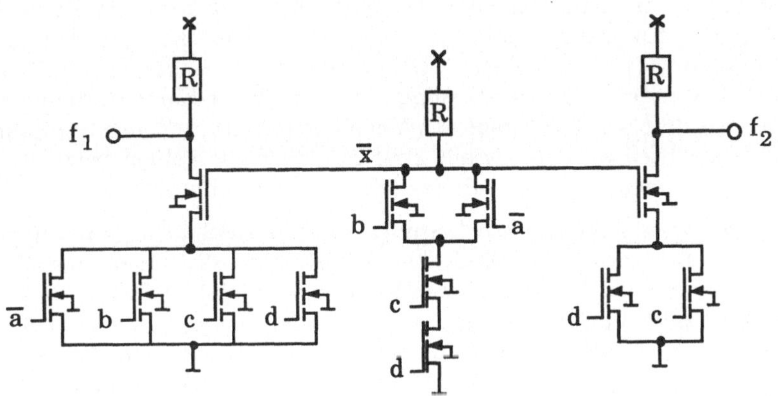

Bild 2.14: Mehrstufige Realisierung des Schaltnetzes aus Bild 2.13

2.2 Testmethoden

2.2.1 Einführung

Zur Überprüfung der logischen Eigenschaften einer integrierten Digital-
schaltung können funktionale oder strukturelle Tests verwendet werden. Ein
funktionaler Test validiert das Verhalten einer Schaltung, ohne Information
über ihren inneren Aufbau zu benutzen. Strukturelle Tests gehen von
Hypothesen über die Art der Fehler aus, die in einer Schaltungsstruktur bei
Realisierung in einer bestimmten Technologie auftreten können, und versuchen zu zeigen, daß keiner dieser angenommenen Fehler auftritt. Selbst bei
Beschränkung auf Schaltnetze wächst bei einem funktionalen Test die
Testlänge im allgemeinen exponentiell mit der Schaltungsgröße. So sind für
den erschöpfenden Test eines Schaltnetzes mit p Eingängen 2^p Testmuster
nötig, die alle möglichen Eingangsbelegungen abdecken. Dies wird bei
wachsender Anzahl von Eingängen rasch impraktikabel. Der strukturelle Test
eines Schaltnetzes erfordert maximal für jeden Fehler ein Testmuster. Durch
die Beschränkung der Anzahl betrachteter Fehler können so auch große
Schaltungen getestet werden.

Das einfachste und zugleich am weitesten verbreitete Fehlermodell ist das
Haftfehlermodell, in dem angenommen wird, daß Leitungen im Fehlerfall
unabhängig von der Eingangsbelegung entweder konstant auf logisch 0
(Haftfehler an 0) oder auf logisch 1 (Haftfehler an 1) liegen. Enthält eine
Schaltung k Leitungen, gibt es allerdings 3^k-1 mögliche Kombinationen von
Haftfehlern. Deshalb schränkt man das Modell weiter ein, indem nur einfache
Haftfehler betrachtet werden. Damit sind nur noch 2k Fehler möglich, die
Testmusteranzahl steigt maximal linear mit der Schaltungsgröße.

Kurzschlußfehler entstehen, wenn Leitungen in einer Schaltung fälschlicherweise miteinander verbunden sind. Betrachtet man alle möglichen Kurz-
schlüsse zwischen ℓ aus k vorhandenen Leitungen, sind $\binom{k}{\ell}$ Fehler möglich.
Diese große Anzahl ist für beliebige ℓ nicht mehr behandelbar, daher beschränkt man sich im allgemeinen auf eine kleinere Anzahl von Kurzschlüs-
sen z. B. benachbarter Leitungen [Wund 91]. *Übergangsfehler* verursachen ein
sequentielles Fehlverhalten der Schaltung. Sie sind typisch für CMOS-Schal-
tungen, in denen Verbindungen unterbrochen sind. Dadurch ist es möglich,
daß selbst in einem Schaltnetz ein Fehler durch ein Testmuster nur dann entdeckt werden kann, wenn das vorhergehende Testmuster gewisse Bedingungen erfüllt [Wads 78]. Weitere Fehlerarten sind z. B. in [Wund 91] beschrieben.

Im allgemeinen decken Testmengen für Einfachfehler auch einen großen Teil
der Mehrfachfehler ab. Weiterhin können für beliebige Fehlermodelle, die ein
kombinatorisches Fehlverhalten der Schaltung annehmen, die Algorithmen
für das Einfach-Haftfehlermodell mit geringen Modifikationen übernommen

werden. Daher hat das klassische Einfach-Haftfehlermodell seine herausragende Bedeutung behalten [Wund 91]. Im weiteren wird deshalb in allen Fällen, in denen das Fehlermodell nicht genauer spezifiziert ist, das Einfach-Haftfehlermodell vorausgesetzt.

Der Begriff *Fehlerüberdeckung* wird in dieser Arbeit zur Charakterisierung des Prozentsatzes entdeckter Fehler des verwendeten Fehlermodells benutzt. Die Fehlerüberdeckung einer Testmenge kann für ein gegebenes Fehlermodell durch Fehlersimulation ermittelt werden. Die *Produktqualität* bezeichnet dagegen den Anteil tatsächlich funktionsfähiger an allen nach erfolgreichem Test ausgelieferten Schaltungen. Sie hängt außer von der Fehlerüberdeckung noch von der Qualität der Fertigung und dem Anteil aller Fehler ab, die durch das gewählte Fehlermodell erfaßt werden [Wund 91].

Bisher wurden lediglich statische Tests zur Überprüfung der logischen Eigenschaften einer Schaltung behandelt. Eine Schaltung kann jedoch auch dann fehlerhaft arbeiten, wenn bestimmte Zeitbedingungen nicht eingehalten werden. Die Untersuchung solcher (Verzögerungs-)Fehler erfordert dynamische Tests, die im allgemeinen bei maximaler Betriebsfrequenz durchgeführt werden [MaNa 84]. Neben permanenten Fehlern, die bei der Qualitätskontrolle nach der Fertigung der Schaltung entdeckt werden können, treten bei kleiner werdenden Strukturen auch immer häufiger intermittierende und transiente Fehler auf, die durch Umwelteinflüsse verursacht werden und nur temporär wirksam sind [SiSw 82]. Ihre Erkennung erfordert eine fortlaufende Kontrolle der Schaltung während des Betriebs.

In den folgenden Abschnitten wird ein kurzer Überblick über Methoden zur Generierung von Testmengen gegeben. Die Darstellung beschränkt sich auf Schaltnetze und Schaltwerke spezieller Struktur, die einen effizienten Test ermöglichen. Die Methoden lassen sich jedoch auf allgemeine Schaltwerke übertragen, wenn dort gewisse Testhilfen integriert werden. Darauf geht Abschnitt 2.3 ein.

2.2.2 Struktureller deterministischer Test

Aufgabe der strukturellen deterministischen Testerzeugung ist es, für eine Menge von möglichen strukturellen Fehlern einer Schaltung, die durch ein Fehlermodell prognostiziert werden, eine Menge von Testmustern zu berechnen, so daß nach Anlegen dieser Muster alle Fehler erkannt worden sind. Dies ist allerdings nur dann möglich, wenn eine Schaltung irredundant ist.

Definition 2.23: Eine Schaltung heißt *redundant*, wenn eine Leitung oder ein Gatter entfernt werden kann, ohne daß sich ihre Funktion ändert.

Enthält eine Schaltung Fehler, welche die Funktion der Schaltung nicht verändern und für die deshalb auch kein Test existiert, müssen diese aus der für die Testmustererzeugung relevanten Fehlermenge entfernt werden.

Problem RES (Redundanzerkennung in Schaltnetzen):
Beschreibung: Gegeben sei ein Schaltnetz zur Realisierung einer booleschen Funktion $g: \{0,1\}^p \to \{0,1\}$.
Frage: Existiert für jeden Einfach-Haftfehler f des Schaltnetzes ein Testmuster $e \in \{0,1\}^p$, so daß für die fehlerhafte Funktion g_f gilt $g_f(e) \neq g(e)$?

Durch Reduktion auf das Problem der Erfüllbarkeit zweistufiger konjunktiver boolescher Ausdrücke wird gezeigt:

Satz 2.24 [IbSa 75]: RES ist NP-vollständig.

Daraus folgt, daß auch die Testmustererzeugung ein NP-vollständiges Problem ist. Gäbe es nämlich ein polynomiales Verfahren zur Testmustererzeugung, könnte für jeden der polynomial vielen Einfach-Haftfehler in polynomialer Zeit festgestellt werden, ob für ihn ein Testmuster existiert. Obwohl alle bekannten Verfahren zur Testmustererzeugung damit im schlimmsten Fall exponentiellen Aufwand besitzen, können durch den Einsatz effizienter Heuristiken auch relativ große Schaltnetze behandelt werden (vgl. PODEM [Goel 81], FAN [FuSh 83], SOCRATES [ScTS 87]).

Algorithmen zur Testmustererzeugung für Schaltwerke beruhen im allgemeinen auf der Idee, mehrere Exemplare der enthaltenen Schaltnetzbestandteile aneinanderzureihen, aufeinanderfolgenden Zeitpunkten zuzuordnen und die Folgezustandsausgänge eines Exemplars mit den Zustandseingängen des nächsten Exemplars zu verbinden. Wenn die modellierten Fehler des Schaltnetzes in jedes Exemplar kopiert werden, können Testmuster für das Schaltwerk nun auch durch Betrachtung des so entstandenen „iterierten" Schaltnetzes erzeugt werden [Roth 78]. Allerdings gibt es Schaltungen, bei denen auf diese Art nicht für alle irredundanten Fehler eine Testfolge gefunden werden kann [Micz 83]. Andere Verfahren vermeiden dieses Problem, indem sie aus der Schaltung zunächst einen Zustandsübergangsgraphen extrahieren [MDNS 88, GhDN89], was aber nur für kleinere Schaltungen mit praktikablem Zeit- und Speicheraufwand möglich ist. Prinzipiell haben sämtliche Ansätze zur sequentiellen Testmustererzeugung zusätzlich immer den Nachteil, daß die Testlänge exponentiell mit der Schaltungsgröße wachsen kann [Micz 83, HuSe 89].

2.2.3 Pseudoerschöpfender Test

Der funktionale Test in Form eines erschöpfenden Tests führt zwar schon für Schaltnetze zu exponentiell langen Tests, hat aber auch einige Vorteile: Er ist, beschränkt man sich auf kombinatorische Fehlfunktionen, unabhängig von einem Fehlermodell und kommt ohne aufwendige Testmustererzeugung aus. Sein Hauptnachteil, die Testlänge, kann durch den Übergang zu einem pseudoerschöpfenden Test verringert werden [McCl 84].

Beim pseudoerschöpfenden Test einer Bündelfunktion f: $\{0,1\}^p \rightarrow \{0,1\}^q$ werden statt aller 2^p Eingangsbelegungen für jeden Ausgang i nur die 2^{p_i} Belegungen aufgezählt, die für die p_i Eingangsvariablen, von denen dieser Ausgang i abhängt, möglich sind. Damit reichen maximal $\sum_{i=1}^{q} 2^{p_i}$ Testmuster aus, um ein beliebiges kombinatorisches Fehlverhalten aller Ausgangsfunktionen f_i zu erkennen. Da von den p Eingangsvariablen jeweils nur p_i Variablen festgelegte Werte haben müssen, können die Testmuster für verschiedene Ausgangsfunktionen noch zusammengefaßt werden, wobei eine untere Schranke der Testlänge durch 2^w, $w = \max_{1 \leq i \leq q} p_i$ gegeben ist. Um eine hinreichend kurze Testzeit zu gewährleisten, darf w eine vorgegebene obere Schranke nicht überschreiten. Dies kann auch durch geeignete Modifikationen der Schaltung erreicht werden [BoMc 80, HeWu 90], kostet allerdings zusätzliche Fläche und reduziert die Schaltungsgeschwindigkeit.

Der pseudoerschöpfende Test kann ähnlich wie der Test mit deterministischen Mustern auf Schaltwerke erweitert werden, allerdings muß dafür der Abhängigkeitsgraph (vgl. Definition 2.9) des betrachteten Schaltwerks zyklenfrei sein [WuHe 89].

2.2.4 Test mit Zufallsmustern

Die Kosten für die Erzeugung deterministischer Muster können auch durch einen Test mit Zufallsmustern umgangen werden. Es sei $pe_i = p[e_i = 1]$ die Wahrscheinlichkeit, daß die Eingabevariable e_i den Wert 1 annimmt und pe der Vektor solcher Eingabewahrscheinlichkeiten („Gewichte"). Die Konfidenz $K_N(pe)$ eines Zufallstests mit N Mustern der Eingabewahrscheinlichkeiten pe ist die Wahrscheinlichkeit, alle möglichen Fehler f_i einer Fehlermenge F zu entdecken. Sie wird im allgemeinen als Ziel vorgegeben, z. B. $K_N(pe) = 0,999$. Die Wahrscheinlichkeit, daß ein zufällig erzeugtes Muster einen Fehler f_i entdeckt sei $p_{f_i}(pe)$. Für nur einen Fehler f gilt

$$K_N(pe) = 1 - (1 - p_f(pe))^N. \tag{2.4}$$

Unter der Annahme, daß die Entdeckung verschiedener Fehler f_i statistisch unabhängig voneinander ist, gilt

$$K_N(pe) = \prod_{f_i \in F} (1 - (1 - p_{f_i}(pe))^N). \tag{2.5}$$

Daß diese Formel auch im allgemeinen Fall bei statistischer Abhängigkeit eine sehr gute Abschätzung bietet, wird in [Wund 90] gezeigt. Für große Testmustermengen N ist der Ausdruck $(1 - p_{f_i}(pe))^N$ nur für sehr kleine $p_{f_i}(pe)$ wesentlich größer als 0, so daß bei der Auswertung von Formel (2.5) nur die Fehler mit der geringsten Entdeckungswahrscheinlichkeit berücksichtigt werden müssen [Wund 87].

Für verschiedene Schaltungen kann eine genügend hohe Testkonfidenz und eine akzeptable Testlänge N bereits mit Eingabemustern des Gewichts $pe_i = \frac{1}{2}$ erreicht werden. Es gibt jedoch auch Schaltungen, für die solche *gleichverteilten Zufallsmuster* ungeeignet sind, da sie Fehler mit einer zu geringen Entdeckungswahrscheinlichkeit $p_{f_i}(\frac{1}{2}, \frac{1}{2}, ... \frac{1}{2})$ enthalten. Die Verwendung gewichteter Zufallsmuster mit optimierten Eingangswahrscheinlichkeiten pe [Wund 87] und die Verwendung mehrerer Mengen von Zufallsmustern mit jeweils anderen Eingangswahrscheinlichkeiten [Wund 90] erlauben es auch für diese Fälle, hinreichend kurze Testlängen zu erhalten.

Die Erweiterung des Zufallstests auf Schaltwerke ist wie beim pseudoerschöpfenden Test im Falle eines zyklenfreien Abhängigkeitsgraphen des Schaltwerks möglich [Wund 89]. Führt man hier eine Optimierung der Eingangswahrscheinlichkeiten durch, entstehen allerdings Zufallsmuster mit zeitabhängigen Gewichten pe(t). Für je zwei aufeinanderfolgende Testfolgen der Länge ℓ mit Eingangswahrscheinlichkeiten (pe(1), pe(2), ... pe(ℓ)) und (pe(ℓ+1), ... pe(2ℓ)) werden automatisch immer ℓ-1 zusätzliche Folgen (pe(2) ... pe(ℓ+1)) ... (pe(ℓ), ... pe(2ℓ-1)) miterzeugt, die im allgemeinen keiner der notwendigen Folgen optimierter Gewichte entsprechen. Daher führen durch Mittelung erhaltene zeitunabhängige Gewichte $\overline{pe}$ in der Praxis häufig zu Testlängen, die in derselben Größenordnung liegen wie für die Testmuster mit optimierten zeitabhängigen Gewichten [Wund 91].

2.3 Entwurfsmaßnahmen zur Verbesserung der Testbarkeit

2.3.1 Einführung

Eine Teststrategie umfaßt neben einem Algorithmus zur Testmustererzeugung und dem verwendeten Fehlermodell ein Verfahren, um Schaltungsteile mit diesen Testmustern zu stimulieren und die Testantworten auszuwerten. Prinzipiell lassen sich Verfahren des externen Tests von Selbsttestverfahren unterscheiden. Beim externen Test werden zuvor festgelegte Testmuster durch einen Testautomaten an die Anschlüsse des Chips angelegt und die Reaktionen des Chips ausgewertet. Die Aufgabe des Testautomaten kann auch von Spezialschaltungen übernommen werden („built-off test"), der Unterschied ist für diese Arbeit ohne Bedeutung. Wegen der im letzten Abschnitt angesprochenen Problematik des Tests allgemeiner sequentieller Schaltungen muß der Entwurf so verändert werden, daß ein Test jeweils nur für rein kombinatorische Schaltungsteile oder spezielle, einfach testbare Schaltwerke durchzuführen ist. Dazu wird in die Schaltung ein sogenannter Prüfpfad eingebaut; Abschnitt 2.3.3 geht darauf näher ein. Beim Selbsttest ist die Schaltung nur zu initialisieren und mit Taktsignalen zu versorgen, nach einer gewissen Zeit zeigt sie an, ob während des Selbsttests ein Fehler auftrat. Dafür ist es notwendig, in die Schaltung selbst Bausteine zu integrieren, die Testmuster erzeugen und die Testantworten auswerten. Dies wird in Abschnitt 2.3.4 näher erläutert.

Den bisher angesprochenen „strukturierten Verfahren" zur Erhöhung der Testbarkeit stehen „Ad-hoc-Lösungen" gegenüber. Eine solche Möglichkeit bietet die Schaltungspartitionierung, eine andere die Einfügung zusätzlicher Testpunkte [Will 81]. Darauf soll hier jedoch nicht näher eingegangen werden.

2.3.2　Schaltwerke mit Prüfexperimenten

Bevor in den folgenden Abschnitten Maßnahmen zur Erhöhung der Testbarkeit sequentieller Schaltungen vorgestellt werden, wird hier nochmals die Problematik des Tests allgemeiner Schaltwerke aufgegriffen. Unter einem Prüfexperiment versteht man das Anlegen einer Eingangsfolge an ein Schaltwerk so, daß aus der Ausgangsfolge erkennbar ist, ob das Verhalten des Schaltwerks einem gegebenen Zustandsübergangsgraphen entspricht. Wichtig ist dabei die Voraussetzung, daß die Zustandsmenge des Schaltwerks minimiert ist, da äquivalente Zustände nur durch Beobachten der Ausgabe nicht unterschieden werden können. Zusätzlich muß der Zustandsübergangsgraph des Schaltwerks stark zusammenhängend* sein. Weiterhin sind durch ein Prüfexperiment nur die Fehler mit Sicherheit erkennbar, welche die Anzahl der Zustände des Schaltwerks nicht erhöhen. Modifizierte Prüfexperimente, die beliebige Fehler erkennen, wenn die fehlerhafte Zustandsanzahl eine vorgegebene Grenze nicht überschreitet, wurden zwar vorgeschlagen [Hsie 71], vergrößern aber die Testlänge. Während der ursprüngliche Ansatz von Moore [Moor 56] es notwendig machte, alle möglichen fehlerhaften Schaltwerke aufzuzählen, setzte sich später im wesentlichen der Ansatz von Hennie [Henn 64] durch, der validiert, daß alle Zustände des fehlerfreien Schaltwerks existieren und alle Zustandsübergänge bei richtiger Ausgabe zum richtigen Folgezustand führen.

Definition 2.25: Eine Eingabefolge $(E^1, E^2, ... E^\ell)$ heißt *Rücksetzsequenz*, wenn sie von jedem beliebigen Zustand Z^0 des Schaltwerks in einen festen Endzustand Z_{reset} führt.

Definition 2.26: Eine Eingabefolge $(E^1, E^2, ... E^\ell)$ heißt *Unterscheidungssequenz*[#] für einen Zustand Z^0, wenn aus der zugehörigen Ausgabefolge $(A^1, A^2, ... A^\ell)$ eindeutig darauf geschlossen werden kann, ob das Schaltwerk vor Anlegen der Eingabefolge im Zustand Z^0 war.

---

*　Ein Digraph heißt stark zusammenhängend, wenn von jedem Knoten des Graphen eine gerichtete Kantenfolge zu jedem anderen Knoten des Graphen führt.

#　Die hier benutzte Definition entspricht der für "simple I/O sequences" [Hsie 71] bzw. "unique I/O sequences" [SaDa 88] und nicht der für "distinguishing sequences" [Henn 64].

Definition 2.27: Eine Eingabefolge $(E^1, E^2, \ldots E^l)$ heißt *Transfersequenz* von einem Zustand Z^0 zu einem Zustand Z^l, wenn ein in Z^0 befindliches Schaltwerk durch diese Folge in den Zustand Z^l übergeführt wird.

Ein Prüfexperiment besteht aus zwei Teilen. Zunächst wird die Existenz aller Zustände Z_i, $i = 1, \ldots n$, dadurch überprüft, daß das Schaltwerk durch eine Rücksetzsequenz in den festen Zustand Z_{reset} und dann durch eine Transfersequenz von Z_{reset} in den Zustand Z_i gebracht wird, worauf eine Unterscheidungssequenz für Zustand Z_i sicherstellt, daß dieser Zustand tatsächlich erreicht wurde. Nachdem dies für alle Zustände ausgeführt wurde, muß überprüft werden, ob alle möglichen Zustandsübergänge zum richtigen Folgezustand führen und die richtige Ausgabe bewirken. Dies ist für jeden Zustandsübergang $Z_i \to Z_j$ durch eine Kombination aus Rücksetzsequenz, Transfersequenz von Z_{reset} nach Z_i, Zustandsübergang $Z_i \to Z_j$ und Unterscheidungssequenz für Z_j möglich. Durch einen direkten Übergang mit einer Transfersequenz vom bekannten Endzustand einer Unterscheidungssequenz zum nächsten Testzustand Z_i statt über den Rücksetzzustand Z_{reset} kann die Testfolge noch etwas verkürzt werden. Der Algorithmus ist in Bild 2.15 zusammengefaßt.

```
Prozedur PRÜFEXPERIMENT;
    Lege Rücksetzsequenz an;
    Für alle Zustände Zᵢ:
        Lege eine Transfersequenz vom augenblicklichen Zustand zu Zustand Zᵢ an;
        Überprüfe das Erreichen des Zustands mit einer Unterscheidungssequenz für Zᵢ;
    Für alle Eingabe- / Zustandspaare (Eₖ, Zᵢ):
        Lege eine Transfersequenz vom augenblicklichen Zustand zu Zustand Zᵢ an;
        Lege die Eingabe Eₖ an und überprüfe die Ausgabe fₐ(Eₖ, Zᵢ);
        Überprüfe das Erreichen des Zustands Zⱼ = f_z(Eₖ, Zᵢ) mit einer Unterscheidungs-
            sequenz für Zustand Zⱼ;
END;
```

Bild 2.15: Durchführung eines Prüfexperiments

Problematisch sind dabei folgende Punkte: a) Nicht jedes Schaltwerk besitzt eine Rücksetzsequenz, ein einfaches Beispiel dafür ist ein T-Flipflop. Es reicht allerdings auch eine Eingabefolge aus, die es erlaubt, aus der Ausgabefolge auf den erreichten Endzustand zu schließen. Eine solche Eingabefolge existiert für jedes Schaltwerk [Koha 70]. b) Nicht jedes Schaltwerk enthält für alle Zustände eine Unterscheidungssequenz [SaDa 88].

Die Länge einer Transfersequenz ist maximal n-1, die Länge einer nach a) modifizierten Rücksetzsequenz maximal $n \cdot (n-1)/2$ [Hibb 61]. Für die Länge l von Unterscheidungssequenzen ist nur eine sehr lose obere Schranke mit

$$l \leq (n-1) \cdot n^n$$

bekannt [SaDa 88]. Gibt es eine Unterscheidungssequenz der Maximallänge l für alle Zustände, kann die Gesamtlänge N eines Prüfexperiments durch

$$N \le \frac{n \cdot (n-1)}{2} + n \cdot (n-1 + l) + 2^p \cdot n \cdot (n-1 + 1 + l) \;=\; O(2^p \cdot n \cdot (n + l)) \qquad (2.6)$$

abgeschätzt werden. In [Daeh 87] wurde für den hypothetischen Test des Mikroprozessors 8085 mit Hilfe von Prüfexperimenten eine Testlänge von $10^{10^{52}}$ Takten berechnet.

Der Aufwand, um ein Schaltwerk in einen gewünschten Zustand zu bringen, wird häufig durch den Begriff „Steuerbarkeit" umschrieben, der Aufwand, um den Zustand des Schaltwerks zu identifizieren, mit „Beobachtbarkeit". Die Steuerbarkeit hängt von der Länge der Rücksetz- und Transfersequenzen ab, während die Beobachtbarkeit durch die Länge der Unterscheidungssequenzen bestimmt wird. Steuerbarkeit und Beobachtbarkeit eines Schaltwerks können erhöht werden, indem zusätzliche Schaltwerksein- bzw. -ausgaben eingeführt werden, die spezielle Zustandsübergänge aktivieren. Damit kann auch die Existenz von Unterscheidungssequenzen gesichert werden. In [MuKO 70] wird vorgeschlagen, alle Zustände mit Hilfe der durch eine zusätzliche Eingabe η bewirkten Übergänge zu einem Zählzyklus zu verbinden und einen dieser Übergänge durch eine spezielle Ausgabe auszuzeichnen (siehe Bild 2.16).

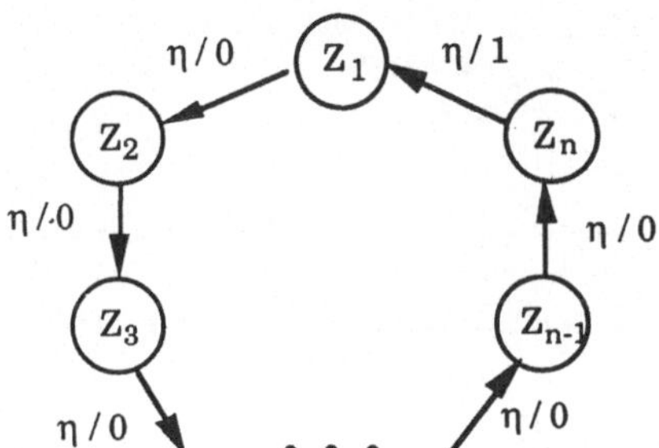

Bild 2.16: Verkürzung des Prüfexperiments durch zusätzliche Eingabe

Die Folge $(\eta^1, \eta^2, \ldots \eta^n)$ stellt dann sowohl eine modifizierte Rücksetzsequenz als auch eine Unterscheidungssequenz für jeden Zustand dar. Durch eine geeignete Codierung der Ausgaben bei η-Übergängen kann die Länge dieser Sequenzen auf $\lceil \text{ld } n \rceil$ verkürzt werden [Holb 72], so daß damit die Testlänge N auf maximal

$$N \le \lceil \text{ld } n \rceil + n \cdot (n-1 + \lceil \text{ld } n \rceil) + 2^p \cdot n \cdot (n + \lceil \text{ld } n \rceil) \;=\; O(2^p \cdot n^2) \qquad (2.7)$$

beschränkt werden kann. Ähnliche Ansätze sind in [Hsie 71, FuKi 74, FNSK 75, VeSa 80, Bhat 83, Prad 83, HaMc 84, SaDa 86, WaMM 87, DaUY 89] zu finden. Auch die so erhaltene Testlänge ist jedoch nur für relativ kleine Schaltwerke akzeptabel.

2.3.3 Schaltungen mit Prüfpfad

Die Hauptnachteile eines Prüfexperiments sind der notwendige erschöpfende Test der kombinatorischen Logik, der zu dem Faktor $2^p \cdot n$ in Gleichung (2.6) bzw. (2.7) führt, und die Länge der Testfolgen, um das Schaltwerk in einen bestimmten Zustand zu überführen bzw. einen Zustand, in dem das Schaltwerk sich befindet, zu identifizieren. Beide Nachteile werden durch die Integration eines Prüfpfades in die Schaltung vermieden, der sich seit seiner ersten Publikation [WiAn 73] als Standardmethode zur Unterstützung des externen Tests durchgesetzt hat.

2.3.3.1 Vollständiger Prüfpfad

Beim vollständigen Prüfpfad werden alle Speicherelemente während des Testbetriebs zu einem Schieberegister umkonfiguriert. In Bild 2.17 ist der Schiebeeingang mit SDI (shift data in) und der Schiebeausgang mit SDO (shift data out) bezeichnet, zwischen System- und Testbetrieb wird mit dem Signal System/ Test umgeschaltet. Die Bauelemente außerhalb des Schieberegisters bilden eine rein kombinatorische Schaltung.

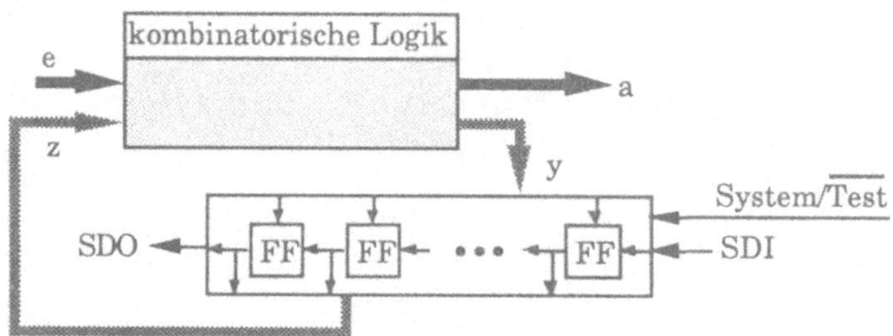

Bild 2.17: Schaltwerk mit Prüfpfad

Der Test einer Schaltung mit Prüfpfad zerfällt in zwei Phasen:
a) Die Speicherelemente und die Funktion des Schieberegisters werden überprüft. Durch die serielle Eingabe der Folge 11001, die dann durch alle Speicherelemente hindurchgeschoben und an der seriellen Ausgabe mit der Eingabefolge verglichen wird, läßt sich das richtige Verhalten aller Speicherelemente für alle vier möglichen Zustandsübergänge 0/1 $\rightarrow$ 0/1 validieren. Bei r Speicherelementen dauert dieser Teil des Tests 4 + r Takte.
b) Nun folgt der Test des kombinatorischen Teils der Schaltung. Testmuster können mit einer der in Abschnitt 2.2.2 erwähnten Methoden für Schaltnetze erzeugt werden, wobei die Ein- und Ausgänge der Speicherelemente wie primäre Aus- und Eingänge der Schaltung behandelt werden. Das Anlegen eines Testmusters setzt dann neben einer Belegung der primären Eingänge auch gewisse Speicherinhalte voraus. Diese können aber durch

Ausnutzung des in a) validierten Schieberegisters in r Takten beliebig festgelegt werden. Damit sind für jedes Testmuster die folgenden drei Schritte
notwendig:

b1) Das Schieberegister wird seriell geladen.

b2) Die primären Eingänge werden belegt, das Schaltwerk wie im Normalbetrieb getaktet und die primären Ausgänge werden überprüft.

b3) Der Inhalt des Schieberegisters wird nach außen geschoben, um die
Folgezustandsvariablen zu überprüfen.

Schritt b3) kann dabei mit Schritt b1) für das nächste Testmuster verbunden werden.

Sind für den Test der kombinatorischen Logik N_k Testmuster nötig, ergibt sich
somit eine Gesamttestlänge N von

$$N = 4 + r + (1 + r) \cdot N_k = O(r \cdot N_k). \tag{2.8}$$

Zur Implementierung des Schieberegisters gibt es verschiedene Vorschläge.
Beim Prüfpfad mit flankengesteuerten Flipflops (edge-triggered scan design,
ETSD) [WiAn 73] wird jedes Flipflop mit einem Multiplexer ergänzt. Durch ein
Betriebsartensteuersignal System/ Test , das extern vorgegeben wird, legt man
fest, ob die Flipflops den Inhalt des vorhergehenden Flipflops übernehmen
sollen (Testbetrieb, Schieberegister-Funktion) oder die durch die kombinatorische Logik berechneten Werte (Normalbetrieb, D-Flipflop-Funktion). Sind die
Flipflops in statischer CMOS-Technologie realisiert, wobei die Multiplexer aus
Transmissionsgattern aufgebaut sind, erhöht sich dadurch die Transistoranzahl pro Speicherelement von 16 auf 20. Dies ist in Bild 2.18 veranschaulicht,
wobei das Taktsignal mit T bezeichnet wurde.

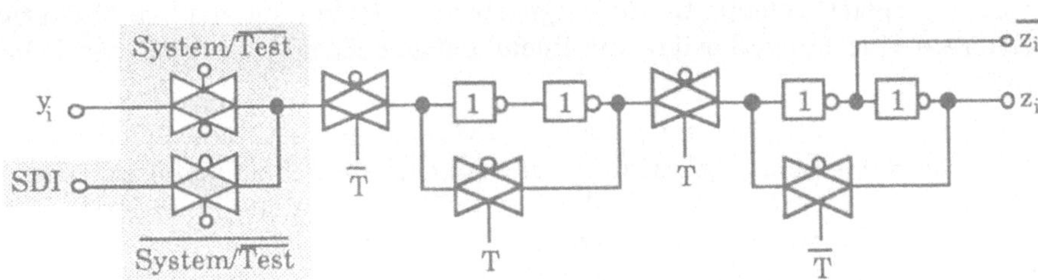

Bild 2.18: ETSD-Prüfpfadelement

Bei Prüfpfaden mit pegelgesteuerten Speicherelementen wird die Betriebsartensteuerung meist durch die Nutzung verschiedener Taktsignale für System-
und Testbetrieb realisiert (level-sensitive scan design, LSSD) [EiWi 77]. Der
Zweiphasentakt T_1, T_2 im Systembetrieb wird während des Tests durch den
Zweiphasentakt T_{shift}, T_2 ersetzt (Bild 2.19). Die Anzahl der Transistoren pro
Speicherelement erhöht sich hierdurch bei statischer CMOS-Realisierung von
24 auf 32. Der Aufwand kann im Vergleich zu der dargestellten Doppellatch-

Lösung bei der Einfachlatch-Lösung reduziert werden [DGWW 82]. Dies erfordert aber eine Partitionierung der kombinatorischen Logik in zwei Teile so, daß die Zustandseingänge des einen Schaltnetzes nur von den Zustandsausgängen des anderen Schaltnetzes abhängen und umgekehrt. Eine solche Aufteilung ist für Steuerwerke wegen der starken gegenseitigen Abhängigkeit der Zustandsvariablen im allgemeinen nicht möglich.

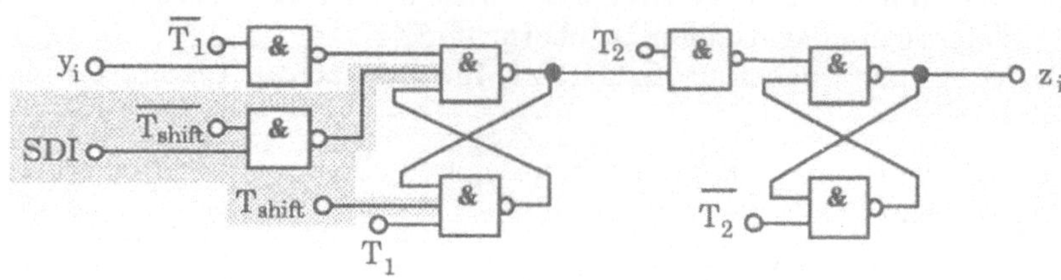

Bild 2.19: LSSD-Prüfpfadelement

2.3.3.2 Partieller Prüfpfad

Der Zusatzaufwand für einen Prüfpfad kann dadurch reduziert werden, daß nicht alle Speicherelemente in das Test-Schieberegister aufgenommen werden [Tris 80]. Man kann die in den Prüfpfad integrierten Speicherelemente so wählen, daß der Abhängigkeitsgraph, der nach Ersetzen der Prüfpfadelemente durch pseudoprimäre Ein- und Ausgänge entsteht, keine Zyklen mehr enthält [ScWu 87, ChAg 89b, KuWu 90]. Dadurch wird sichergestellt, daß die zur Belegung der Speicherelemente mit vorgegebenen Werten notwendige Musterfolge weiterhin eine Länge besitzt, die linear mit der Anzahl der Speicherelemente wächst.

Die Testmuster für eine mit partiellem Prüfpfad ausgestattete Schaltung müssen zwar mit einem Algorithmus für sequentielle Schaltungen erzeugt werden, allerdings wird die Anzahl der in die Repräsentation als iteriertes Schaltnetz aufzunehmenden Schaltnetzexemplare für azyklische Abhängigkeitsgraphen durch die Anzahl der Speicherelemente nach oben beschränkt [FrMe 75]. Auch ist es mit einem partiellen Prüfpfad möglich, wie in den Abschnitten 2.2.3 und 2.2.4 erwähnt, pseudoerschöpfende Testmengen und Zufallsmuster zu verwenden.

2.3.3.3 „Boundary Scan"

Ein digitales System besteht häufig aus einer Vielzahl integrierter Schaltungen unterschiedlicher Hersteller. Um den Test solcher Systeme zu erleichtern,

wurde eine standardisierte Testschnittstelle für integrierte Schaltungen definiert [IEEE 90]. Die Grundstruktur einer dieser „Boundary Scan"-Norm kon-
formen Testschnittstelle zeigt Bild 2.20. Die Testregister einer integrierten
Schaltung können über 5 Signale beeinflußt bzw. beobachtet werden: TRST (test
reset) setzt die Testausstattung in den Grundzustand zurück, TCK (test clock)
versorgt sie mit Taktsignalen, TMS (test mode select) steuert den Testbetrieb
und die zwei Anschlüsse TDI/TDO (test data in/out) bilden die Ein- und Ausgänge der auf dem Chip realisierten Prüfpfad-Schieberegister. Ein im Befehlsregister gespeicherter Befehlscode erlaubt die Auswahl zwischen mehreren
möglichen Testabläufen wie einem externen Test der Schaltung mit Prüfpfad,
einem Selbsttest oder einem Test der Verbindungsleitungen mehrerer Chips.
Die Koordination der Testabläufe wird durch ein Steuerwerk übernommen,
das mit dem Signal TMS beeinflußt werden kann. Es erzeugt Steuersignale für
das Befehlsregister, die im Unterschied zum Befehlsregister als Datenregister
bezeichneten eigentlichen Testregister und andere integrierte Testhilfen.

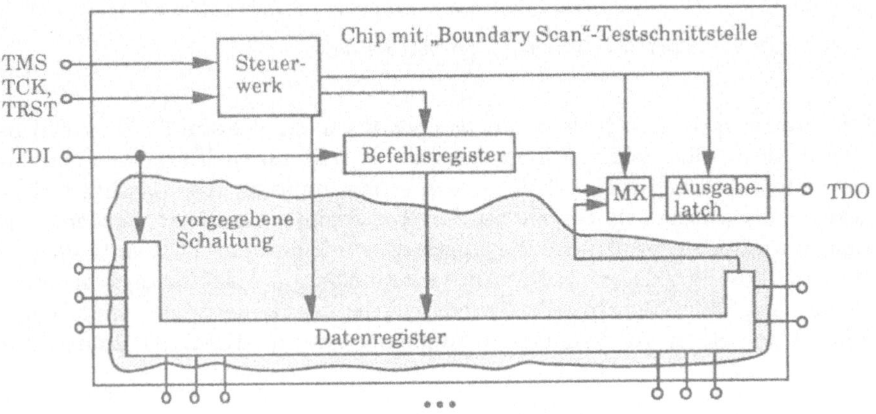

Bild 2.20: Grobstruktur der „Boundary Scan"-Testschnittstelle

Da das „Boundary Scan"-Steuerwerk später häufig als Beispiel verwendet
wird, soll es hier etwas näher betrachtet werden. Es ist ein Moore-Schaltwerk
mit 16 Zuständen, einer Eingabe TMS und einer Vielzahl von Ausgabesignalen
zur Steuerung der Testausstattung. Die Grobstruktur seines Übergangsgraphen illustriert Bild 2.21. Außer dem Rücksetzzustand „Test-Logic-Reset"
(TLR) und einem Ruhezustand „Run-Test-Idle" (RTI) gibt es zwei voneinander
unabhängige Zustandsfolgen mit je 7 Zuständen, in denen jeweils entweder
Befehls- oder Datenregister beeinflußt werden.

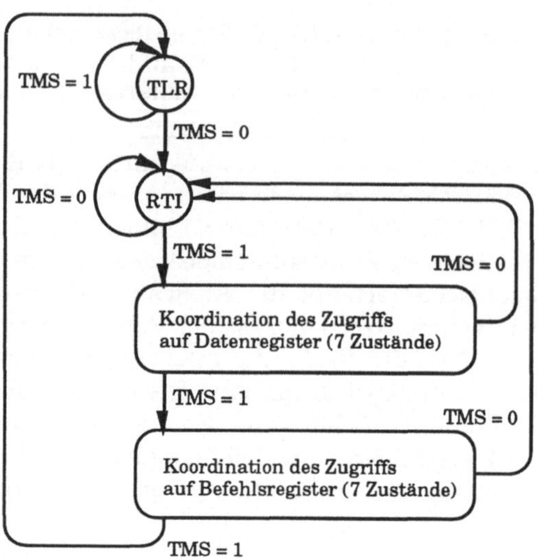

Bild 2.21: Verhalten des „Boundary Scan"-Steuerwerks

Das Steuerwerk muß jeweils mit der positiven Flanke von TCK in den nächsten Zustand übergehen. Einige Ausgabesignale, die sich erst mit der folgenden fallenden Flanke von TCK ändern sollen, müssen über Latches zwischengespeichert werden, bevor sie zu den Testregistern geführt werden. Andere Ausgabesignale sind Takte, die durch Maskierung von TCK entstehen; hier sind in Abhängigkeit vom Zustand entsprechende Maskierungsvariablen zu generieren. Eine konzeptuelle Grundstruktur des Steuerwerks zeigt Bild 2.22, eine in der Norm vorgeschlagene Implementierung [IEEE 90] findet man in Anhang A.2.3.

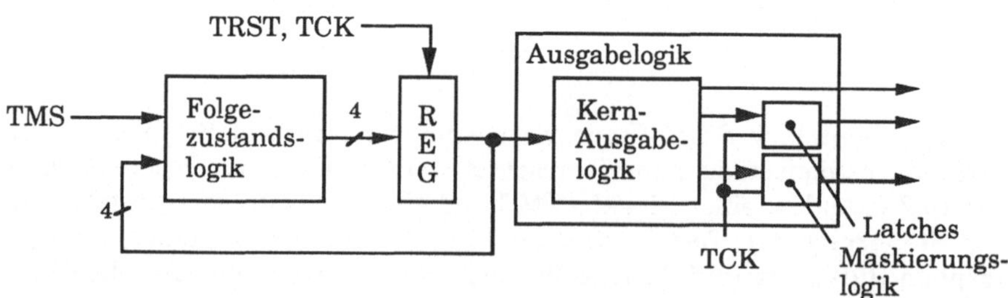

Bild 2.22: Konzeptuelle Grundstruktur eines „Boundary Scan"-Steuerwerks

2.3.4 Schaltungen mit Selbsttestregistern

Der externe Test hat eine Reihe von Nachteilen: Zur Erfassung dynamischer Fehler müssen Testmuster für eine Schaltung in deren Betriebsfrequenz angelegt und ausgewertet werden. Testautomaten, die Prüfdaten mit der erforderlichen Geschwindigkeit erzeugen und mit der erforderlichen Auflösung aufnehmen können, müssen zwangsläufig höhere Anforderungen erfüllen als die jeweils in neuester Technologie gefertigten zu testenden Einheiten, was sehr hohen Aufwand erfordert. Lange Testdurchführungszeiten durch die serielle Eingabe von Testmustern in Prüfpfade verringern zudem den Durchsatz dieser hohe Investitionen erfordernden Geräte. Selbsttestbare Schaltungen können durch die Fähigkeit, intern Prüfmuster zu erzeugen und auszuwerten, diese Nachteile vermeiden. Nach dem Produktionstest wird der Chip meist in ein größeres System integriert, das getestet und gewartet werden sollte, ohne daß einzelne Chips ausgebaut und nochmals in einem Testautomaten überprüft werden können, was durch Selbsttesteinrichtungen auf den Chips ebenfalls erleichtert wird.

2.3.4.1 Mustererzeugung

Prinzipiell stehen für den Selbsttest wie für den externen Test deterministische Testmuster, pseudo-erschöpfende Testmengen und Zufallsmuster zur Verfügung. Um diese auf dem Chip zu erzeugen, können vorherbestimmte Testmuster entweder in ein Speicherfeld abgelegt oder mit Hilfe spezieller Schaltungen „in Echtzeit" erzeugt werden. Ein großer Nachteil der ersten Möglichkeit ist der hohe Platzbedarf entsprechender Speicherfelder. Daher beschränkt sich die folgende Darstellung auf zur Mustererzeugung verwendete Testregister.

Am häufigsten werden linear rückgekoppelte Schieberegister (LRSR) eingesetzt. Bei ihnen werden die Inhalte von Schieberegisterstufen antivalenzverknüpft und in das Schieberegister zurückgeführt. Bei einem Standard-LRSR ist die Rückkopplungsfunktion dabei extern realisiert (Bild 2.23a), bei einem modularen LRSR dagegen auf die einzelnen Stufen aufgeteilt (Bild 2.23b). Die Rückkopplungsfunktion des Schieberegisters kann in beiden Fällen durch das *Rückkopplungspolynom*

$$s(x) = s_r + s_{r-1}x + \ldots + s_1x^{r-1} + s_0x^r, \; s_i \in \{0,1\}, \; i = 0, \ldots r,$$

beschrieben werden. Ist bei einem Standard-LRSR $s_i = 1$, wird die entsprechende Zustandsvariable z_{r-i} zurückgekoppelt, bei $s_i = 0$ entfällt die Rückkopplung und die zugehörige Antivalenzverknüpfung. Entsprechendes gilt für ein modulares LRSR. Das zu $s(x)$ reziproke Polynom

$$s^*(x) = x^r \cdot s(\tfrac{1}{x}) = s_0 + s_1x + \ldots + s_{r-1}x^{r-1} + s_rx^r$$

wird *charakteristisches Polynom* des LRSR genannt.

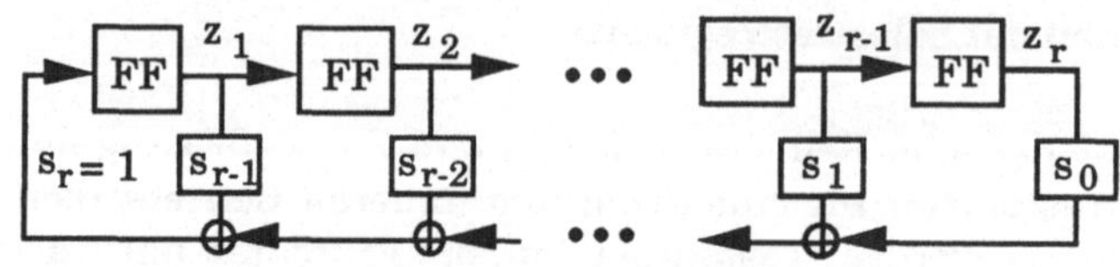

a) Standard-LRSR

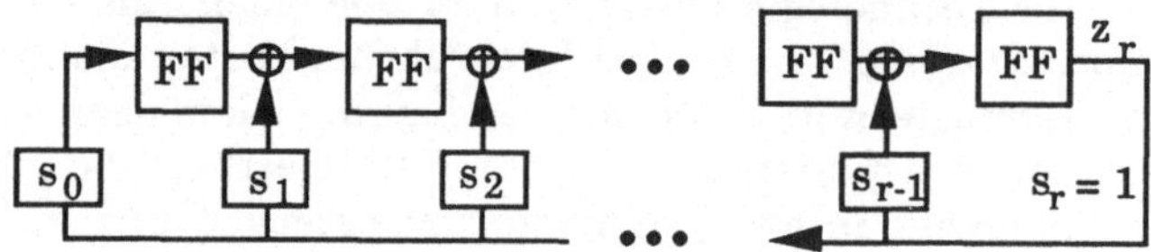

b) modulares LRSR

Bild 2.23: Linear rückgekoppelte Schieberegister

Wird das LRSR getaktet, durchläuft es eine gewisse Folge von Zuständen, deren Eigenschaften durch das charakteristische Polynom s(x) festgelegt werden. Der Nullzustand 00...0 geht offensichtlich unabhängig von s(x) immer in sich selbst über. Das charakteristische Polynom s(x) eines LRSR stellt ein Polynom über GF(2) dar. Die Eigenschaften solcher Polynome werden in der linearen Algebra behandelt (z. B. [LiNi 86]). Anwendungsorientierte Einführungen findet man in [Golo 67] oder [PeWe 72].

Definition 2.28: Ein Polynom s(x) über GF(2) vom Grad r heißt *primitiv*, wenn es irreduzibel ist (d. h. nicht faktorisiert werden kann) und die kleinste Zahl m, für die s(x) das Polynom $x^m + 1$ teilt, gleich 2^r-1 ist.

Satz 2.29 [Golo 67]: Die Zustandsfolge eines r-stufigen LRSR hat die (maximal mögliche) Periode $m = 2^r-1$ und enthält alle Zustände außer dem Nullzustand, wenn das charakteristische Polynom des LRSR primitiv ist.

Die Nutzung von LRSRs mit primitivem Rückkopplungspolynom zur Mustererzeugung beruht unter anderem auf folgendem Satz:

Satz 2.30 [Golo 67]: Schieberegisterfolgen maximaler Periode $m = 2^r-1$ genügen folgenden Zufallseigenschaften: a) Die Anzahl der Einsen und Nullen ist bis auf einen Unterschied von 1 gleich. b) Der 2^ℓ-te Teil aller Folgen von Nullen/ Einsen hat die Länge ℓ, solange $\ell < r$. c) Die Autokorrelationsfunktion ist zweiwertig mit

$$\frac{1}{m} \cdot \sum_{t=1}^{m} z_i{}^t \cdot z_i{}^{t+\tau} = \begin{cases} 1 \text{ für } \tau = 0 \\ K \text{ für } 0 < \tau < m \end{cases} \cdot$$

Da die Testmusterfolgen, die durch Verwendung der einzelnen Zustandsvariablen z_i entstehen, zwar völlig deterministisch erzeugt werden, aber dennoch gewissen Zufallseigenschaften genügen, werden sie als Pseudozufallsmuster bezeichnet. Nach Satz 2.30 a) handelt es sich dabei um gleichverteilte Pseudozufallsmuster. Ein anderer Ansatz zur Erzeugung von Pseudozufallsmustern verwendet statt LRSRs zellulare Automaten [HMPM 89]. Gewichtete Pseudozufallsmuster erhält man durch boolesche Manipulationen an den gleichverteilten Mustern [Wund 87a, BrGK 89]. Ein GURT-Register (generator of unequiprobable random tests) [Wund 87a] basiert z. B. auf der Verknüpfung mehrerer Ausgaben eines modularen LRSR gemäß Bild 2.24.

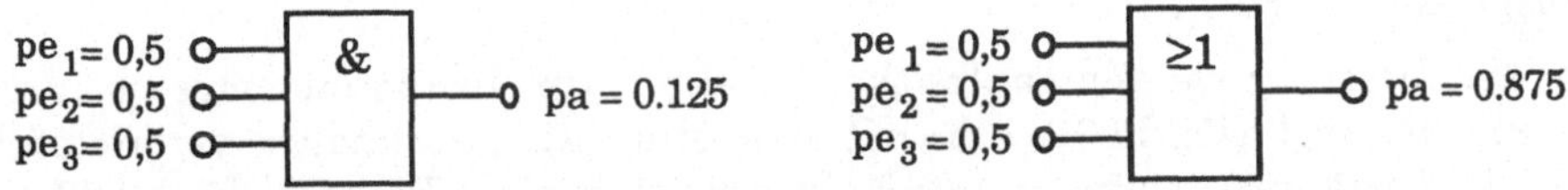

Bild 2.24: Erzeugung gewichteter Zufallsmuster

Erschöpfende Tests lassen sich sowohl mit Zählern als auch mit leicht modifizierten LRSRs [WaMc 86] durchführen. Pseudoerschöpfende Testmengen können unter gewissen Bedingungen ebenfalls mit LRSRs erzeugt werden [BaCR 83]. Andere Ansätze verwenden komplexere lineare Schaltungen, hierzu sei auf [Hell 91] verwiesen. Die Erzeugung deterministischer Muster ist mit nichtlinear rückgekoppelten Schieberegistern (NRSR) möglich [Daeh 83]. Bei diesen sind in der Rückkopplungsfunktion neben Antivalenzverknüpfungen auch beliebige andere boolesche Verknüpfungen zugelassen.

Für die Speicherelemente, die für ein rückgekoppeltes Schieberegister, einen Zähler oder einen zellularen Automaten notwendig sind, können die ohnehin in der Schaltung vorhandenen Speicherelemente genutzt werden. Man kommt damit zu multifunktionalen Testregistern, die durch ein externes Steuersignal zwischen dem Systembetrieb, in dem sie als normale Register arbeiten, und dem Testbetrieb, in dem sie als rückgekoppeltes Schieberegister, Zähler oder zellularer Automat Testmuster erzeugen, umgeschaltet werden können (Bild 2.25).

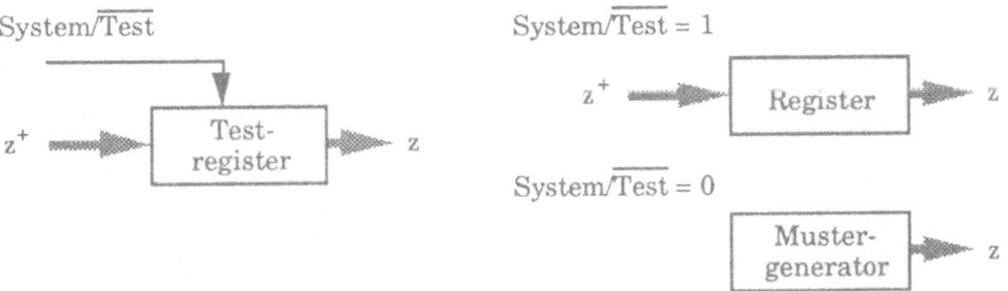

Bild 2.25: Multifunktionales Testregister zur Mustererzeugung

2.3.4.2 Musterauswertung

Die Auswertung der Testantworten durch direkten Vergleich mit den Sollwer-
ten erforderte die Speicherung aller Sollwerte auf dem zu testenden Chip, was
wie die Speicherung der Teststimuli im allgemeinen zu aufwendig ist. Stattdessen komprimiert man die Folge von Testantworten während des Tests und
überprüft am Testende, ob das Resultat dieser Kompression, die sogenannte
Signatur, mit der Sollsignatur übereinstimmt. Der Vergleich muß nicht auf
dem Chip erfolgen; über einen Prüfpfad kann am Testende die Signatur auch
ausgelesen werden.

In der Literatur werden zahlreiche Verfahren zur Testdatenkompression vorgeschlagen (vgl. [VoPl 89]). Am weitesten ist die Signaturanalyse verbreitet, bei
der die Testantworten in ein LRSR eingespeist werden [Froh 77]. Bild 2.26 zeigt
dazu eine Schaltung mit modularem LRSR. Schreibt man eine Eingabefolge e^1,
... e^N der Länge N als Polynom über GF(2)

$$e(x) = e^N + e^{N-1} x + ... + e^1 x^{N-1}$$

und ist das LRSR zu Beginn mit Nullen gefüllt, so ergibt sich die ebenfalls als
Polynom geschriebene Ausgabefolge

$$a(x) = a^N + a^{N-1} x + ... + a^{r+1} x^{N-1-r}$$

als Ergebnis einer Polynomdivision von $e(x)$ durch das Rückkopplungspolynom
$s(x)$. Der Inhalt des Signaturregisters z_1, ... z_r nach dem Ende der Kompression, d. h. die zu vergleichende Signatur, entspricht dem Rest dieser Division

$$z(x) = e(x) - a(x) \cdot s(x) \qquad \text{mit} \qquad z(x) = z_r + z_{r-1} x + ... + z_1 x^{r-1}.$$

Ähnliche Beziehungen erhält man für Standard-LRSRs (vgl. [Wund 91]).

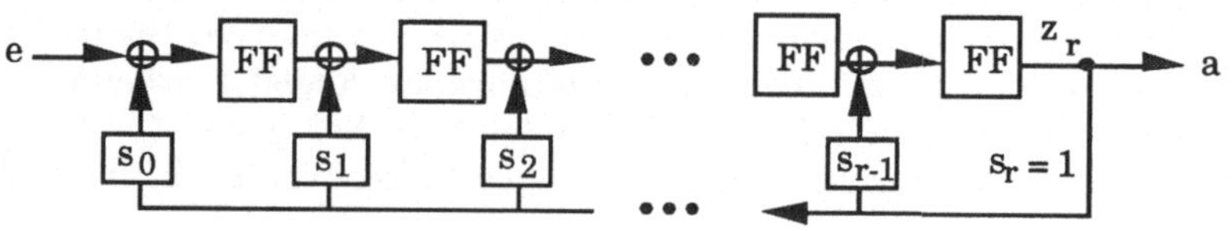

Bild 2.26: Serielle Signaturanalyse mit modularem LRSR

Das Hauptproblem jeder Kompression besteht darin, daß sich möglicherweise
trotz einer fehlerhaften Eingabefolge eine korrekte Signatur ergibt und damit
der Fehler „maskiert" wird. So führen alle Polynome $e(x)$, die sich um ein Viel-
faches von $s(x)$ unterscheiden, bei der Division durch dieses Polynom $s(x)$ zum
gleichen Rest $z(x)$ und damit zur gleichen Signatur. Untersuchungen zur Fehlermaskierung sind in [Leis 82, IvAg 89, DOFR 89] zu finden. Oft reicht es,
sehr lange Testsequenzen zu betrachten.

Satz 2.31 [WDGS 88]: Für große Testfolgenlängen N geht die Fehlermaskierungswahrscheinlichkeit eines r-Bit-LRSR gegen $P_M = 2^{-r}$.

Meist hat eine Schaltung mehrere Ausgänge, die gleichzeitig beobachtet werden müssen. Anstatt für jeden Ausgang ein eigenes LRSR zur Kompaktierung zu verwenden, führt man alle Ausgänge unterschiedlichen Stufen eines LRSR zu (Bild 2.27) und erhält dadurch ein *paralleles Signaturregister* (PSR). Auch hier geht für lange Testlängen die Fehlermaskierungswahrscheinlichkeit im allgemeinen gegen 2^{-r} [WiDa 89], detailliertere Untersuchungen hierzu sind in [Maxw 88, DOFE 89, WiDa 89a, IwAr 90, DaWW 90] zu finden.

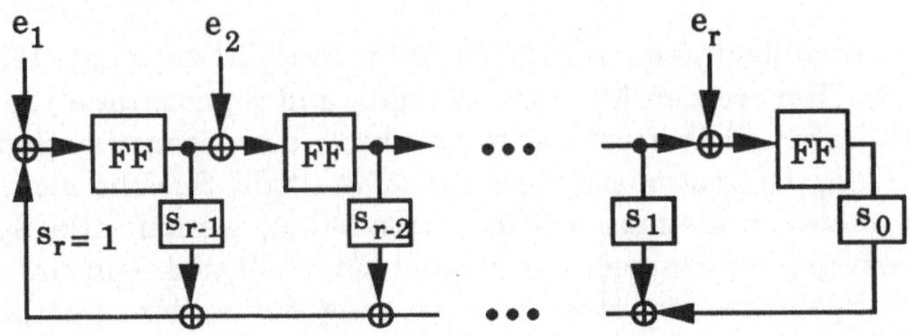

Bild 2.27: Paralleles Signaturregister mit Standard-LRSR

Ähnlich den Schaltungen zur Testmustererzeugung können auch Signaturregister mit den Systemregistern zu multifunktionalen Testregistern zusammengefaßt werden. Am bekanntesten ist das BILBO-Register (built-in logic block observer [KöMZ 79]), das in modifizierter Form über die vier Betriebsarten „Systembetrieb", „Schiebebetrieb", „Testmuster erzeugen" und „Testmuster auswerten" verfügt. Basis ist ein LRSR zur Erzeugung gleichverteilter Zufallsmuster und zur Signaturanalyse, das durch Deaktivieren der Rückkopplung als Schieberegister in einen Prüfpfad aufgenommen werden kann. Ein solches Register kann z. B. in Strukturen wie in Bild 2.28 eingesetzt werden. Im Testbetrieb werden die Register zunächst über den Prüfpfad initialisiert. Dann erzeugt $BILBO_1$ Muster, während $BILBO_2$ die Testantworten kompaktiert, wodurch $Schaltnetz_1$ getestet wird. Zum Test von $Schaltnetz_2$ vertauschen in einer zweiten „Testsitzung" die beiden BILBOs ihre Rollen. Zum Abschluß des Tests werden die Signaturen über den Prüfpfad ausgelesen.

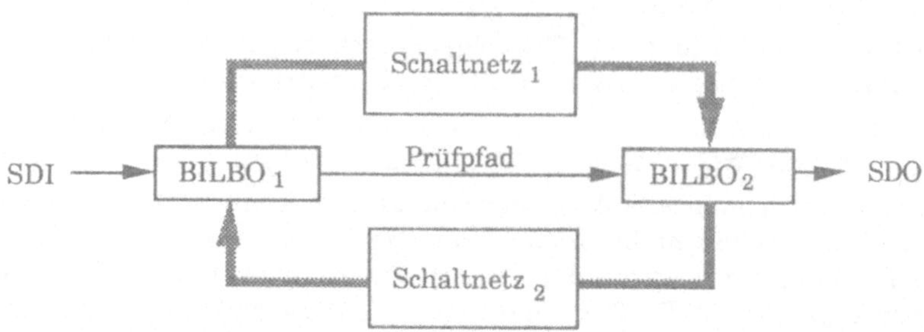

Bild 2.28: Einsatz multifunktionaler Testregister

Ein etwas anderes Prinzip liegt dem *zirkulären Selbsttestpfad* zugrunde [KrPi 89, POLB 88, Stro 88]. Hier werden Mustererzeugung und Signaturanalyse im Gegensatz zum klassischen Selbsttest nicht getrennt, die erzeugten Signaturen werden gleichzeitig als Testmuster verwendet. Statt die Speicherelemente der Schaltung in mehrere kleinere LRSRs aufzuteilen, werden alle Speicherelemente zu einem großen Testregister zusammengefaßt, bei dem nur die Ausgabe des letzten Speicherelementes zum Eingang des ersten zurückgeführt wird, d. h. es wird ein (nicht primitives) Rückkopplungspolynom $s(x) = 1 + x^r$ realisiert. Der Schaltungsaufwand zur Realisierung des Selbsttests läßt sich dadurch reduzieren. Die theoretische Analyse der erzielbaren Fehlerüberdeckung ist jedoch sehr schwierig, weshalb bei diesem Ansatz für jeden Einzelfall eine aufwendige Fehlersimulation nötig ist.

2.3.4.3 Selbsttestbare Steuerwerke

Bei Steuerwerken werden die Zustandsvariablen nach ihrer Erzeugung in der kombinatorischen Logik des Steuerwerks über das Zustandsregister direkt wieder an die Eingänge der kombinatorischen Logik zurückgeführt. Konfiguriert man das Zustandsregister als multifunktionales Testregister, etwa als BILBO- [KöMZ 79] oder als GURT-Register [Wund 87a], können damit entweder nur Muster erzeugt oder alternativ Testantworten ausgewertet werden. Um einen konventionellen Selbsttest zu realisieren, muß daher zusätzlich ein zweites Register implementiert werden, das nur im Testbetrieb arbeitet und die vom Zustandsregister nicht wahrgenommene Aufgabe übernimmt (siehe Bild 2.29, vgl. u. a. [WaMc 87, WaMo 89]). Auf die explizite Darstellung der Register zur Mustererzeugung für die primären Eingaben und zur Musterauswertung der primären Ausgaben wird verzichtet, da diese sich für die verschiedenen Selbstteststrukturen nicht unterscheiden.

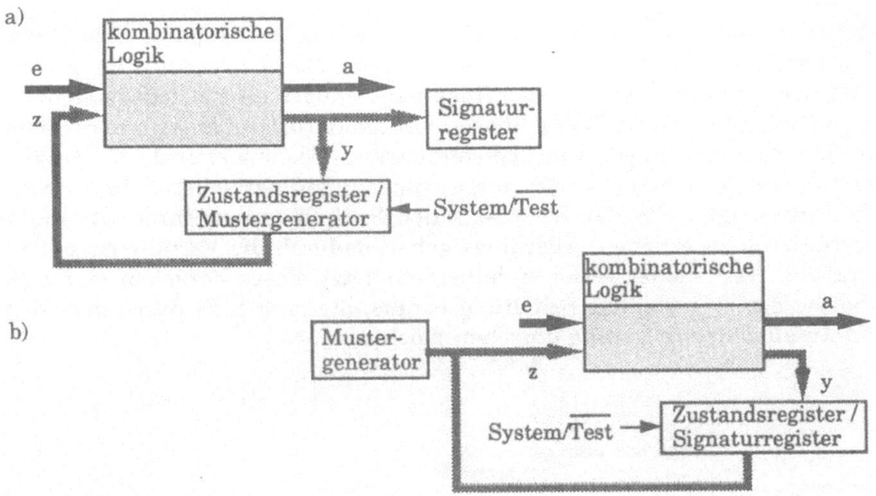

Bild 2.29: Selbsttestbares Steuerwerk mit Verdopplung der Flipflopanzahl

Das zusätzliche Register ließe sich vermeiden, könnte man die Zustandsvariablen so in zwei Teilmengen partitionieren, daß Zustandsvariablen der einen
Teilmenge nur von Zustandsvariablen der anderen Teilmenge abhingen (siehe
Bild 2.30) [Benn 84]. Dies ist ähnlich der Einfachlatch-Lösung für Prüfpfade
aufgrund der starken Abhängigkeit der Zustandsvariablen voneinander allerdings nur in den seltensten Fällen möglich. Selbst wenn eine derartige Partitionierung möglich ist, hat diese Testmethode den Nachteil, zwei Testsitzungen zu erfordern und die Teststeuerung zu komplizieren.

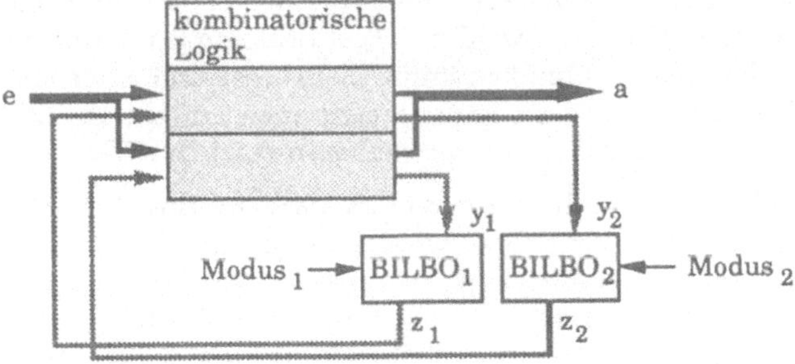

Bild 2.30: Selbsttestbares Steuerwerk mit Partitionierung der Kombinatorik

Als letzte Möglichkeit bleibt, die Signaturen wie beim zirkulären Selbsttestpfad
gleichzeitig als Testmuster zu verwenden (siehe Bild 2.31) [BeMa 84], wobei die
Güte der erzeugten Muster allerdings alles andere als zufriedenstellend sein
kann [ChGu 89]. Diese Testmethode wird als *paralleler Selbsttest* bezeichnet.
Direkte Rückkopplungen von Registerausgängen kommen auch in Operationswerken vor. In [HuPe 87] wird vorgeschlagen, den parallelen Selbsttest durch
die Eingabe spezieller Muster über einen Prüfpfad zu ergänzen, um die Fehlererfassung zu erhöhen. Allerdings gehen dadurch die Vorteile eines Selbsttests zum Teil wieder verloren, außerdem setzt dieses Vorgehen eine genaue
Analyse der zu testenden Schaltung voraus, die man z. B. durch den Einsatz
von Zufallsmustern gerade umgehen möchte.

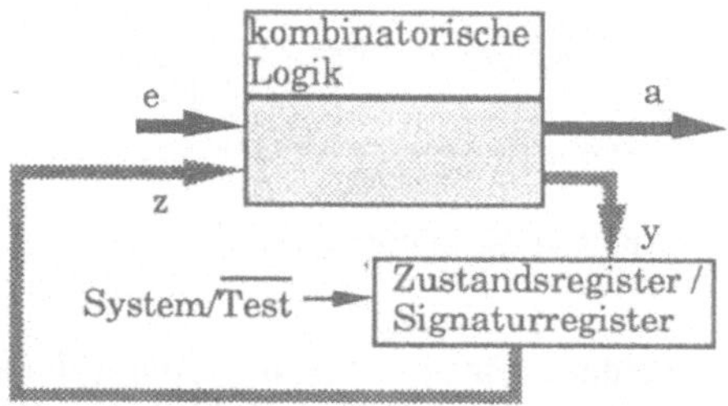

Bild 2.31: Steuerwerk mit parallelem Selbsttest

2.3.5 Wahl der Teststrategie

Alle bisher vorgeschlagenen Maßnahmen zur Erhöhung der Testbarkeit
bringen neben Vorteilen auch Nachteile mit sich. Je nach der Größe der Schaltung, der Fertigungsmenge, der Ausbeute, der geforderten Produktqualität
und einer Vielzahl weiterer Kriterien wird die Teststrategie im wesentlichen
nach wirtschaftlichen Gesichtspunkten bestimmt. Selbsttest und externer Test
schließen sich dabei nicht aus, sondern können sich auch auf einem Chip ergänzen, wie es das Beispiel moderner Mikroprozessoren zeigt [NFWN 89].

Ist das zu testende Schaltwerk klein, kann auf zusätzliche Bauelemente zur
Erhöhung der Testbarkeit ganz verzichtet werden, wenn die Erzeugung von
Testmusterfolgen mit einem sequentiellen Testmustergenerator möglich ist
oder ein Prüfexperiment durchgeführt werden kann. Durch die Integration eines Prüfpfades erhöht sich die Fläche einer Schaltung, der LSSD-Mehrauf-
wand wird z. B. auf 4 - 20 % geschätzt [EiWi 77, Will 81]. Das serielle Laden des
Prüfpfades verlängert die Testzeiten und verhindert einen Test des Normalbetriebs und Tests bei maximaler Geschwindigkeit. Dafür wird die Testmustererzeugung und -auswertung wesentlich vereinfacht, bzw. bei größeren
Schaltungen überhaupt erst ermöglicht. Die Integration von Selbsttestaus-
stattungen vergrößert die Schaltungsfläche weiter, ermöglicht aber einen Test

mit der Betriebsfrequenz der Schaltung und reduziert die Inanspruchnahme
von teuren Testautomaten. Vielfach sind die Testzusatzausstattungen auch
nützlich für den Test und die Wartung des Gesamtsystems, in das ein Chip
eingebaut wird. Eine Fehlererkennung während des Betriebes der Schaltung
wird durch den Einbau z. B. von Signaturregistern erst möglich gemacht.

2.4 Stand der Technik

In diesem Abschnitt werden aktuelle Ansätze zur Synthese einfach testbarer
Schalt*werke* vorgestellt. Auch die Synthese testfreundlicher Schalt*netze* fand
in letzter Zeit größere Beachtung, z. B. um Redundanzen zu vermeiden [BBHJ
88, BBCK 89, HJKM 89, McBr 89] oder um die Erkennbarkeit von Übergangsfehlern zu erhöhen [RADL 89, PrRe 90, DeKe 90]. Ähnliches gilt für die
Abbildung der Grundbausteine von Schaltnetzen und Schaltwerken auf leicht
testbare Layoutstrukturen [RRBC 89, TTAG 90, StVi 90]. Für Details muß auf
die angegebene Literatur verwiesen werden.

2.4.1 Steuerwerke ohne Prüfpfad

In Abschnitt 2.2.2 wurde erläutert, daß Fehler in redundanten Schaltnetz-
anteilen nicht durch das Anlegen von Testmustern an die Schaltnetzeingänge
und das Beobachten von Schaltnetzausgängen zu erkennen sind. Auch bei
Schaltwerken sind Fehler möglich, die das Ein-/Ausgabeverhalten nicht verändern, und zwar auch dann, wenn die kombinatorische Logik des Schaltwerks redundanzfrei ist. Solche Fehler können in drei Klassen unterteilt
werden:
- Äquivalente Zustände der Implementierung werden vertauscht.
- Das Verhalten in einem Zustand, der vom Grundzustand nicht erreichbar
  ist, wird verändert. Dies ist dann möglich, wenn die Anzahl der Zustände
  $s = 2^r$ in der Implementierung größer als die spezifizierte Zustandsanzahl
  n ist, also z. B. grundsätzlich falls n keine Zweierpotenz ist.
- Die fehlerhafte Schaltung unterscheidet sich von der fehlerfreien nur
  durch die Zustandscodierung.

In einer Reihe von Aufsätzen [DMNS 89a, DeMN 89, DeKe 89, DeMN 90,
DMNS 90] wird erläutert, wie durch eine Modifikation der Syntheseprozeduren
garantiert werden kann, daß keine sequentiellen Redundanzen auftreten. Da
allerdings schon das Problem RES der Redundanzerkennung in Schaltnetzen
NP-vollständig ist (Satz 2.24), ist es nicht verwunderlich, daß ein solches
Verfahren sehr viel Rechenzeit benötigt und nur für kleinere Schaltungen anwendbar ist. Für den Spezialfall mit PLAs aufgebauter Steuerwerke wird eine
entwurfstechnisch weniger aufwendige Methode vorgeschlagen, die sicher-

stellt, daß alle Verbindungsfehler erkannt werden können [DeMN 89a, DeMa 90]. In diesem Fehlermodell wird angenommen, daß an einem Kreuzungspunkt von Eingangs- und Produkttermleitung bzw. Produktterm- und Ausgangsleitung entweder ein Transistor fälschlicherweise angeschlossen ist oder daß eine gewünschte Verbindung nicht besteht (vgl. Bild 2.12). Allerdings führt diese Methode zu einem Anstieg der Produkttermanzahl und damit der Schaltungsfläche.

Ein weiterer Vorschlag hat zum Ziel, die Beobachtbarkeit von Steuerwerken zu erhöhen, indem die Länge der Unterscheidungssequenzen auf 1 verkürzt wird [DMNS 88, DMNS 89]. Geht man von einer Einfachfehler-Annahme aus und realisiert Folgezustands- und Ausgabelogik in disjunkten Schaltnetzen, kann der Fehler entweder nur die Ausgabelogik oder die Folgezustandslogik betreffen. Partitioniert man die Folgezustandslogik weiter, indem jede Ansteuervariable separat erzeugt wird, kann maximal eine Ansteuervariable fehlerhaft sein. Codiert man nun alle Zustände, die zur gleichen Ausgabe führen, mit einer Hamming-Distanz von 2, garantiert dies, daß jeder fehlerhafte Zustand zu einer fehlerhaften Ausgabe führt und damit sofort erkannt werden kann. Eine Weiterführung des Ansatzes findet sich in [ThKu 91]. Die Partitionierung der Schaltung und die Zusatzbedingungen für die Zustandscodierung führen auch hier zu einer Vergrößerung der Schaltung. Die Testlänge wächst weiterhin maximal exponentiell mit der Anzahl der Flipflops, da die Steuerbarkeit der Schaltung nicht erhöht wird.

Das Problem, daß strukturorientierte sequentielle Testmustergeneratoren nicht für jeden erkennbaren Fehler auch eine Testfolge finden (vgl. Abschnitt 2.2.2), wird durch nichtinitialisierte Flipflops verursacht. Dies läßt sich durch eine geeignete Modifikation der Synthese vermeiden [ChAg 89a], erhöht allerdings ebenfalls den Realisierungsaufwand der Schaltung.

2.4.2 Steuerwerke mit Prüfpfad

Während in Operationswerken der Zusatzaufwand zur Realisierung eines Prüfpfads häufig durch die Verwendung partieller Prüfpfade reduziert werden kann, ist dies für Steuerwerke aufgrund der starken Abhängigkeit der Zustandsvariablen voneinander selten möglich, da der Abhängigkeitsgraph von Steuerwerken sehr viele Zyklen enthält, die durch die Aufnahme von in diesen Zyklen enthaltenen Flipflops in den Prüfpfad aufgetrennt werden müßten [KuWu 90]. In [ChAg 89] wird ein Verfahren vorgeschlagen, das Freiheitsgrade während der Synthese dazu nutzt, die Anzahl der Zyklen im Abhängigkeitsgraphen klein zu halten, statt die kombinatorische Logik zu minimieren. Obwohl dadurch die Zyklenanzahl manchmal stark vermindert werden kann, führt dies wegen der verbleibenden Zyklen nicht immer zu einer entsprechenden Verkleinerung der Anzahl von Flipflops im partiellen Prüfpfad.

Um das Verhalten eines Prüfpfades zu realisieren, muß nicht immer eine separate Schieberegisterstruktur verwendet werden. In [AgCh 90, AgCh 90a] wird eine Methode vorgeschlagen, die einen Prüfpfad in die Verhaltensspezifikation von Steuerwerken einbettet. Sie kann immer dann angewendet werden, wenn ein Teilgraph des Zustandsübergangsgraphen zusammen mit unspezifizierten Übergängen das Verhalten eines Schieberegisters wiedergibt. Die Einbettung einer prüfpfadähnlichen Teststruktur wird auch in [ViJh 91] vorgeschlagen. Allerdings wirkt sich bei diesen Modifikationen der Verhaltensbeschreibung negativ aus, daß der Realisierungsaufwand hier nur sehr schwer abgeschätzt werden kann. Damit stehen zur genauen Festlegung der Verhaltensmodifikation nur schwache Heuristiken zur Verfügung, die manchmal zu einem höheren Aufwand führen, als wenn man einen konventionellen Prüfpfad benutzt.

2.4.3 Selbsttestbare Steuerwerke

Konventionelle Selbsttestansätze haben bei Steuerwerken den Nachteil, daß die Anzahl von Speicherelementen verdoppelt werden muß, da entweder nur das Register zur Mustererzeugung oder das Signaturregister mit dem Zustandsregister zu einem multifunktionalen Testregister zusammengefaßt werden kann. Mit einem parallelen Selbsttest kann dies vermieden werden, allerdings wird dadurch im allgemeinen die erreichbare Fehlerüberdeckung beeinträchtigt. In [ChGu 89] wird gezeigt, daß während des Selbsttests unter Umständen auch bei beliebig langer Testlänge nicht erreicht werden kann, daß alle Zustände durchlaufen werden, die im Systembetrieb erreichbar sind. Alle Fehler, die ein Testmuster erfordern, das entsprechende Zustandsvariablenwerte aufweist, bleiben dadurch unentdeckbar. Als Abhilfe wird eine Synthesemethode vorgeschlagen, die sicherstellt, daß alle Zustände des Steuerwerks auch im Selbsttestbetrieb erreichbar sind. Diese schränkt allerdings die Synthese soweit ein, daß der Mehraufwand an kombinatorischer Logik unter Umständen die Einsparung des zusätzlichen Testregisters aufwiegt. Ungeklärt ist weiterhin die Frage, wie sich die Abhängigkeit der Eingaben in das Signaturregister vom Inhalt des Signaturregisters auf die Fehlermaskierung auswirkt.

2.4.4 Zusammenfassung

Die Synthesemethoden für Steuerwerke ohne Prüfpfad ergeben Strukturen, in denen ein Testmustergenerator zwar prinzipiell für jeden Fehler eine Testsequenz finden könnte, aufgrund der Komplexität sequentieller Mustererzeugung und der schlimmstenfalls exponentiell mit der Schaltungsgröße wachsenden Testlänge wird der praktische Nutzen dieser Tatsache jedoch eingeschränkt. Besondere Probleme bereitet es, wenn das Steuerwerk zusammen mit weiteren Bauelementen, z. B. dem Operationswerk, auf einem Chip integriert ist und seine primären Ein- und Ausgänge damit nicht alle direkt zugänglich sind (vgl. Bild 2.1). In diesem Fall ist nicht gesichert, daß die Testmuster in der für einen Schaltwerkstest notwendigen Reihenfolge an die Eingänge des Steuerwerks zu transportieren sind.

Die Reduzierung der Anzahl in einen partiellen Prüfpfad aufzunehmender Flipflops führt für Steuerwerke nur zu einer mäßigen Einsparung. Die Fläche der kombinatorischen Logik, die bei dem vorgestellten Syntheseverfahren nur in zweiter Linie berücksichtigt werden kann, erhöht sich gegenüber konventionellen Entwürfen. Die Realisierung eines Prüfpfadverhaltens durch Aufnahme entsprechender Zustandsübergänge in die Steuerwerksspezifikation kann zu Einsparungen führen, setzt aber eine spezielle Struktur des vorgegebenen Zustandsübergangsgraphen voraus. In der vorgestellten Weise läßt sich die Methode nur schwer auf partielle Prüfpfade ausdehnen.

Für die Optimierung der Synthese selbsttestbarer Steuerwerke gibt es bisher die wenigsten Vorschläge, obwohl hier aufgrund des hohen Flächenbedarfs konventioneller Strukturen Verbesserungen vorrangig notwendig wären.

Die vorgestellten Ansätze stellen damit zwar alle Schritte in die Richtung dar, Testbarkeit bereits während der Synthese von Steuerwerken zu berücksichtigen, ermöglichen es aber nicht, die in Abschnitt 1.2 gesetzten Ziele zu erreichen.

3 Testfreundliche Steuerwerksstrukturen

3.1 Grundprinzipien testfreundlicher Steuerwerke

Im wesentlichen sind Maßnahmen zur Erhöhung der Testbarkeit sequentieller Schaltungen darauf ausgerichtet, die Speicherelemente so umzukonfigurieren, daß Testmuster leicht in sie eingebracht und Testantworten aus ihnen ausgelesen werden können, um so den Test sequentieller Schaltungen auf den einfacheren Test kombinatorischer Schaltungen zurückzuführen. Durch extern vorzugebende Steuersignale wird es ermöglicht, die Schaltung vom Systembetrieb in einen oder mehrere spezielle Testbetriebsarten umzuschalten. Zum Test können außer der Systemfunktion auch die dadurch erreichbaren speziellen Testfunktionen genutzt werden. Betrachtet man ein Steuerwerk als endlichen Automaten, so zerfällt dieser nach der Modifikation zur Erhöhung der Testbarkeit in zwei Teilautomaten: Ein Teilautomat S_S implementiert die Systemfunktion des Steuerwerks, während ein Teilautomat S_T die nur während des Tests verfügbare Funktionalität realisiert. Beide Automaten benutzen die gleichen Speicherelemente; die hauptsächliche Funktion von S_T ist es ja, die Zustände von S_S steuer- und beobachtbar zu machen. Damit erhält man die allgemeine Struktur eines testfreundlichen Steuerwerks von Bild 3.1 [AgCh 90]. Einige Ein- und Ausgänge e_T bzw. a_T sind nur dem Test vorbehalten und erfüllen im Normalbetrieb keine Funktion.

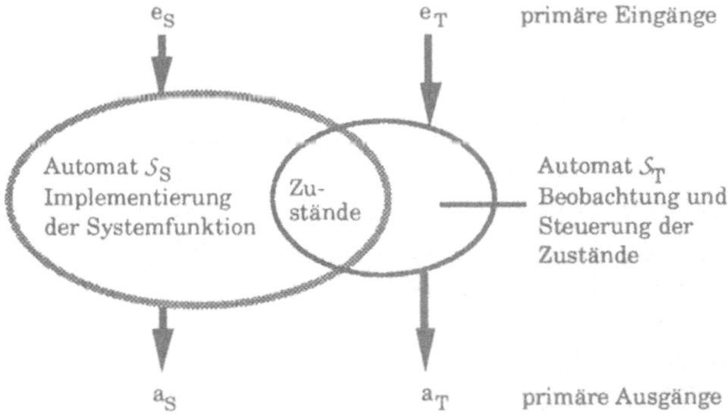

Bild 3.1: Grundstruktur eines testfreundlichen Steuerwerks

Die in Abschnitt 2.3 vorgestellten Techniken zur Erhöhung der Testbarkeit sequentieller Schaltungen können alle als Spezialfälle dieses Grundprinzips interpretiert werden. Dies wird im folgenden konkretisiert. Der Teil der Schaltung, der die zur Gewährleistung der Testbarkeit notwendige zusätzliche Logik enthält, wird dabei in Analogie zur Mengenschreibweise mit $S_T \setminus S_S$ bezeichnet, der von S_S und S_T gemeinsam benutzte Teil mit $S_S \cap S_T$ und die gesamte während des Tests verfügbare Funktionalität mit $S_S \cup S_T = S$.

Entwurfsmodifikationen zur *Vereinfachung von Prüfexperimenten* erhöhen die Zahl primärer Ein- bzw. Ausgänge des Steuerwerks, um mit Hilfe möglichst kurzer Folgen zusätzlicher Zustandsübergänge die Zustände von S_S einfach ansteuern zu können (Rücksetz- und Transfersequenzen) bzw. identifizieren zu können (Unterscheidungssequenzen). In dem Ansatz von Wang et al. [WaMM 87] dient z. B. eine zusätzliche Eingabe dazu, die Zustandsübergänge des Testbetriebs zu steuern, und einer der vorhandenen primären Ausgänge wird zur Beobachtung des kombinierten Automaten verwendet (siehe Bild 3.2). Die Zustandsübergänge beider Automaten S_S und S_T könnten prinzipiell zwar auf eine gemeinsame kombinatorische Logik abgebildet werden, da die Modifikationen zur Verkürzung von Prüfexperimenten jedoch erst nach abgeschlossenem Entwurf durchgeführt werden, sind die Zustandsübergänge beider Teilautomaten tatsächlich mit disjunkten Schaltnetzen realisiert (vgl. [WaMM 87, SaDa 86]).

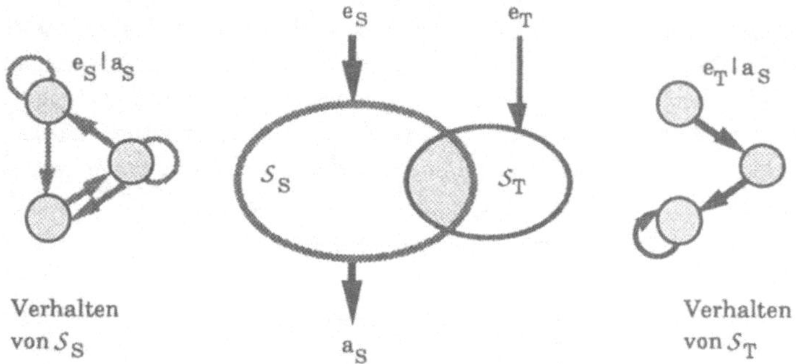

Bild 3.2: Steuerwerk mit verkürztem Prüfexperiment

Bei der *Eingliederung eines Prüfpfades* ergibt sich das gleiche Grundkonzept wie bei Prüfexperimenten, nur werden nun zwei zusätzliche Eingaben System/ Test[*] und SDI und eine zusätzliche Ausgabe SDO benutzt. Die Eingabe Test schaltet zwischen S_S und S_T um, während S_T mit der Eingabe SDI und der Ausgabe SDO ein serielles Schieberegister bildet. Dieses Schieberegister hat

---

[*] Je nach der Implementierung des Prüfpfades kann es sich hier auch um ein zusätzliches Taktsignal handeln.

mit S_S wieder nur die Speicherelemente gemeinsam, während die kombinatorische Logik des Schieberegisters vollkommen getrennt von der kombinatorischen Logik von S_S realisiert wird (siehe Bild 3.3).

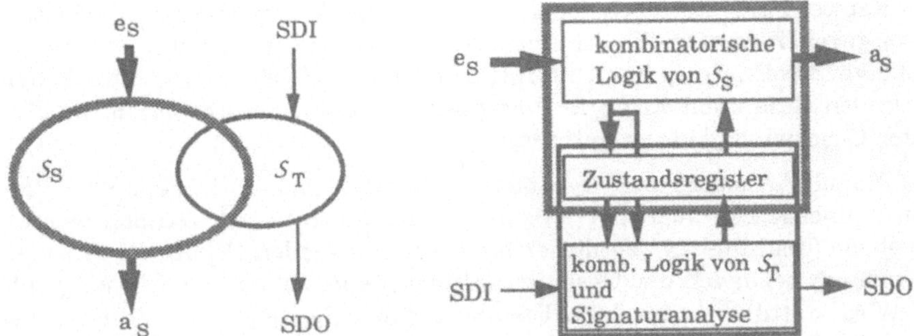

Bild 3.3: Steuerwerk mit Prüfpfad

Auch *selbsttestbare Steuerwerke* werden durch das Grundkonzept von Bild 3.1 erfaßt. Hier sollen Steuerwerke betrachtet werden, bei denen das Zustandsregister gleichzeitig zur Mustererzeugung dient (vgl. Abschnitt 2.3.4.3), während die Testantworten in einem zusätzlichen Register zur Signaturanalyse ausgewertet werden. Das Zustandsregister wird wie beim Prüfpfad wieder durch zusätzliche kombinatorische Bauelemente ergänzt. So kann es z. B. bei einem BILBO im Testbetrieb auch als linear rückgekoppeltes Schieberegister arbeiten, um Testmuster zu generieren, oder es kann als serielles Schieberegister in einen Prüfpfad einbezogen werden.

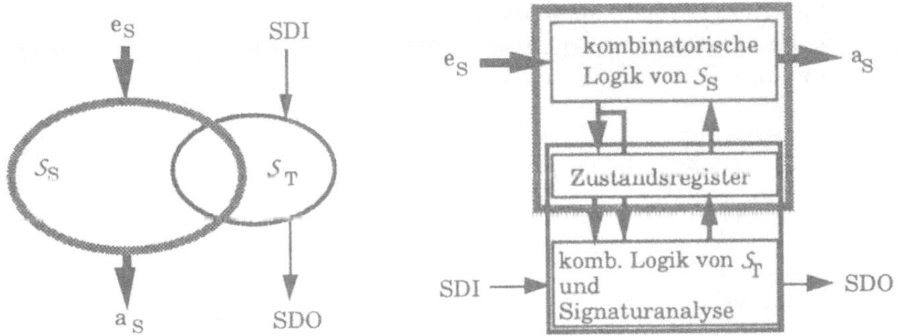

Bild 3.4: Steuerwerk mit Selbsttestausstattung

Unabhängig von der Wahl des Mustergenerators, die von der Teststrategie abhängt, werden alle vom Systembetrieb S_S abweichenden Betriebsarten wiederum in $S_T \backslash S_S$ von der kombinatorischen Logik von S_S getrennt realisiert. $S_T \backslash S_S$ enthält für die behandelte selbsttestbare Steuerwerksstruktur außer zusätzlichen kombinatorischen Elementen weitere Speicherglieder zur Analyse der Testantworten, z. B. ein zweites BILBO-Register (siehe Bild 3.4).

Wie in Kapitel 1 erläutert, soll für den Entwurf des Steuerwerks eine Teststrategie vorgegeben werden. Es ist Aufgabe der Synthesewerkzeuge, sowohl die notwendige Hardware S_T zur Unterstützung dieser Teststrategie einzubauen als auch den Gesamtentwurf S in Bezug auf bestimmte Gütekriterien wie Fläche oder Geschwindigkeit zu optimieren.

Konventionelle Ansätze zur Synthese flächenminimaler Steuerwerke versuchen zunächst, S_S möglichst effizient zu implementieren. Danach werden vorgegebene Testhilfen S_T zu dieser bereits festliegenden Schaltung hinzugefügt, wodurch bezüglich der Gesamtschaltung S eine suboptimale Lösung entsteht. Wird stattdessen die feste Testausstattung S_T vorgegeben, können die Freiheitsgrade während der Synthese von S_S so ausgenutzt werden, daß der Gesamtentwurf S optimiert wird. Durch die Berücksichtigung der Testlogik während der Synthese ist es möglich, mehr als nur die Flipflops für System- und Testfunktion gemeinsam zu benutzen und durch die Vergrößerung des Anteils gemeinsam benutzter Hardware $S_S \cap S_T$ den Aufwand zur Implementierung von $S = S_S \cup S_T$ zu verringern.

Zwei Ansätze, um dieses Ziel zu erreichen, lassen sich unterscheiden. Zum einen kann man versuchen, möglichst große Teile der Testspezifikation mit Hilfe der vorhandenen Systemlogik zu erfüllen (Bild 3.5a). Damit verbleibt allerdings im allgemeinen noch ein Rest $S_S \backslash S_T$, der zusätzlichen Aufwand erfordert. Diese Lösung hat zusätzlich den Nachteil, daß durch die teilweise veränderte Realisierung von S_T eine Testlogik resultiert, die von konventionellen, umfassend analysierten und erprobten Implementierungen abweicht und damit eine neue Untersuchung der Teststrategie erfordert. Erfüllt die modifizierte Teststrategie nicht mehr die Anforderungen, die für die Wahl einer bestimmten Testausstattung S_T ausschlaggebend waren, sind Entwurfsiterationen notwendig.

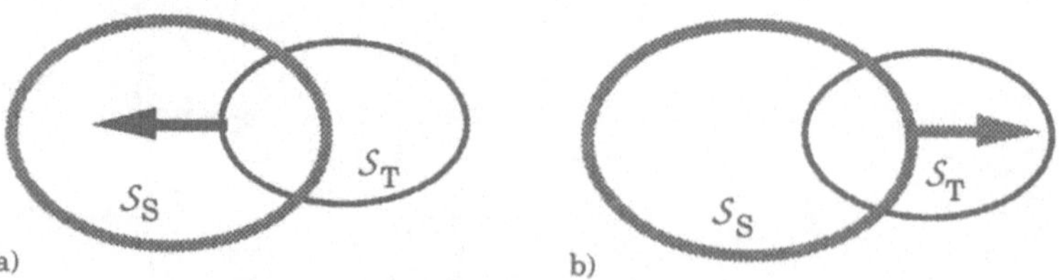

Bild 3.5: Strategien zur Reduzierung des Testaufwands

Während diese Maßnahme noch als erweiterte „design for testability"-Lösung interpretiert werden kann, da die Implementierung von S_S nur insoweit modifiziert wird, daß sich die Einbeziehung von S_T vereinfacht, verfolgt der zweite Ansatz (Bild 3.5b) eine andere Strategie. Der Bereich $S_S \cap S_T$ wird so vergrößert, daß die Testlogik im Systembetrieb weitestmöglich ausgenutzt wird; die verbleibenden Schaltungsteile $S_S \backslash S_T$ werden durch Ausschöpfung der Optimierungsmöglichkeiten konventioneller Syntheseverfahren effizient implementiert. Die vorgegebene Testfunktion S_T bleibt dabei unverändert. Das bestmögliche Ergebnis dieses Synthesekonzepts ist in Bild 3.6 veranschaulicht. Natürlich lassen sich auch beide Vorgehensweisen von Bild 3.5 miteinander kombinieren.

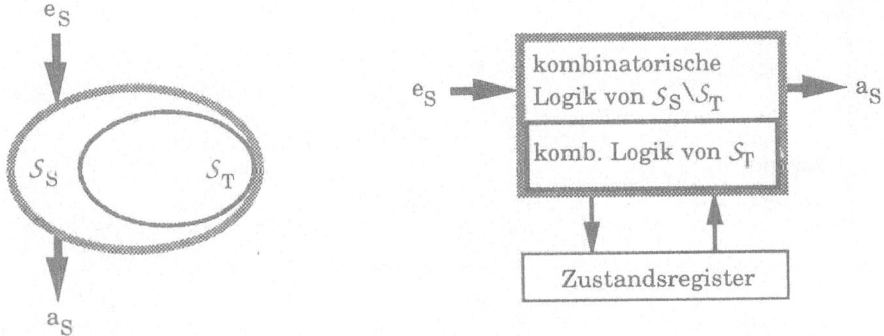

Bild 3.6: Flächenoptimiertes testfreundliches Steuerwerk

Durch die geringere Bauelementanzahl und Fläche der vorgeschlagenen Strukturen werden gleichzeitig die relevanten Schalt- und Leitungsverzögerungen reduziert. Zur Optimierung der Geschwindigkeit testfreundlicher Steuerwerke kommt es jedoch hauptsächlich darauf an, S_S und S_T so zu koppeln, daß durch diese Kopplung möglichst wenig zusätzliche Verzögerungen in S_S entstehen. Dies wird aber gleichfalls dadurch erreicht, daß S_S und S_T zusammen minimiert werden, denn hiermit läßt sich verhindern, daß die Umschaltung zwischen der Folgezustandslogik für S_S bzw. S_T durch die nachträgliche Einfügung einer zusätzlichen Logikstufe vor die Speicherelemente, die beiden Automaten gemeinsam sind, realisiert werden muß.

Um die Testbarkeit zu erhöhen und das Minimierungspotential beim Entwurf testfreundlicher Steuerwerke auszunutzen, müssen die Schritte des Syntheseprozesses nach Bild 3.7 entsprechend modifiziert werden. Dabei wird vorausgesetzt, daß aus der Chip-Spezifikation durch Partitionierung und anfängliche Optimierungen bereits eine zustandsminimale Steuerwerksbeschreibung gewonnen wurde. Außerdem wurde aus der Testspezifikation für den Gesamtchip die für das Steuerwerk zu verwendende Teststrategie abgeleitet*.

---

* Erste Ansätze zur Evaluierung solcher initialer Syntheseschritte unter Berücksichtigung der Testbarkeit findet man z. B. in [Abad 89].

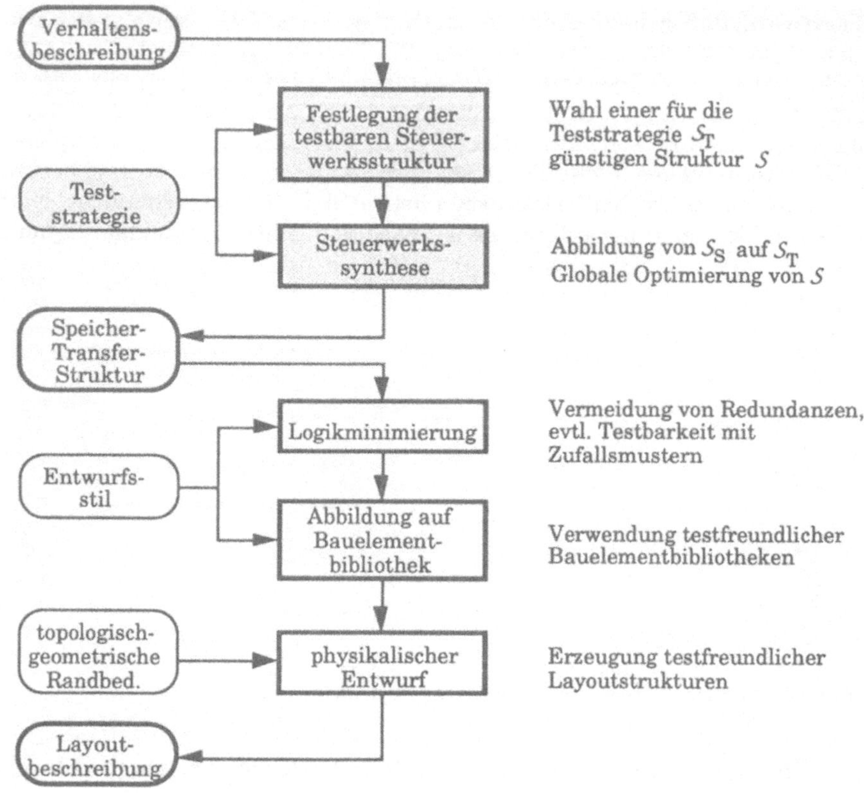

Bild 3.7: Syntheseprozeß für testfreundliche Steuerwerke

Um die vorgeschlagene globale Optimierung des Gesamtsteuerwerks $S = S_S \cup S_T$ durchführen zu können, muß schon auf höheren Entwurfsebenen angesetzt werden. Nach der Zustandscodierung liegt der Grundaufbau des Steuerwerks mit der Struktur der Verbindungen zwischen Speicherelementen fest. Zu diesem Zeitpunkt kann nur noch die Detailimplementierung einzelner rein kombinatorischer Blöcke optimiert und modifiziert werden. Daher sind neue Ansätze für die Umsetzung einer Verhaltensbeschreibung des Steuerwerks in eine initiale Struktur mit Speicherelementen und logischen Verknüpfungsblöcken (Speicher-Transfer-Struktur), bei der auch eine globale Optimierung über Flipflop-Grenzen hinaus möglich wird, wesentlich für die Synthese optimierter testfreundlicher Steuerwerke. Diese Schritte sind in Bild 3.7 grau markiert.

In den folgenden beiden Abschnitten 3.2 und 3.3 werden Steuerwerksstrukturen vorgestellt, die sowohl für den Selbsttest als auch für den externen Test von

Steuerwerken flächen- bzw. geschwindigkeitsoptimierte Synthesestrategien erlauben. Sie erfordern unter anderem neue Methoden der Zustandscodierung. In Kapitel 4 werden die hierzu benötigten Werkzeuge zusammengefaßt. Die Abbildung symbolischer Zustände der Verhaltensbeschreibung auf Vektoren von binären Variablen und damit auf Speicherelemente legt gleichzeitig die funktionalen Abhängigkeiten zwischen den Speicherelementen fest. Mit diesen Grundlagen kann dann ein Gesamtkonzept optimierter Syntheseverfahren für die verschiedenen bekannten Teststrategien entwickelt werden. Solche Verfahren bilden unterteilt nach selbsttestbaren (Kapitel 5) und extern testbaren (Kapitel 6) Schaltungen den Kern dieser Arbeit und umfassen sowohl die Konzeption geeigneter Hardware als auch die Bereitstellung von Algorithmen zu deren automatischer Optimierung.

3.2 Integration von Selbsttestregistern

In Abschnitt 2.3.4.3 werden drei Strukturen testfreundlicher Steuerwerke eingeführt. Für alle drei Möglichkeiten können optimierte Lösungen angegeben werden, die eine den Vorgaben des letzten Abschnitts entsprechende Synthesestrategie unterstützen. Die resultierenden Zielstrukturen der Synthese sind in diesem Abschnitt zusammengestellt, die ihnen zugrundeliegenden Ideen werden knapp beschrieben. Damit soll ein Überblick gegeben werden, der die Einordnung der später genauer untersuchten und detaillierter beschriebenen Syntheseverfahren erleichtert.

Bei der selbsttestbaren Steuerwerksstruktur von Bild 3.8a (identisch mit Bild 2.29a) wird ein Selbsttestregister zur Testmustererzeugung in das Zustandsregister integriert*. Abhängig von der gewählten Teststrategie muß das Register zu einem linear oder nichtlinear rückgekoppelten Schieberegister, einem Zähler oder einem zellularen Automaten erweitert werden. Unter Umständen sind weitere Schaltungsteile zur Verringerung der Korrelation mehrerer Testmusterbits oder zur Veränderung der 1-Wahrscheinlichkeiten von Testmustern nötig. Die insgesamt hinzugefügten Bauelemente ermöglichen ein sehr komplexes Verhalten des Zustandsregisters, werden aber nur für die Testfunktion benötigt. Möchte man diese Funktionalität des Selbsttestregisters während des Normalbetriebs ausnutzen, muß man eine Möglichkeit schaffen, auch im Normalbetrieb die zur Mustererzeugung verwendeten Schaltungsteile anzusprechen.

---

* In diesem wie auch in allen weiteren Abschnitten wird wie schon in Abschnitt 2.3.4.3 meist auf die explizite Angabe von Schaltungen zur Mustererzeugung für primäre Eingaben bzw. zur Signaturanalyse für primäre Ausgaben des Steuerwerks verzichtet, um die graphischen Darstellungen zu vereinfachen.

a)

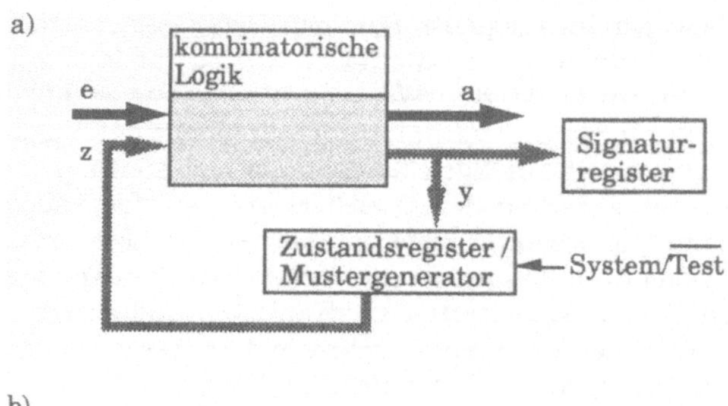

b)

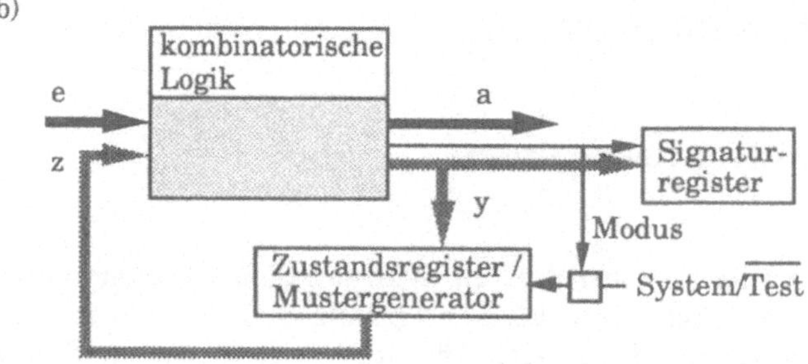

Bild 3.8: Optimierung von Selbstteststruktur I

Eine Implementierung, die dies ermöglicht, zeigt Bild 3.8b. Die zusätzliche Ausgabe „Modus" der kombinatorischen Logik legt den Betriebsmodus des Selbsttestregisters fest. Sie ist nur während des Normalbetriebs von Bedeutung; im Testbetrieb wird der Modus des Selbsttestregisters unabhängig davon nur von den Test-Steuersignalen bestimmt. Insgesamt wird dadurch der Testmodus zu einem Teil der während des Normalbetriebs verfügbaren Funktionalität (vgl. Bild 3.6). Die Fähigkeit des Mustergenerators, selbständig eine gewisse Folge von Zuständen zu durchlaufen, kann im Normalbetrieb dann ausgenutzt werden, wenn ein Zustandsübergang der Systemfunktion auf einen Übergang der Musterfolge abgebildet werden kann und somit nicht separat in der Logik für die Systemfunktion realisiert werden muß. Weitere Aspekte dieser Zielstruktur werden in Abschnitt 5.1 genauer analysiert. Dort wird auch ein Syntheseverfahren vorgestellt, welches das hierdurch erweiterte Optimierungspotential ausschöpft.

Alternativ zu der Struktur in Bild 3.8a kann auch das Signaturregister mit dem Zustandsregister zusammengefaßt und das Selbsttestregister zur Mustererzeugung davon getrennt realisiert werden (siehe Bild 3.9a/2.29b). In diesem Fall ist es möglich, auf die Umschaltung des Signaturregisters zwischen Systemmodus und Signaturanalysemodus zu verzichten, d. h. das Zustands-

register auch während des Normalbetriebs als Signaturregister zu nutzen
(siehe Bild 3.9b). Dies bietet Vorteile für die Implementierung des Zustandsregisters, für die Selbstteststeuerung und die Erkennung dynamischer Fehler.
Abschnitt 5.2 diskutiert diese Zielstruktur detaillierter.

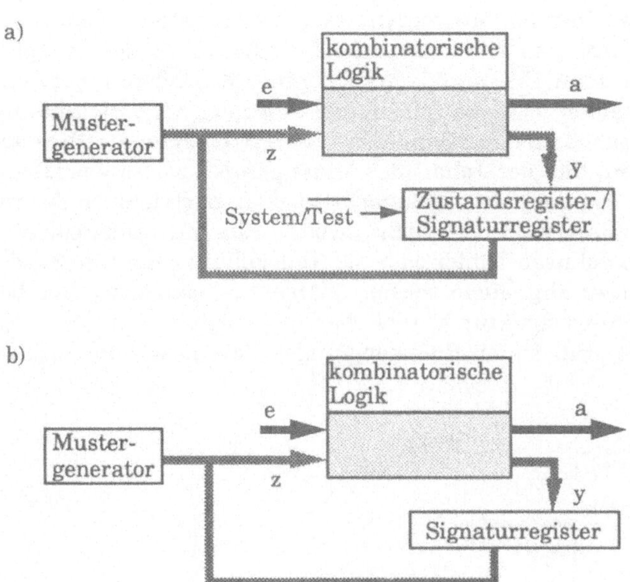

Bild 3.9: Optimierung von Selbstteststruktur II

Der Verzicht auf den nur im Selbsttestbetrieb aktiven Mustergenerator, d. h.
die Vermeidung der Duplikation von Speicherelementen durch Verwendung
der Ausgaben des Signaturregisters als Testmuster, verkleinert zwar den Realisierungsaufwand weiter, reduziert aber wie in Abschnitt 2.3.4.3 dargestellt
die Steuerbarkeit und damit die Testbarkeit der Schaltung. Die in [ChGu 89]
vorgeschlagene Abhilfe erfordert einen großen Zusatzaufwand in der kombinatorischen Logik des Steuerwerks. In Abschnitt 5.3 wird gezeigt, daß solche Probleme bei der optimierten Selbstteststruktur von Bild 3.9b nicht auftreten.
Unter gewissen Voraussetzungen kann das zusätzliche Register zur Mustererzeugung eingespart werden, ohne die Komplexität der kombinatorischen
Logik zu erhöhen. Es wird weiterhin gezeigt, wie ein solcher Selbsttest bei Verwendung von Pseudozufallsmustern an den primären Eingängen der Schaltung analytisch behandelt werden kann. Der parallele Selbsttest von Steuerwerken wird damit zu einer praktikablen Alternative.

3.3 Integration von Prüfpfaden

Man kann ein Steuerwerk mit ETSD-Prüfpfad als Spezialfall der selbsttestbaren Struktur von Bild 3.8a interpretieren, bei dem auf das Signaturregister und die Rückkopplung eines als Mustergenerator verwendeten LRSR verzichtet wird. Demgemäß läßt sich die zusätzliche Funktionalität des Prüfpfades auch ganz ähnlich nutzen. Es muß lediglich eine Möglichkeit geschaffen werden, das Schieberegister so zu betreiben, daß es seinen Folgezustand unabhängig von den Ausgaben der kombinatorischen Logik erzeugt. Dies kann man dadurch erreichen, daß der Inhalt des letzten Flipflops der Schieberegister-Kette zum ersten Flipflop zurückgekoppelt wird. Je nachdem, ob der rückgekoppelte Wert invertiert wird oder nicht, arbeitet das Zustandsregister im autonomen Betrieb als Johnson-Zähler oder als Ringzähler (siehe Bild 3.10). Es ist nicht unbedingt notwendig, einen solchen „Zähler" zu benutzen, eine beliebige andere Rückkopplungsstruktur könnte ebenfalls eingesetzt werden. Allerdings reduzieren diese einfachsten Rückkopplungen den notwendigen Zusatzaufwand.

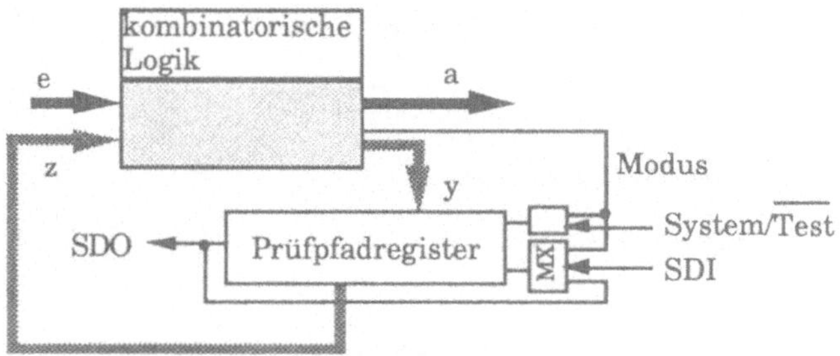

Bild 3.10: Optimiertes Steuerwerk mit Prüfpfad

Damit ergeben sich auch hier drei Betriebsarten, unter denen mit dem Teststeuersignal „System/ Test " und einem im Steuerwerk erzeugten Signal „Modus" eine ausgewählt wird. Im Testmodus arbeitet das in den Prüfpfad integrierte Zustandsregister als Schieberegister, in den beiden Systemmodi sind die Speicherelemente als D-Flipflops konfiguriert bzw. der Folgezustand wird durch den „Zähler" autonom erzeugt. Rückkopplungs- und Testmodus unterscheiden sich dabei nur durch eine andere Beschaltung des Schiebeeingangs, die interne Struktur des Schieberegisters bleibt unverändert. Dadurch ist der Zusatzaufwand im Zustandsregister gegenüber einem konventionellen Prüfpfad gering, andererseits kann die kombinatorische Systemlogik aufgrund der Verfügbarkeit des ladbaren Zählers zur Zustandsspeicherung signifikant verkleinert werden. In Kapitel 6.1 wird die dargestellte Zielstruktur

detaillierter behandelt; dort wird auch gezeigt, wie sie sich auf andere Prüf-
pfad-Implementierungen wie LSSD übertragen läßt.

Um zu verhindern, daß ein Steuerwerk durch die zusätzliche Testausstattung
verlangsamt wird, muß die Testlogik in die Systemlogik integriert und mit
dieser zusammen minimiert werden. Dazu ist es notwendig, das Verhalten
der Schaltung im Testbetrieb vor der Synthese bereits exakt zu spezifizieren,
also z. B. die Reihenfolge der Speicherelemente im Prüfpfad festzulegen. Der
resultierende „Prüfpfad" ist nach der Synthese allerdings keine strukturell
abgegrenzte Einheit mehr (siehe Bild 3.11), stattdessen wird von der realisierten Schaltung nur sein Verhalten imitiert.

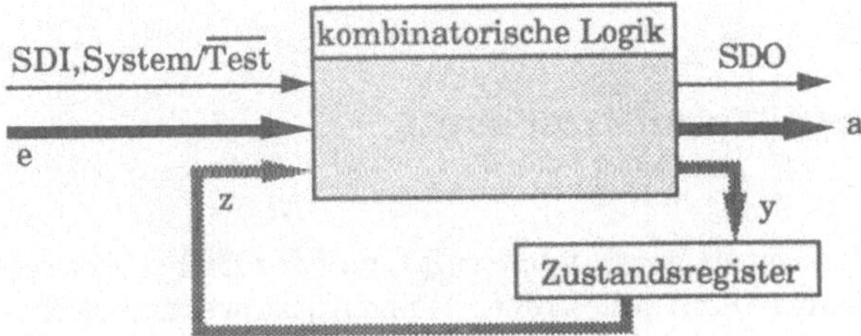

Bild 3.11: Steuerwerk mit emuliertem Prüfpfad

Ein Syntheseverfahren für solche „emulierten Prüfpfade", das die exakte Spezifikation des Testverhaltens so festlegt, daß die resultierende Schaltung möglichst wenig Testzusatzaufwand erfordert, wird in Abschnitt 6.2 vorgestellt.
Der Ansatz wird dort auch auf partielle Prüfpfade erweitert und bezüglich seiner Auswirkungen auf die Testbarkeit näher untersucht.

4 Zustandscodierung für testfreundliche Steuerwerke

4.1 Anforderungen an die Zustandscodierung

Strukturell definierte Testausstattungen wie Prüfpfade oder Selbsttestregister
können im Systembetrieb nur dann mit Vorteil ausgenutzt werden, wenn sie
während der Synthese der Gesamtstruktur aus einer Verhaltensbeschreibung
berücksichtigt werden. Die Struktur eines Steuerwerks wird im wesentlichen
durch die Umsetzung symbolischer Zustände der Verhaltensbeschreibung in
Belegungen binärer Speicherelemente bestimmt. Daher ist die Wahl der
Zustandscodierung wesentlich für die Optimierung testfreundlicher Steuerwerke.

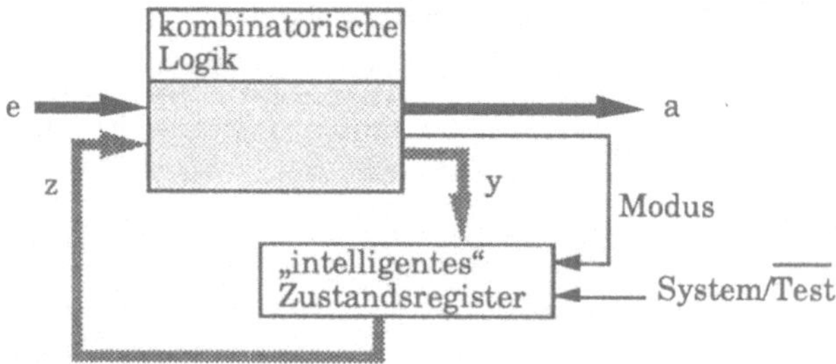

Bild 4.1: Steuerwerk mit „intelligentem" Zustandsregister

Sowohl die optimierte Selbstteststruktur I aus Bild 3.8 als auch die optimierte
Prüfpfadstruktur von Bild 3.10 verwenden ein „intelligentes" Zustandsregister
(im folgenden mit IZR abgekürzt). Es ist in der Lage, gewisse Zustandsübergänge selbständig auszuführen, ohne daß es dazu einer bestimmten Kombination von Ansteuervariablen bedürfte, die von der kombinatorischen Logik erzeugt werden müssen (vgl. Bild 4.1). Indem diese Übergänge ausgenutzt wer-

den, kann die kombinatorische Logik des Steuerwerks reduziert werden. Diesen Effekt macht man sich im übrigen für den IZR-Spezialfall von Zählern in industriellen Entwürfen bereits häufig zunutze [ObCD 86] (vgl. Bild 2.7), auch ohne daß diese Zähler gleichzeitig zur Erhöhung der Testbarkeit verwendet würden.

Definition 4.1: Ein *IZR-Übergang* $z^k \to z^{k+1}$ ist ein Zustandsübergang, den das IZR im autonomen Betrieb ausführt.

Ein Zustandsübergang $Z_i \to Z_i^+$ kann genau dann auf einen IZR-Übergang $z^k \to z^{k+1}$ abgebildet werden, wenn die Zustandscodierung $\psi: Z \to \{0,1\}^r$ so festgelegt wird, daß $\psi(Z_i) = z^k$ und $\psi(Z_i^+) = z^{k+1}$ gilt. In diesem Fall kann das IZR durch die Variable „Modus" in den autonomen Betrieb umgeschaltet werden, und die Ansteuerbelegung $y = (y_1 \dots y_r)$ hat keinen Einfluß mehr auf den erzeugten Folgezustand. Folglich können hier die Werte der Ansteuervariablen y_i bei der anschließenden Logikoptimierung so verfügt werden, daß die Folgezustandslogik möglichst einfach wird. Man unterwirft somit das Steuerwerk nach erfolgter Zustandscodierung ψ einer Transformation τ, welche die Minimierbarkeit der kombinatorischen Logik des Steuerwerks verbessert. τ ordnet jeder Kombination von Ansteuer- und Ausgangsvariablen eine zusätzliche Variable „Modus" zu, die den Betriebsmodus des IZR bestimmt und ersetzt die zu IZR-Übergängen gehörenden Ansteuerwerte durch *don't cares*,

$$\tau(a, y) = (a, \text{Modus}, y \cup \{-\}^r). \tag{4.1}$$

Dadurch wird die kombinatorische Logik f^I des Steuerwerks zu $\tilde{f}^I$ modifiziert:

$$f^I = f_a^I \times f_z^I: \{0,1\}^{p+r} \to \{0,1,-\}^{q+r} \tag{4.2}$$
$$\Downarrow \qquad \tau:.\{0,1,-\}^{q+r} \to \{0,1,-\}^{q+r+1}$$
$$\tilde{f}^I = \tilde{f}_a^I \times \tilde{f}_z^I: \{0,1\}^{p+r} \to \{0,1,-\}^{q+r+1} \tag{4.3}$$

Das Hauptproblem besteht darin, eine Zustandscodierung ψ zu finden, welche die kombinatorische Logik des Steuerwerks unter Ausnutzung dieser Transformation möglichst stark vereinfacht. Konventionelle Zustandscodierungsalgorithmen lösen diese Aufgabe sicher nicht optimal, da sie die Möglichkeiten des IZR erst nach beendeter Zustandscodierung berücksichtigen können. Auf der anderen Seite ist es nicht unbedingt vorteilhaft, die Anzahl der IZR-Übergänge zu maximieren, da es dadurch unmöglich werden kann, die kombinatorische Logik für die verbleibenden Zustandsübergänge mit konventionellen Methoden weiter zu reduzieren. Beide Minimierungsmöglichkeiten, das Ersetzen von Belegungen der Ansteuervariablen durch *don't cares* unter Nutzung der IZR-Übergänge und die Anwendung konventioneller Zustandscodierungstechniken zur Logikoptimierung, müssen während der Zustandscodierung gleichzeitig beachtet werden.

4.2 Optimale Zustandscodierung

Prinzipiell stellt jede injektive Abbildung $\psi: Z \to \{0,1\}^r$ von der Menge Z aller Zustände des Steuerwerks in die Menge aller möglicher Zustandsbelegungen eine zulässige Zustandscodierung dar. Soll der Realisierungsaufwand minimiert werden, hängt die Qualität einer Zustandscodierung von der Komplexität der kombinatorischen Logik ab, d. h. von dem Aufwand, die resultierenden booleschen Funktionen f^I nach (4.2) bzw. $\tilde{f}^I$ nach (4.3) zu implementieren. Um das zu lösende Problem als Entscheidungsproblem zu formulieren, wird die Existenz einer berechenbaren Kostenfunktion K vorausgesetzt, welche für eine boolesche Bündelfunktion f eine für die zugrundegelegte Schaltungsstruktur und den verwendeten Entwurfsstil der kombinatorischen Logik typische Realisierungskomplexität K(f) angibt.

Problem OZC (optimale Zustandscodierung):
Beschreibung: Gegeben seien ein Steuerwerk $S = (E, A, Z, f_z^V, f_a^V, Z^0)$ mit bereits festgelegter Eingabecodierung $\psi_E: E \to \{0,1,-\}^p$ und Ausgabecodierung $\psi_A: A \to \{0,1,-\}^q$ und eine Schranke $K_{max} \in \mathbb{N}$.
Frage: Gibt es eine Zustandscodierung $\psi: Z \to \{0,1\}^r$, so daß für die Realisierungskomplexität des Funktionsbündels

$$f^I(\psi) = f_z^I(\psi) \times f_a^I(\psi) \text{ mit } f_z^I(\psi) = f_z^V[\psi_E, \psi], f_a^I(\psi) = f_a^V[\psi_E, \psi_A, \psi]$$
$$K(f^I(\psi)) \leq K_{max}$$

gilt?

Das Problem OZC ist ein Spezialfall eines allgemeinen kombinatorischen Optimierungsproblems $(Z, \mathcal{K})$ [GaJo 79]. Z ist dabei eine endliche Menge zulässiger Zustände und $\mathcal{K}: Z \to \mathbb{R}$ eine Kostenfunktion. Die Aufgabe ist es, einen Zustand $z_{opt} \in Z$ mit minimalen Kosten

$$\forall\, z \in Z: \quad \mathcal{K}(z_{opt}) \leq \mathcal{K}(z)$$

zu finden. Für OZC ist

$$Z := \{\psi \mid \forall\, Z_i, Z_j \in Z, i \neq j: \psi(Z_i) \in \{0,1\}^r, \psi(Z_j) \in \{0,1\}^r, \psi(Z_i) \neq \psi(Z_j)\}$$

die Menge aller zulässigen Zustände. Die Kostenfunktion

$$\mathcal{K}(z) = K(f_z^V[\psi_E, \psi] \times f_a^V[\psi_E, \psi_A, \psi]) = K(f^I(\psi))$$

entspricht der Realisierungskomplexität der resultierenden kombinatorischen Logik in Abhängigkeit von der Zustandscodierung ψ.

Eine Möglichkeit, eine optimale Zustandscodierung zu finden, besteht darin, alle Zustände $z \in Z$ aufzuzählen, jeweils die Kostenfunktion $\mathcal{K}(z)$ zu berechnen und den Zustand mit minimalen Kosten auszuwählen.

Bei einer Codierung von n Zuständen mit $r \geq \lceil ld\, n \rceil$ Bit gibt es $\binom{2^r}{n}$ Möglichkeiten, die n Codewörter aus den 2^r möglichen auszuwählen. Weiterhin können diese Codewörter auf n! Arten den n Zuständen zugewiesen werden. Der Vektor der Belegungen einer Zustandsvariablen z_i, $1 \le i \le r$, wird als Codierspalte bezeichnet. Da die Komplexität der kombinatorischen Logik von einer Permutation der einzelnen Codierspalten unabhängig ist und es $r!$ solche Permutationen gibt, erhält man

$$ZC(r, n) = |Z| = \frac{2^r!}{(2^r - n)!\,r!} \tag{4.4}$$

mögliche nichtäquivalente Zustandscodierungen [WeSm 67]. Falls bei einem bestimmten Entwurfsstil eine Komplementierung von Codierspalten die Realisierungskomplexität nicht beeinflußt, wird $|Z|$ um einen Faktor 2^r verkleinert [McUn 59].

Von Interesse ist auch die Anzahl möglicher Codierspalten. Allgemein gibt es für n Zustände

$$\sum_{i=1}^{n-1} \binom{n}{i} = 2^n - 2$$

mögliche Spalten, da nur die beiden mit konstant 0 und konstant 1 codierten Spalten ausgeschlossen werden können. Beschränkt man die Anzahl auszuwählender Spalten auf die minimale Anzahl $r_0 = \lceil \mathrm{ld}\, n \rceil$, so können alle Spalten, in denen mehr als 2^{r_0-1} oder weniger als $n - 2^{r_0-1}$ Zustände mit einer 1 codiert werden, nicht zu einer Lösung führen, die in Z liegt. Damit verbleiben

$$ZS(n) = \sum_{i=n-2^{\lceil \mathrm{ld}\, n \rceil-1}}^{2^{\lceil \mathrm{ld}\, n \rceil-1}} \binom{n}{i} \tag{4.5}$$

mögliche Codierspalten [NoRh 76] bzw. $\frac{1}{2} ZS(n)$, wenn die Komplementierung von Codierspalten ohne Bedeutung ist [DoMc 64]. In Tabelle 4.1 sind einige Werte von $ZC(r_0, n)$ und $ZS(n)$ zusammengestellt.

Tabelle 4.1: Anzahl von Codiermöglichkeiten und Codierspalten

n	r_0	$ZC(r_0, n)$	$ZS(n)$
3	2	12	6
4	2	12	6
5	3	1120	30
10	4	$1{,}211 \cdot 10^9$	1002
15	4	$8{,}718 \cdot 10^{11}$	12870
20	5	$4{,}578 \cdot 10^{24}$	$2{,}448 \cdot 10^9$

Es ist offensichtlich, daß die Größe des Lösungsraumes $|Z|$ nicht nur exponentiell mit der Anzahl der Zustände ansteigt, sondern daß dieses Wachstum so stark ist, daß eine vollständige Enumeration aller Lösungen $z \in Z$ nur für triviale Beispiele möglich ist. Weiterhin gilt für zweistufige (PLA-) oder mehrstufige Realisierungen der kombinatorischen Logik (vgl. [WoKA 88]):

Satz 4.2: OZC ist NP-hart.

Beweis: Gäbe es einen polynomialen Algorithmus zur Lösung von OZC, könnte man einen polynomialen Algorithmus zur Logikminimierung konstruieren, indem man ein OZC mit $|Z| = 1$ betrachtet, d. h. ein zu einem Schaltnetz degeneriertes Schaltwerk „codiert" und dessen Realisierungskomplexität bestimmt. Da die Logikminimierung für zweistufige Logik nach Satz 2.19 und für mehrstufige Logik nach den Sätzen 2.20 und 2.22 NP-vollständige Probleme sind, folgt daraus, daß OZC NP-hart ist.   ∎

Um das Zustandscodierungsproblem effizient zu lösen, muß man daher auf Heuristiken zurückgreifen. Es liegt nahe, dafür eine approximative Kostenfunktion zu wählen, die in polynomialer Zeit zu berechnen ist. Prinzipiell handelt es sich bei OZC um ein Zuordnungsproblem (siehe Bild 4.2), es gilt $K(f^I(\psi)) = K(\psi) = K(Z_1 \ldots Z_n, \psi(Z_1) \ldots \psi(Z_n))$. Im folgenden soll der Fall genauer untersucht werden, daß die Gesamtkosten sich aus einer Summe von Kostenanteilen K_i für jeden der n Zustände Z_i berechnen,

$$K(\psi) = \sum_{i=1}^{n} K_i(Z_1 \ldots Z_n, \psi(Z_1) \ldots \psi(Z_n)). \qquad (4.6)$$

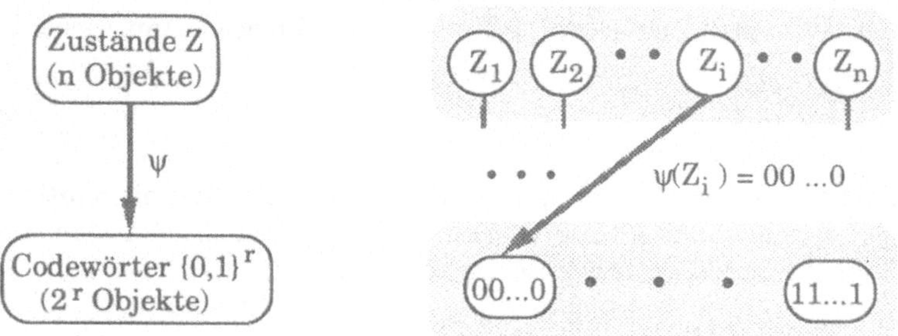

Bild 4.2: Zustandscodierung als Zuordnungsproblem

Definition 4.3: Eine *k-dimensionale additive Kostenfunktion* $K^k(\psi)$ ist durch eine Berechnungsvorschrift

$$K^k(\psi) = \sum_{i_1,i_2,\ldots i_k} K_{i_1,i_2,\ldots i_k}(\psi(i_1),\psi(i_2),\ldots \psi(i_k))$$

gegeben, bei der die Codierkosten $K_{i_1}(\psi)$ für einen Zustand i_1 von der Codierung k-1 weiterer Zustände $i_2 \ldots i_k$ abhängen.

Am interessantesten sind die zwei Spezialfälle k = 1 und k = 2. Bei

$$K^1(\psi) = \sum_i K_i(\psi(i))$$

hängen die Teilkosten der Codierung eines Zustands i nur von der diesem
Zustand zugewiesenen Zustandsbelegung $\psi(i)$ ab, während es bei

$$K^2(\psi) = \sum_i \sum_j K_{ij}(\psi(i),\psi(j))$$

auf die Beziehung zwischen Paaren von Zuständen und Zustandsbelegungen
ankommt. Das Problem, bezüglich dieser Kostenfunktionen eine optimale Zustandscodierung zu finden, sei mit OZC(k) bezeichnet. Dabei wird im folgenden
davon ausgegangen, daß die Anzahl der Zustände $|Z|$ eine Zweierpotenz ist,
$|Z| = |\{0,1\}^r| = 2^r = n$. Dies ist keine Beschränkung der Allgemeinheit, da die
Anzahl der Zustände durch die Einführung von *Dummy*-Zuständen, deren
Folgezustände und Ausgaben beliebig sind, stets auf die maximale Anzahl
möglicher Zustandsbelegungen erhöht werden kann. In diesem Fall entspricht eine Zuordnung einer bijektiven Abbildung zwischen der Zustandsmenge Z und der Codewortmenge $C = \{0,1\}^r$.

Problem OZC(1):
Gegeben seien Kosten $K_{ij} \in \mathbb{Z}$, $1 \le i, j \le n$.
Gesucht ist eine Zuordnung ψ_{opt}: $Z = \{1, 2, \dots n\} \to C = \{1, 2, \dots n\}$ mit

$$\forall \psi: \quad \sum_{i=1}^{n} K_{i\psi_{opt}(i)} \le \sum_{i=1}^{n} K_{i\psi(i)}.$$

Das Problem OZC(1) ist ein Spezialfall des „linearen Zuordnungsproblems",
das in $O(n^3)$ Schritten gelöst werden kann [Lawl 76].

Mit einer 1-dimensionalen additiven Kostenfunktion $K^1(\psi)$ wäre also eine Lösung des Zustandscodierungsproblems in einer Zeit möglich, die kubisch mit
der Anzahl der Zustände n ansteigt. Leider kann mit einer solchen Kostenfunktion die von der Codierung ψ abhängige Realisierungskomplexität der
kombinatorischen Logik nicht sinnvoll approximiert werden. Eine Schaltnetz-
minimierung erfordert unter anderem die Zusammenfassung von booleschen
Ausdrücken, die aus symbolischen Implikanten mit unterschiedlichen Zuständen hervorgegangen sind. Ob eine solche Minimierung vorgenommen
werden kann, hängt nicht nur von einzelnen Zustandsbelegungen, sondern
auch von den Beziehungen zwischen verschiedenen Zustandsbelegungen ab.
Es müssen mindestens Teilkosten $K_i(\psi)$ formulierbar sein, die Paaren von
Zuständen und Zustandsbelegungen zugeordnet sind, um eine bessere Modellierung der tatsächlichen Kosten zu ermöglichen. Dies führt auf OZC(2).

Problem OZC(2):
Gegeben seien Kosten $K_{ijkl} \in \mathbb{Z}$, $1 \le i, j, k, l \le n$.
Gesucht ist eine Zuordnung ψ_{opt}: $Z = \{1, 2, \dots n\} \to C = \{1, 2, \dots n\}$ mit

$$\forall \psi: \quad \sum_{i=1}^{n} \sum_{j=1}^{n} K_{ij\psi_{opt}(i)\psi_{opt}(j)} \le \sum_{i=1}^{n} \sum_{j=1}^{n} K_{ij\psi(i)\psi(j)}.$$

Das Problem OZC(2) ist ein Spezialfall des „quadratischen Zuordnungsproblems" [GaNe 72], das zur Klasse der NP-vollständigen Probleme gehört [SaGo 76, GaJo 79]. In [SaGo 76] wurde durch polynomiale Reduktion auf das Hamilton-Zyklus-Problem darüberhinaus gezeigt, daß selbst das Finden einer ε-Approximation[*] der Lösung im allgemeinen Fall NP-vollständig ist.

Prinzipiell ist das Zustandscodierungsproblem daher selbst im Fall der einfachsten sinnvollen additiven Kostenfunktion nicht zugleich effizient und optimal lösbar. Die im nächsten Abschnitt vorgestellten konventionellen Algorithmen zur Zustandscodierung verzichten meist auf die explizite Definition einer globalen Kostenfunktion und basieren stattdessen auf mehr oder weniger gut fundierten Heuristiken, die sich im praktischen Einsatz bewährt haben.

4.3 Übersicht über konventionelle Codierungsverfahren

4.3.1 Einführung

Ein ausführlicher Überblick über Algorithmen zur Zustandscodierung wird in [Esch 91] gegeben. Die meisten Verfahren können konzeptuell in zwei Phasen unterteilt werden: Zuerst wird eine Menge sogenannter Codierbedingungen erzeugt, danach werden die Zustände so codiert, daß möglichst viele dieser Codierbedingungen erfüllt werden. Die Codierbedingungen sind dabei so konstruiert, daß entsprechende Codierungen mit großer Wahrscheinlichkeit zu günstigen Realisierungen der kombinatorischen Logik führen. Die Kostenfunktion für einen gegebenen Entwurfsstil ist somit implizit in den dafür herzuleitenden Codierbedingungen enthalten. Die verwendeten Codierbedingungen sollen im folgenden zunächst anschaulich eingeführt werden, bevor in Abschnitt 4.3.2 eine formalere Darstellung folgt.

4.3.1.1 Codierbedingungen für zweistufige Schaltnetze

Bei einer zweistufigen Realisierung der Kombinatorik versucht man, die Anzahl der Produktterme zu minimieren. Geht man von einer symbolischen Überdeckung C zur Beschreibung des Steuerwerksverhaltens aus und ersetzt die symbolischen Zustände Z_i durch die ihnen zugewiesenen Codewörter $\psi(Z_i)$, entstehen aus den symbolischen Implikanten der Steuerwerksbeschreibung boolesche Implikanten. Durch die Zusammenfassung mehrerer boolescher Implikanten verringert sich die Anzahl notwendiger Produktterme. Symbolische Implikanten mit denselben Eingaben, Folgezuständen und Ausgaben können mit einem Produktterm realisiert werden, wenn die Zustände dieser Implikanten in einem Unterraum des r-dimensionalen Coderaums $\{0,1\}^r$ co-

---

[*] Definitionen verschiedener Typen von Approximationen findet man z. B. in [HoSa 78].

diert werden, der keinen anderen Zustand enthält. Die betroffenen Zustände
werden im allgemeinen als Adjazenzgruppe bezeichnet, da sie benachbarten
Codewörtern zugeordnet werden sollen.

Beispiel 4.1: In Bild 4.3 wird dies für drei symbolische Implikanten aus einem
Steuerwerk mit r = 3 Zustandsvariablen und n = 5 Zuständen illustriert. Die
Adjazenzgruppe entspricht hier der Zustandsmenge G = {A, B, C}. Zur Codierung werden die fünf markierten Codewörter des 3-dimensionalen booleschen Raumes benutzt, die restlichen drei Codewörter 000, 100 und 101 werden nicht verwendet. Damit lassen sich die Zustände von G eindeutig durch
den booleschen Unterraum mit einer 0 in der ersten Komponente charakte-
risieren.

Zustand	(Code-wort)	Eingabe	Folge-zustand	Ausgabe
A	(011)	10	C	01
B	(010)	10	C	01
C	(001)	10	C	01
A∪B∪C	(0—)	10	C	01

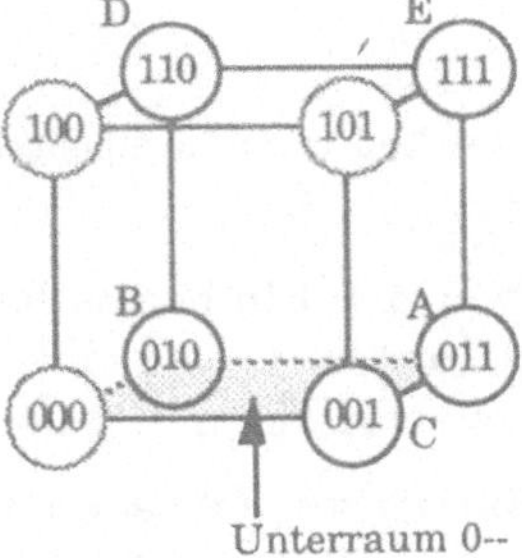

Bild 4.3: Zusammenfassung von drei symbolischen Implikanten

Die Anzahl der Produktterme kann auch durch die Zusammenfassung von
Implikanten reduziert werden, deren *Folge*zustandscodes gewisse Bedingungen erfüllen. Bei der zweistufigen disjunktiven Minimierung müssen Eins-
Stellen der zu realisierenden Funktionen durch Produktterme überdeckt
werden. Wird eine bestimmte Eins-Stelle durch einen Produktterm überdeckt,
ist es gleichgültig, ob sie auch noch durch andere Produktterme überdeckt
wird. Da alle Produktterme disjunktiv verknüpft werden, reicht eine 1 aus, um
den Funktionswert 1 zu erhalten. Können durch eine entsprechende Codierung die Eins-Stellen eines Implikanten durch andere Implikanten mitüber-
deckt werden, kann dieser Implikant daher eingespart werden.

Beispiel 4.2: Dies wird in Bild 4.4 veranschaulicht. Die Einsen der zweiten
Ansteuervariablen und der ersten Ausgabevariablen im zweiten symbolischen Implikanten können durch Zusammenfassung mit dem ersten
symbolischen Implikanten realisiert werden. Die Eins-Mengen dieser zwei
Funktionen hängen nun nicht mehr vom zweiten Implikanten ab, die entsprechenden Einträge der Funktionstabelle können in *don't cares* umgewandelt werden. Dasselbe Vorgehen ist für das Paar aus zweitem und
drittem Implikanten möglich. Danach besteht der Ausgabeteil des zweiten
Implikanten nur noch aus Nullen und *don't cares* und braucht bei einer

disjunktiven Form der kombinatorischen Logik nicht mehr realisiert zu werden.

Zustand	Eingabe	Folge-zustand	(Code-wort)	Ausgabe
B	00	B	(010)	10
B	01	A	(011)	11
B	11	C	(001)	01

Zustand	Eingabe	Folge-zustand	(Code-wort)	Ausgabe
B	0–	$B \subseteq A$	(010)	10
B	01	$A \setminus B$	(0–1)	–1
B	11	C	(001)	01

Zustand	Eingabe	Folge-zustand	(Code-wort)	Ausgabe
B	0–	$B \subseteq A$	(010)	10
(B	01	$A \setminus (B \cup C)$	(0—)	—)
B	–1	$C \subseteq A$	(001)	01

Bild 4.4: Bedeckung symbolischer Implikanten

Definition 4.4: Ein boolescher Implikant $I = (e, z; z^+, a)$ bedeckt einen anderen Implikanten $\tilde{I} = (\tilde{e}, \tilde{z}; \tilde{z}^+, \tilde{a})$, $I \supseteq \tilde{I}$, wenn für alle Folgezustands- und Ausgabevariablen z_i^+, $\tilde{z}_i^+$, a_j, $\tilde{a}_j$ gilt $(z_i^+ = 1 \vee \tilde{z}_i^+ \neq 1) \wedge (a_j = 1 \vee \tilde{a}_j \neq 1)$.

Das illustrierte Vorgehen kann immer angewendet werden, wenn für zwei Implikanten $I \supseteq \tilde{I}$ gilt und die beiden Implikanten im $(r + p)$-dimensionalen booleschen Raum benachbart sind, d. h. für die Hamming-Distanz[*] gilt: $HD((z, e), (\tilde{z}, \tilde{e})) = 1$. Es führt zu einer Reduzierung der Anzahl von Einsen für I im Ausgabeteil der Funktionstabelle, indem alle von $\tilde{I}$ realisierten Einsen durch *don't cares* ersetzt werden. Damit wird die Wahrscheinlichkeit erhöht, daß der resultierende Implikant $I \setminus \tilde{I}$ mit einem anderen weiter zusammengefaßt werden kann. Zur Ausnutzung dieses Potentials ist es erforderlich, daß die Folgezustandscodes bei geeigneter Codierung der primären Ausgaben gewisse Bedeckungsbedingungen erfüllen.

Die beiden dargestellten Mechanismen zur Reduktion der Produkttermanzahl durch Codierung einer Gruppe von Zuständen in einem Unterraum des Coderaums und durch Überdeckung von Folgezuständen bilden die Grundlage praktisch aller augenblicklich eingesetzter Zustandscodierungsprogramme. Durch die Kombination aller Möglichkeiten, durch Adjazenzgruppen und Bedeckungsrelationen Produktterme einzusparen, erhält man sechs Konfigurationen symbolischer Implikanten, die bei der Zustandscodierung ausgenutzt und in Codierbedingungen (Adjazenz- und Bedeckungsbedingungen) verarbeitet werden können. Diese sind in Tabelle 4.2 zusammengestellt. Die Darstellung beschränkt sich jeweils auf Mengen von zwei symbolischen Implikanten, kann jedoch leicht auf größere Mengen erweitert werden.

---

[*] Die Hamming-Distanz zweier Bitvektoren ist die Anzahl der Koordinatenwerte, in denen sich die beiden Vektoren unterscheiden.

Tabelle 4.2: Konfigurationen für Codierbedingungen (zweistufige Logik)

Konfig.-Nummer	symbolische Implikanten	Minimierung durch Adjazenz	Bedeckung	Verwendung der Codierbedingungen in der Literatur
a	$(E, Z_1; Z^+, A)$ $(E, Z_2; Z^+, A)$	Z_1, Z_2		[Frie 75, Demi 86, Kais 89]
b	$(E_1, Z; Z_1^+, A)$ $(E_2, Z; Z_2^+, A)$	E_1, E_2	Z_1^+, Z_2^+	[DeSV 83, Kais 89]
c	$(E, Z_1; Z^+, A_1)$ $(E, Z_2; Z^+, A_2)$	Z_1, Z_2	A_1, A_2	[Hump 58, Arms 62, ToBo 75, Frie 75, SaCS 87, SaDP 89]
d	$(E, Z_1; Z_1^+, A)$ $(E, Z_2; Z_2^+, A)$	Z_1, Z_2	Z_1^+, Z_2^+	[SaCS 87, SaDP 89]
e	$(E_1, Z; Z_1^+, A_1)$ $(E_2, Z; Z_2^+, A_2)$	E_1, E_2	Z_1^+, Z_2^+ A_1, A_2	[Hump 58, Arms 62, Frie 75, Demi 86, SaCS 87, SaDP 89]
f	$(E, Z_1; Z_1^+, A_1)$ $(E, Z_2; Z_2^+, A_2)$	Z_1, Z_2	Z_1^+, Z_2^+ A_1, A_2	[Frie 75, SaCS 87, SaDP 89]

Konfiguration a wurde bereits in Bild 4.3 illustriert: Die beiden symbolischen Implikanten $(E, Z_1; Z^+, A)$ und $(E, Z_2; Z^+, A)$ können zusammengefaßt werden, wenn die Zustände Z_1 und Z_2 benachbart, d. h. mit einer Hamming-Distanz von 1 codiert werden. Es ist dabei nicht notwendig, daß die primären Ausgaben A in beiden Implikanten identisch sind. Es reicht aus, wenn zwei unterschiedliche Ausgaben A und A' verträglich sind, d. h. daß es keine Bitposition i mit $a_i = 1$ und $a_i' = 0$ gibt, da *don't cares* entsprechend verfügt werden können. Analoges gilt auch für die anderen aufgeführten Konfigurationen.

Konfiguration e war verantwortlich für die Einsparung des Produktterms in Bild 4.4. Sind die binären Eingangsbelegungen für E_1 und E_2 benachbart und bedeckt einer der Implikanten den anderen, können bei einem Implikanten einige Einsen durch *don't cares* ersetzt und durch Zusammenfassung mit dem anderen Implikanten realisiert werden. Die Argumentation für die anderen Konfigurationen ist ähnlich.

Konfiguration e stellt eine Generalisierung von b dar, f ist allgemeiner als d, c und d erfassen a als Spezialfall. Je genereller eine Konfiguration ist, desto mehr Codierbedingungen können hergeleitet werden, desto weniger sicher läßt sich aber aus der Erfüllung einer Codierbedingung die Einsparung von Produkttermen vorhersagen. Diese qualitativen Aussagen werden in Abschnitt 4.3.2 präzisiert.

4.3.1.2 Codierbedingungen für mehrstufige Schaltnetze

Syntheseprogramme für mehrstufige Schaltnetze bieten neben der Minimierung zweistufiger Teilfunktionen die Möglichkeit, gemeinsame Unterausdrücke aus Teilfunktionen zu extrahieren und Ausdrücke zu faktorisieren. In [DMNS 88a] wird eine Methode vorgeschlagen, die darauf abzielt, dieses Minimierungspotential für den Spezialfall gemeinsamer konjunktiver Unterausdrücke durch entsprechende Wahl der Zustandscodierung zu erhöhen. Die Codierbedingungen bestehen hier jeweils aus einem Paar von Zuständen, die Codewörter mit möglichst geringer Hamming-Distanz h zugewiesen werden sollen. Wenn die beiden Zustände in $r - h$ Zustandsbits übereinstimmen, führt die Zusammenfassung der beiden Zustände zu einem gemeinsamen Implikanten mit $r - h$ Literalen. Im Spezialfall benachbarter Codewörter, $h = 1$, können beide Implikanten wie bei zweistufiger Logik zusammengefaßt werden, es bleibt nur noch ein gemeinsamer Implikant mit $r - 1$ Literalen.

Beispiel 4.3: In Bild 4.5 wird die Situation anhand eines Zustandspaars Z_1 und Z_2 bei $r = 4$ Zustandsvariablen und einer Codedistanz von $h = 2$ illustriert.

	z_1	z_2	z_3	z_4	
					$\{Z_1, Z_2\}$: $\bar{z}_1\, \bar{z}_2\, z_3\, z_4 \vee z_1\, z_2\, z_3\, z_4$
Z_1	0	0	1	1	8 Literale $\rightarrow$ 6 Literale
Z_2	1	1	1	1	$\{Z_1, Z_2\}$: $(\bar{z}_1\, \bar{z}_2 \vee z_1\, z_2)\, z_3\, z_4$

Bild 4.5: Beispiel für die Extraktion gemeinsamer Implikanten

Die Codierbedingungen ergeben sich aus Konfigurationen symbolischer Implikanten ähnlich denen in Tabelle 4.2. Zwei Ansätze können unterschieden werden (vgl. Tabelle 4.3): Einer versucht, die Größe gemeinsamer Implikanten zu maximieren (zustandsorientierter Ansatz, a/b), der andere hat das Ziel, möglichst viele gemeinsame Implikanten zu erzeugen (folgezustandsorientierter Ansatz, c/d).

Konfigurationen c und d sind identisch mit den Konfigurationen e und f von Tabelle 4.2, außer daß in d alle Eingabevariablen getrennt berücksichtigt werden, da schon bei einer gemeinsamen Eingangsvariablen e_i ein gemeinsamer „Implikant" für die Zustandsbelegungen von Z_1^+ und Z_2^+ entsteht. Die zustandsorientierten Konfigurationen a und b haben kein direktes Analogon in Tabelle 4.2, da es unmöglich ist, zwei Implikanten mit verschiedenen Zustands- *und* Eingabebelegungen in einer zweistufigen Form zusammenzufassen. Bei der zweistufigen Bündelminimierung für PLAs werden die Eins-Stellen mehrerer Ausgabevariablen mit einem Produktterm erzeugt, deshalb wird die Ausgabe in Tabelle 4.2 immer als Einheit betrachtet. Für mehrstufige Implementierungen ist dies weniger wichtig, deshalb wird in Konfiguration b jede Ausgabevariable a_i separat behandelt.

Tabelle 4.3: Konfigurationen für Codierbedingungen (mehrstufige Logik)

Konfig.-Nummer	symbolische Implikanten	Codier-bedingung
a	$(E_1, Z_1; Z^+, A_1)$ $(E_2, Z_2; Z^+, A_2)$	Z_1, Z_2
b	$(E_1, Z_1; Z_1^+, (xx\ a_i\ xx))$ $(E_2, Z_2; Z_2^+, (xx\ a_i\ xx))$	Z_1, Z_2
c	$(E_1, Z; Z_1^+, A_1)$ $(E_2, Z; Z_2^+, A_2)$	Z_1^+, Z_2^+
d	$((xx\ e_i\ xx), Z_1; Z_1^+, A_1)$ $((xx\ e_i\ xx), Z_2; Z_2^+, A_2)$	Z_1^+, Z_2^+

4.3.1.3 Einbettung der Zustände in den Coderaum

Nachdem die Codierbedingungen festgelegt wurden, ist in der zweiten Phase jedem symbolischen Zustand ein r-Bit-Codewort so zuzuweisen, daß diese Codierbedingungen erfüllt werden. Eine große Schwierigkeit stellt dabei die gleichzeitige Berücksichtigung von Adjazenz- und Bedeckungsbedingungen dar [Demi 86, ViSa 89]. Viele Algorithmen benutzen daher nur die am einfachsten erfüllbare Bedeckungsrelation, indem der Zustand, der am häufigsten als Folgezustand auftritt, mit lauter Nullen codiert wird. Diese Zustandsbelegung wird dann von allen anderen bedeckt, und die zugehörigen Zustandsübergänge können in einer zweistufigen disjunktiven Realisierung der Folgezustandslogik eingespart werden [AcCa 85, DeSV 83, ToBo 75].

Im allgemeinen ist es nicht möglich, alle Codierbedingungen mit Codewörtern minimaler Länge $r_0 = \lceil ld\ n \rceil$ zu erfüllen. Durch die Erhöhung der Anzahl von Codebits r über r_0 hinaus können mehr Codierbedingungen erfüllt werden, allerdings ist die daraus resultierende Vereinfachung der kombinatorischen Logik mit einer steigenden Anzahl von zu erzeugenden Zustandsvariablen und Flipflops verbunden. Dies kann sich besonders bei Flipflops mit zusätzlicher Testausstattung negativ auf die Gesamtfläche auswirken.

Für den Fall, daß nicht alle Codierbedingungen mit einer vorgegebenen Codelänge r erfüllt werden können, werden zwei Lösungen vorgeschlagen. Meistens wird eine Bewertungsfunktion definiert, die es erlaubt, die Codierbedingungen nach ihrem geschätzten Einsparpotential zu sortieren. Codierbedingungen, deren Erfüllung die größte Einsparung an kombinatorischer Logik erwarten läßt, werden dann zuerst erfüllt. Ein anderer Ansatz ist es, zunächst die Forderung nach Injektivität der zu findenden Codierung ψ aufzugeben, d. h. ein Codewort auch zur Codierung mehrerer Zustände nutzen zu können und dadurch *alle* Codierbedingungen zu erfüllen. In einer Nachverarbeitung wird die Injektivität dann wiederhergestellt, indem die Zustandsbelegungen, die mehrfach genutzt wurden, modifiziert werden [Copp 86].

Für PLA-Realisierungen der kombinatorischen Logik zahlt es sich im allgemeinen nicht aus, die Anzahl der Zustandsvariablen stark über r_0 hinaus zu erhöhen. Die Fläche eines PLA kann ohne Berücksichtigung einer eventuellen topologischen Optimierung grob durch

$$A(r, t) = (2p + 3r + q) \cdot t \tag{4.7}$$

abgeschätzt werden, wobei p und q die Anzahl der Ein- und Ausgaben und t die Anzahl der Produktterme darstellen (siehe Bild 4.6) [Kamb 79].

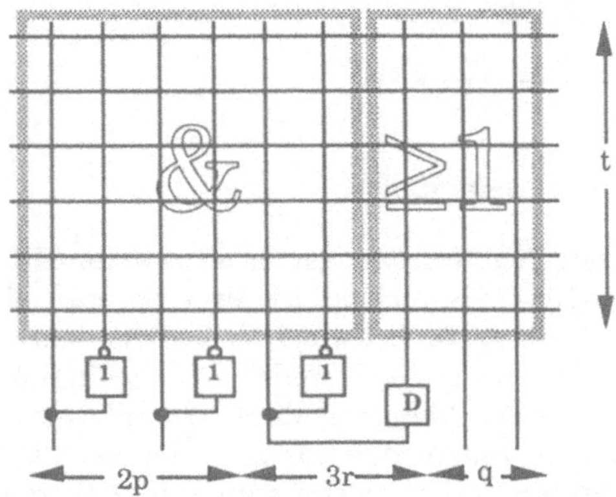

Bild 4.6: PLA-Flächenabschätzung

Da Codierbedingungen, die zu größeren Einsparungen von Produkttermen t führen, bei Wahl einer geeigneten Bewertungsfunktion zuerst erfüllt werden, kann durch die Erfüllung zusätzlicher Codierbedingungen, die eine Erhöhung der Codewortbreite über r_0 hinaus erfordern, im allgemeinen nur eine geringe Reduktion von t erreicht werden. Damit $A(r_0 + 1, t_1) < A(r_0, t_0)$ gilt, müßte selbst unter Vernachlässigung der zusätzlichen Flipflopfläche nach (4.7)

$$t_0 - t_1 > 3 \cdot \frac{t_1}{2p + 3r_0 + q} \tag{4.8}$$

erfüllt sein, d. h. bei näherungsweise quadratischen PLAs ($t_1 \approx 2p + 3r_0 + q$) müßten zusätzliche Zustandsvariablen zur Einsparung von mindestens $t_0 - t_1$ = 3 Produkttermen führen. In mehreren Untersuchungen [Aman 87, HuQu 88, ViSa 89, Kais 89] wurde für eine große Anzahl von Beispielen gezeigt, daß im allgemeinen $r = r_0$ oder maximal $r = r_0 + 1$ zur Lösung mit kleinstmöglicher PLA-Fläche führen. Es reicht daher im folgenden aus, Codierungen mit minimaler Codewortbreite zu betrachten, insbesondere weil auch noch die Fläche der Speicherelemente zu berücksichtigen ist.

4.3.2 Symbolische Minimierung und Codierbedingungen

Die meisten Ansätze zur Herleitung von Codierbedingungen haben den Nachteil, daß keine genauen Vorhersagen möglich sind, inwieweit die Erfüllung von Codierbedingungen zu einer Vereinfachung der kombinatorischen Logik des Steuerwerks führt. Für zweistufige Logik wurde eine Lösung dieses Problems in [DeBS 85, Demi 86] vorgeschlagen. Dabei wird die klassische Entwurfsreihenfolge scheinbar umgekehrt und *vor* der Zustandscodierung eine „symbolische Minimierung" der symbolischen Überdeckung C des Steuerwerks durchgeführt. Dadurch kann der Einfluß der Zustandscodierung auf die Komplexität der *minimierten* kombinatorischen Logik sehr viel besser eingeschätzt werden als mit der unminimierten Steuerwerkstabelle. Nach erfolgter Zustandscodierung wird die resultierende Logik nochmals mit einem konventionellen Verfahren zur Logikminimierung bearbeitet.

Bei der symbolischen Minimierung handelt es sich um eine Erweiterung der booleschen Minimierung, bei der symbolische Ein- und Ausgaben zugelassen werden. Bei der Zustandscodierung ergibt sich ein Funktionsbündel mit p binären Eingängen $e_i \in \{0,1\}$ und einer n-wertigen Eingabe $Z \in \{Z_1, ..., Z_n\}$ sowie mit q binären Ausgaben $a_i \in \{0,1\}$ und einer n-wertigen Ausgabe $Z^+ \in \{Z_1, ..., Z_n\}$. Die Minimierung dieser symbolischen Überdeckung beruht im wesentlichen auf der systematischen Anwendung der bereits in Abschnitt 4.3.1.2 vorgestellten Mechanismen zur Zusammenfassung symbolischer Implikanten. Für eine genauere Darstellung von Verfahren zur symbolischen oder mehrwertigen Minimierung sei auf die Literatur [Demi 86, RuSa 87] verwiesen. Hier wird das Vorgehen lediglich anhand eines Beispiels illustriert.

Beispiel 4.4: Gegeben sei die symbolische Überdeckung in Bild 4.7a. Nach der Berücksichtigung aller Minimierungsmöglichkeiten durch Zusammenfassung symbolischer Zustände ergibt sich die Überdeckung in Bild 4.7b, nach der Ausnutzung von Bedeckungsrelationen Bild 4.7c. Zum Verständnis des zweiten Schrittes sei angemerkt, daß z. B. die symbolischen Implikanten I_2 und I_3 von Bild 4.7b dann wie in Bild 4.7c zusammengefaßt werden können, wenn das Hinzufügen des zusätzlichen Implikanten (B, 01; B, 00) das Verhalten der Logik nicht verändert. Dies ist dann der Fall, wenn die Zustandsbelegung für C die für B bedeckt, denn dann sorgt I_4 im Zustand B bei der Eingabe 01 trotzdem für den richtigen Folgezustand C und die richtige Ausgabe 11.

a)

Zustand	Eingabe	Folgezustand	Ausgabe
A	–0	A	01
A	–1	B	00
B	–0	A	01
B	01	C	11
B	11	B	00
C	–0	A	01
C	–1	D	10
D	–0	A	01
D	01	C	11
D	11	D	10

b)

Zustand	Eingabe	Folgezustand	Ausgabe	
$A \cup B \cup C \cup D$	–0	A	01	I_1
$A \cup B$	11	B	00	I_2
A	01	B	00	I_3
$B \cup D$	01	C	11	I_4
$C \cup D$	11	D	10	I_5
C	01	D	10	I_6

c)

Zustànd	Eingabe	Folgezustand	Ausgabe
$A \cup B \cup C \cup D$	–0	A	01
$A \cup B$	–1	$B \subseteq C$	00
$B \cup D$	01	C	11
$C \cup D$	–1	$D \subseteq C$	10

Bild 4.7: Beispiel für die symbolische Minimierung

Definition 4.5: Eine *Adjazenzbedingung* ist eine Menge von Zuständen, die in einem Implikanten der minimierten symbolischen Überdeckung C_{min} eines Steuerwerks zusammengefaßt sind. Die in der Folgezustandsspalte von C_{min} auftretenden Bedeckungsrelationen zwischen Zustandspaaren werden *Bedeckungsbedingungen* genannt.

Definition 4.6: Eine Adjazenzbedingung heißt *erfüllt*, wenn die in dieser Adjazenzbedingung enthaltenen Zustände in einem booleschen Unterraum U des Coderaums $\{0,1\}^r$ so codiert sind, daß kein Codewort eines nicht in dieser Bedingung enthaltenen Zustands im Unterraum U enthalten ist. Eine Bedeckungsbedingung heißt *erfüllt*, wenn die Zustandscodes die Bedeckungsrelation aus Definition 4.4 erfüllen.

Durch die Bedeckungsrelation wird eine Halbordnung auf der Menge aller Zustände induziert. Satz 4.7 stellt den Zusammenhang zwischen Codierbedingungen und Produkttermanzahl her, macht allerdings keine Aussage über die Anzahl von Zustandsvariablen.

Satz 4.7 [DeBS 85]: Eine Zustandscodierung, die alle Codierbedingungen, d. h. Adjazenz- und Bedeckungsbedingungen, erfüllt, ermöglicht eine Realisierung der Folgezustands- und Ausgangsfunktionen des Steuerwerks mit minimaler Anzahl von Produkttermen.

Problematisch sind dabei zwei Punkte: Erstens ist das Problem der symbolischen Minimierung eine Verallgemeinerung des booleschen Minimierungsproblems und damit NP-vollständig. Man wird zu seiner Lösung daher im allgemeinen auf Heuristiken zurückgreifen müssen, die u. U. zu einer suboptimalen symbolischen Überdeckung führen. Für die daraus hergeleiteten Codierbedingungen gilt Satz 4.7 nicht. Zweitens erfordert die Realisierung mit minimaler Anzahl von Produkttermen eventuell eine erhöhte Anzahl von Zustandsvariablen, wodurch gemäß den Ausführungen in Abschnitt 4.3.1.3 wiederum ein erhöhter Realisierungsaufwand resultiert.

Trotzdem interessiert, ob zumindest die Existenz von Zustandscodierungen, die alle Codierbedingungen erfüllen, gesichert ist. Es sei $c = |C_{min}|$ die Anzahl der Implikanten in der minimierten symbolischen Überdeckung.

Definition 4.8: Die *Codiermatrix* eines Steuerwerks S ist eine $n \times r$ - Matrix $E = (e_{ij})$, $e_{ij} \in \{0,1\}$, mit n die r-Bit-Codewörter aller Zustände enthaltenden Zeilen.

Definition 4.9: Die *DeMicheli*-Adjazenzmatrix* einer minimierten symbolischen Überdeckung C_{min} ist eine $c \times n$ - Matrix $A_{DM} = (a_{ij})$, $a_{ij} \in \{0,1\}$, mit $a_{ij} = 1$, wenn Zustand Z_i in der Adjazenzgruppe des Implikanten $I_j \in C_{min}$ enthalten ist und $a_{ij} = 0$ sonst.

Definition 4.10: Die *DeMicheli-Bedeckungsmatrix* einer minimierten symbolischen Überdeckung C_{min} ist eine $n \times n$ - Matrix $B_{DM} = (b_{ij})$, $b_{ij} \in \{0,1\}$, mit $b_{ij} = 1$, wenn die Codierung von Zustand Z_i die von Zustand Z_j bedecken soll. Dabei ist von der transitiven Hülle der Bedeckungsrelation auszugehen.

Beispiel 4.4 (Forts.): Für das Beispiel von Bild 4.7 erhält man die Matrizen

$$A_{DM} = \begin{pmatrix} 1 & 1 & 1 & 1 \\ 1 & 1 & 0 & 0 \\ 0 & 1 & 0 & 1 \\ 0 & 0 & 1 & 1 \end{pmatrix} \qquad B_{DM} = \begin{pmatrix} 0 & 0 & 0 & 0 \\ 0 & 0 & 0 & 0 \\ 0 & 1 & 0 & 1 \\ 0 & 0 & 0 & 0 \end{pmatrix}.$$

$\bullet$

Satz 4.11 [DeBS 85]: Die Codierung mit der Codiermatrix $E_A = A_{DM}{}^T$ erfüllt alle Adjazenzbedingungen.

Satz 4.12 [Demi 86]: Eine Codierung mit der Codiermatrix $E_B = \overline{B_{DM}}{}^T$, wobei $\overline{B_{DM}}$ für die elementweise Komplementierung von B_{DM} steht, erfüllt alle Bedeckungsbedingungen.

Beispiel 4.4 (Forts.): Die mit diesen Sätzen resultierenden Codierungen sind

$$E_A = \begin{pmatrix} 1 & 1 & 0 & 0 \\ 1 & 1 & 1 & 0 \\ 1 & 0 & 0 & 1 \\ 1 & 0 & 1 & 1 \end{pmatrix} \qquad E_B = \begin{pmatrix} 1 & 1 & 1 & 1 \\ 1 & 1 & 0 & 1 \\ 1 & 1 & 1 & 1 \\ 1 & 1 & 0 & 1 \end{pmatrix}.$$

$\bullet$

Im allgemeinen sind weder alle Spalten von E_A oder E_B notwendig, noch ist die resultierende Codierung immer injektiv. Ernster als dieses Problem, das leicht durch das Streichen bzw. Hinzufügen von Spalten gelöst werden kann, ist die Tatsache, daß zur Codierung prinzipiell c bzw. n Codebits benötigt werden, wobei im allgemeinen $c \gg r_0$ bzw. $n \gg r_0$ gilt. Deshalb sind diese Codierungen für praktische Anwendungen irrelevant. Immerhin ist die Existenz von Codie-

---

* Diese Benennung dient zur Unterscheidung von später eingeführten anders definierten Adjazenz- und Bedeckungsmatrizen.

rungen, die entweder alle Adjazenzbedingungen oder alle Bedeckungsbedingungen erfüllen, gezeigt; sollen jedoch sowohl Adjazenz- als auch Bedeckungsbedingungen erfüllt werden, lassen sich Gegenbeispiele konstruieren, die zu Widersprüchen führen. Eine Codierung nach Satz 4.7 muß daher
nicht unbedingt existieren.

4.3.3 Zuweisung von Codewörtern

Nachdem über die Codierbedingungen implizit eine Kostenfunktion definiert
worden ist, benötigt man ein Verfahren, das diese Kostenfunktion minimiert,
d. h. eine Codierung findet, die möglichst wenige dieser Bedingungen verletzt.
Eine Übersicht über solche Verfahren gibt Bild 4.8.

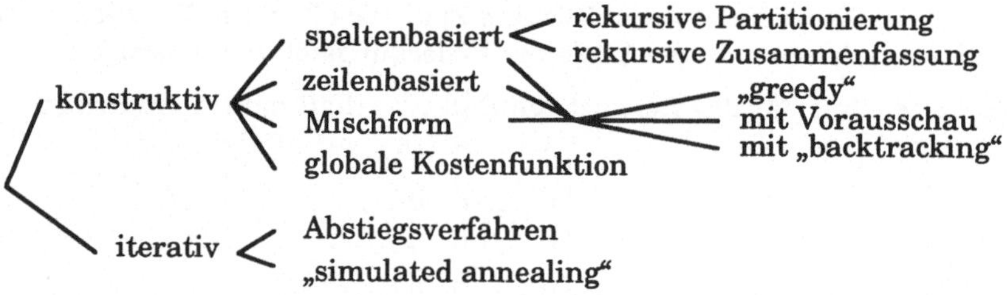

Bild 4.8: Übersicht über Verfahren zur Codezuweisung

Konstruktive Verfahren gehen vom uncodierten Steuerwerk aus und versuchen, einen Zustandscode so zu konstruieren, daß möglichst viele Codierbedingungen erfüllt sind. Iterative Verfahren starten mit einer (beliebigen) vorgegebenen Codierung und versuchen, diese Lösung fortlaufend so zu modifizieren, daß in der Endlösung möglichst wenige Codierbedingungen verletzt
werden. Da die Verfahren alle relativ viel Rechenzeit benötigen, wird die
Möglichkeit, ein konstruktives mit einem iterativen Verfahren zu ergänzen,
im allgemeinen nicht genutzt.

Die iterativen Verfahren lassen sich weiter unterteilen in Abstiegsverfahren
und probabilistische Verfahren wie „simulated annealing" [KiGV 83]. Bei den
Abstiegsverfahren wird eine Modifikation der Ausgangslösung nur vorgenommen, wenn die neue Lösung zu einem geringeren Kostenfunktionswert
führt. Dabei besteht die Gefahr, nur zu einem lokalen Minimum der Kostenfunktion zu gelangen. „Simulated annealing" versucht dieses Problem dadurch zu vermeiden, daß mit einer gewissen, im Verlauf der Berechnung
sinkenden Wahrscheinlichkeit auch Lösungen zugelassen werden, deren
Kostenfunktionswert höher als bei der alten Lösung liegt. Für die Zustandscodierung werden iterative Verfahren bisher recht selten eingesetzt, ein
Beispiel findet sich in [LiNe 89].

Die meisten konventionellen Verfahren sind demnach konstruktiv. Um die Komplexität zu reduzieren, zerlegt man das Problem rekursiv in Teilprobleme („divide et impera"). Dabei bieten sich zwei Arten der Unterteilung an: Man kann die Zustandsmenge Z in Teilmengen mit einem und $|Z| - 1$ Zuständen zerlegen und zunächst den einen Zustand codieren. Dies führt zur *zeilenbasierten Codierung*, bei der die Codiermatrix Zeile für Zeile (Zustand für Zustand) festgelegt wird (Bild 4.9a). Zerlegt man die Zustandsmenge stattdessen in näherungsweise gleichgroße Teilmengen und codiert jede dieser Teilmengen in einer Variablen entweder mit 0 oder 1, gelangt man zur *spaltenbasierten Codierung*, bei der die Codiermatrix E Spalte für Spalte (Codevariable für Codevariable) festgelegt wird (Bild 4.9b). Aus Gleichung (4.5) und Tabelle 4.1 geht hervor, daß die Anzahl möglicher Codierspalten sehr viel kleiner ist als die Anzahl aller möglichen Zustandscodierungen. Spalten- und zeilenbasierte Verfahren lassen sich auch kombinieren, was besonders dann sinnvoll ist, wenn die Anzahl der Codierspalten r nicht von vornherein festgelegt wird (Bild 4.9c).

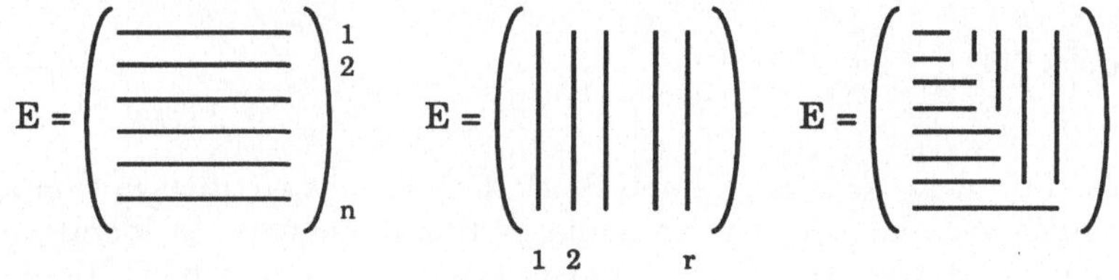

a) zeilenbasiert   b) spaltenbasiert   c) Mischform

Bild 4.9: Konstruktive Codierverfahren

Zur formalen Beschreibung der spaltenbasierten Codierung sind einige Begriffe aus der Verbandstheorie nützlich.

Definition 4.13: Eine *Partition* π einer Menge M ist eine Menge nichtleerer Teilmengen $\pi = \{M_1, \dots M_k\}$ von M mit den folgenden Eigenschaften:

a) $\displaystyle\bigcup_{i=1}^{k} M_i = M$

b) $\forall i \neq j : M_i \cap M_j = \varnothing$.

Eine in π enthaltene Teilmenge M_i heißt Block von π. Gehören die Elemente $m_1, m_2 \in M$ zum selben Block von π, schreibt man $m_1 \overset{\pi}{\sim} m_2$. Die Anzahl der Blöcke einer Partition π wird mit $b(\pi)$, die Mächtigkeit des größten Blocks mit $c(\pi)$ bezeichnet.

Definition 4.14: Das *Produkt* zweier Partitionen π_1 und π_2 ist eine Partition $\pi = \pi_1 \cdot \pi_2$ so, daß $m_1 \overset{\pi}{\sim} m_2$ genau dann, wenn $m_1 \overset{\pi_1}{\sim} m_2$ und $m_1 \overset{\pi_2}{\sim} m_2$.

Definition 4.15: Die *Nullpartition* O einer Menge M ist eine Partition, deren Blöcke jeweils nur ein Element von M enthalten, $c(O) = 1$, $b(O) = |M|$.

Definition 4.16: Eine *Codierungspartition* φ_i ist eine Zerlegung der Zustandsmenge Z eines Steuerwerks in zwei Blöcke. Eine *Codierspalte* ψ_i ordnet jeder Codierungspartition eine binäre Zustandsvariable z_i so zu, daß Zustände des einen Blocks mit $z_i = 0$, Zustände des anderen Blocks mit $z_i = 1$ codiert werden, $\psi_i : \varphi_i \rightarrow \{0,1\}$.

Definition 4.17: Eine *Zustandscodierung* $\psi = (\psi_1, \dots \psi_r)$ ist eine injektive Abbildung der Menge der Zustände Z eines Schaltwerks auf r-Bit-Codewörter, $\psi : Z \rightarrow \{0,1\}^r$.

Satz 4.18: Für die r zu einer gültigen Zustandscodierung mit r Bit gehörenden Codierungspartitionen $\varphi_1, \dots \varphi_r$ gilt

$$\prod_{i=1}^{r} \varphi_i = O, \tag{4.9}$$

für eine beliebige Teilmenge von $j \leq r$ Codierungspartitionen gilt

$$c\left(\prod_{i=1}^{j} \varphi_i\right) \leq 2^{r-j}. \tag{4.10}$$

Beweis: Gilt (4.9) nicht, so gibt es einen Block der Produktpartition mit mindestens zwei Zuständen. Alle Zustände dieses Blocks gehören zu identischen Codierungspartitionen φ_i, $1 \leq i \leq r$, haben also auch identische Codierspalten ψ_i. Die zugehörige Codierabbildung ist daher nicht wie gefordert injektiv.

Betrachtet man alle Zustände, die in einer Teilmenge von j Codierspalten gleich codiert wurden, so können diese mit den restlichen $r - j$ Spalten in maximal 2^{r-j} Teilmengen aufgeteilt werden. Enthält ein Block nach j Codierspalten mehr als 2^{r-j} Zustände, ist (4.9) daher auf keinen Fall zu erfüllen. ∎

Die spaltenbasierte Suche nach einer optimalen Zustandscodierung $\psi = \psi_{opt}$ kann mit einem Suchbaum illustriert werden. Seine Wurzel repräsentiert die Anfangssituation ohne Festlegung von Codespalten. Die Knoten des Suchbaums in Ebene i entsprechen den Teilcodierungen $(\psi_1, \dots \psi_i)$ der ersten i Codespalten $z_1, \dots z_i$, seine Zweige ergeben sich aus den nach Ungleichung (4.10) zulässigen Codespalten für die Zustandsvariable z_{i+1} (Bild 4.10). Gesucht ist eine vollständige Codierung $\psi_{opt} = (\psi_1, \dots \psi_r)$ mit

$$\forall \psi: \quad K(\psi_{opt}) \leq K(\psi). \tag{4.11}$$

Erweitert man den Definitionsbereich der Kostenfunktion auf Teilcodierungen, d. h auf Knoten des Suchbaums oberhalb von Ebene r, kann durch eine geeignete Suchstrategie die Aufzählung und Evaluierung aller möglichen Codierungen ψ, d. h. aller Blätter des Suchbaums, vermieden werden, wenn die Kostenfunktion $K(\psi)$ gewisse später konkretisierte Bedingungen erfüllt.

Dies wäre nach Gleichung (4.4) für Steuerwerke nichttrivialer Größe aufgrund der großen Anzahl möglicher Codierungen impraktikabel.

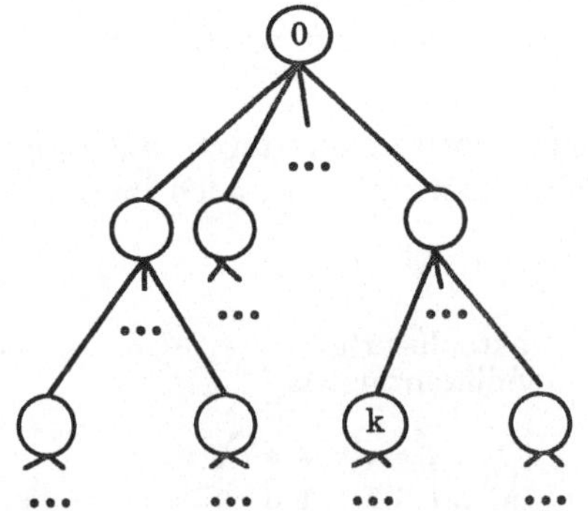

Bild 4.10: Suchbaum für optimalen Zustandscode

Ein mögliches Verfahren besteht darin, eine Codierspalte nach der Anzahl zumindest partiell erfüllter Codierbedingungen zu bewerten. An jedem Verzweigungspunkt des Suchbaumes in Bild 4.10 wird diejenige Codierspalte ausgewählt, die zur maximalen Erfüllung von Codierbedingungen beiträgt. Dazu werden die Codierbedingungen zunächst gewichtet und nach diesen Gewichten sortiert. Das Gewicht spiegelt dabei die erwartete Einsparung an kombinatorischer Logik bei Erfüllung der Codierbedingung wider. In dieser Reihenfolge werden die Codierbedingungen abgearbeitet. Nach Satz 4.9 bietet es sich an, eine Zeile der Adjazenzmatrix als Codierspalte zu wählen, da dann die in dieser Zeile repräsentierte Adjazenzbedingung sicher erfüllt wird. Verletzt diese Codierspalte eine Bedeckungsbedingung, kann sie immer durch ein Paar von Codierspalten ersetzt werden, das dann beide Codierbedingungen erfüllt.

Beispiel 4.5: Dies wird in Bild 4.11 veranschaulicht. Nach der Codierung mit einer Reihe der Adjazenzmatrix sind die Bedeckungsrelationen A $\supseteq$ B und A $\supseteq$ C verletzt. Indem das Adjazenzpaar C $\cup$ D zunächst mit 01 codiert und A zu 11 gewählt wird, können alle Codierbedingungen erfüllt werden.

Adjazenzmatrix	Bedeckungs- relationen	Codierspalte(n)		
$A = \begin{pmatrix} 0\ 0\ 1\ 1 \\ \rule{2cm}{0.4pt} \\ \rule{2cm}{0.4pt} \\ \rule{2cm}{0.4pt} \end{pmatrix}$	A $\supseteq$ B A $\supseteq$ C D $\supseteq$ B	A	0	11
		B	0 $\Rightarrow$	00
		C	1	01
		D	1	01

Bild 4.11: Spaltenweise Erfüllung von Codierbedingungen

Durch die Erfüllung einer Adjazenzbedingung können auch andere Adjazenzbedingungen zumindest teilweise erfüllt werden, was bei der Festlegung ihres
Gewichts bereits berücksichtigt wird. Nach jeder codierten Spalte wird die
Adjazenzmatrix aktualisiert. Fälle, in denen es nicht mehr darauf ankommt,
ob der Zustand in einer Codierbedingung berücksichtigt wird, werden markiert.

Beispiel 4.6: In Bild 4.12 ist die dritte Adjazenzbedingung durch die erste Codierspalte z_1 bereits teilweise erfüllt: Nur Zustand C ist noch im gleichen
booleschen Unterraum wie D und E.

$$
\text{ursprüngliche Adjazenzmatrix} \qquad A^0 = \begin{pmatrix} 1 & 1 & 0 & 0 & 0 \\ 0 & 1 & 1 & 1 & 0 \\ 0 & 0 & 0 & 1 & 1 \end{pmatrix}
$$

Codierspalte z_1

A	1
B	1
C	0
D	0
E	0

$$
\text{aktualisierte Adjazenzmatrix} \qquad A^0 = \begin{pmatrix} * & * & * & * & * \\ 0 & 1 & 1 & 1 & 0 \\ * & * & 0 & 1 & 1 \end{pmatrix}
$$

Bild 4.12: Partielle Erfüllung von Adjazenzbedingungen

Das vorgestellte Verfahren stammt aus [Demi 86]. Ein ähnlicher Ansatz wird
auch in [RNRA 89] verfolgt; grundlegende Ideen gehen auf [Arms 62, PaSa 83,
AcCa 85] zurück. In [DoMc 64, Torn 68, StHR 72, NoRh 76] versucht man, ohne
Codierbedingungen auszukommen und die Güte von Codierspalten direkt
abzuschätzen. Für mehrstufige Logik wurden spaltenbasierte Algorithmen in
[WoKA 88, BoCB 89] vorgeschlagen. Statt einer rekursiven *Partitionierung* der
Zustandsmenge in zwei Teilmengen ist auch eine rekursive *Zusammenfassung* von Zustandspaaren möglich, wobei jedes der Paare eine Zustandsvariable gemeinsam hat [ToBo 75, VaTr 88]. In einem gewissen Sinne kehrt
sich dadurch die Reihenfolge der Codierung von Spalten gerade um.

Bei der zeilenbasierten Methode muß in jedem Schritt zunächst ein zu codierender Zustand und dann ein Codewort für diesen Zustand ausgewählt werden. Dabei wird meist mit dem Zustand begonnen, der an den meisten Adjazenzbedingungen beteiligt ist. Im weiteren werden Zustände ausgewählt, die
mit den bereits codierten Zuständen die meisten Bedingungen gemeinsam
haben. Auch hier ist das Codewort so zu wählen, daß möglichst viele Codierbedingungen erfüllt werden. Diese Form der Codierung wird in [DeSV 83,
DeBS 85, SaCS 87, SaDP 89, ViSa 89, ViSa 90] angewendet. Für mehrstufige
Logik wird in [DMNS 88a] ein zeilenbasiertes Verfahren vorgeschlagen.

Bei allen konstruktiven Verfahren hängt die Qualität der Codierung sehr stark
von der heuristisch festgelegten Reihenfolge der Behandlung von Teilproble-
men ab. Für spaltenbasierte Verfahren beruht diese Reihenfolge auf der Ge-
wichtung von Codierbedingungen, für zeilenbasierte Verfahren auf der Auswahl des nächsten zu codierenden Zustands. Dabei wird im allgemeinen ein

Greedy-Verfahren angewendet, d.h. es wird in dem Suchbaum von Bild 4.10 nur ein Pfad von der Wurzel zu einem Blatt verfolgt, da die Untersuchung alternativer Pfade zu viel Rechenzeit beanspruchen würde.

4.4 Codierungsverfahren für testfreundliche Strukturen

Wie schon früher ausgeführt, ist es bei der optimierten Synthese testfreundlicher Steuerwerke notwendig, gleichzeitig die konventionellen Optimierungsmöglichkeiten, z. B. mit Hilfe von Adjazenz- und Bedeckungsbedingungen, und das durch die Ausnutzung „intelligenter" Zustandsregister (IZRs) geschaffene Minimierungspotential auszunutzen. Dafür gibt es prinzipiell zwei Möglichkeiten:

- Man kann versuchen, beide Arten von Optimierungsmöglichkeiten parallel zu berücksichtigen. Hierzu werden völlig neue Codierungsverfahren benötigt, die sich von den in Abschnitt 4.3.3 vorgestellten stark unterscheiden.
- Beide Optimierungen werden nacheinander durchgeführt, z. B. wird zunächst ein konventionelles Codierungsverfahren eingesetzt, und danach werden die verbliebenen Freiheitsgrade zur Ausnutzung der IZR-Übergänge (vgl. Definition 4.1) verwendet. Da sich die Optimierungen sehr stark gegenseitig beeinflussen, ist es jedoch nötig, in der ersten Phase zusätzliche Heuristiken einzuführen.

Der zweite Weg wurde in [AmBa 89] zur Ausnutzung von Zustandsregistern aus ladbaren Dualzählern in PLA-Steuerwerken eingeschlagen. Allerdings werden die Algorithmen durch die zusätzlichen Heuristiken der ersten Phase sehr unübersichtlich und sind auf PLA-Lösungen beschränkt. Zusätzlich hängen die Heuristiken sehr stark von speziellen Eigenschaften der verwendeten Zähler ab, wie z. B. davon, daß Paare aufeinanderfolgender Zustände Codewörter mit einer Hamming-Distanz von 1 besitzen. Für andere Zustandsregister, z. B. Johnson-Zähler, sind daher auch andere Heuristiken notwendig [AmEB 88], bzw. sie würden wie linear rückgekoppelte Schieberegister ein völlig neues Verfahren erfordern. Zudem ist die Qualität der Lösungen durch die Vielzahl der verwendeten Heuristiken schlecht kalkulierbar. Im folgenden wird daher der erste Weg weiterverfolgt (vgl. [EsWu 90b]).

Der Ansatz basiert auf der analytischen Formulierung einer globalen Kostenfunktion, in der sowohl zweistufige (PLA-) als auch mehrstufige Logik berücksichtigt werden kann und die beliebige IZRs (Zähler, linear oder nichtlinear rückgekoppelte Schieberegister, zellulare Automaten, ...) erlaubt. Durch die Minimierung dieser Kostenfunktion wird eine globale Optimierung des Steuerwerks ermöglicht. Es resultiert ein Standardproblem der kombinatorischen Optimierung, für das allgemeine Lösungsverfahren zur Verfügung stehen, wodurch auf spezialisierte und nur beschränkt anwendbare Heuristiken verzichtet werden kann. In diesem Abschnitt 4.4 sollen die algorithmischen Grundlagen zur Lösung des Codierungsproblems geschaffen werden, die Anwendung auf die Synthese selbsttestbarer und extern testbarer Steuerwerke folgt in den Abschnitten 5.1 und 6.1.

4.4.1 Kostenfunktionen für die Zustandscodierung

Da eine Zustandscodierung ψ für nichttriviale Steuerwerke nach Abschnitt 4.2 nicht durch eine direkte Optimierung der Kostenfunktion $K(\psi)$ ermittelt werden kann, werden im folgenden mögliche sekundäre Zielfunktionen betrachtet, deren Optimierung zu „günstigen" Lösungen bezüglich $K(\psi)$ führt.

Prinzipiell kann man das Problem in der dargestellten Form als Mehrzieloptimierungsproblem betrachten. Für eine zweistufige Realisierung der kombinatorischen Logik gilt es, durch die Wahl einer Codierung ψ gleichzeitig
- die Anzahl $\alpha(\psi)$ nicht erfüllter Adjazenzbedingungen zu minimieren,
- die Anzahl $\beta(\psi)$ nicht erfüllter Bedeckungsbedingungen zu minimieren und
- die Anzahl $\gamma(\psi)$ ausgenutzter IZR-Übergänge zu maximieren.

Allgemein gebe es k zu minimierende Zielfunktionen $\kappa_\ell(\psi)$, ℓ =1, 2 ... k. Eine zu maximierende Zielfunktion $\kappa_\ell'(\psi)$ kann durch $\kappa_\ell(\psi) = - \kappa_\ell'(\psi)$ leicht in eine zu minimierende Funktion verwandelt werden. Die optimalen Lösungen bezüglich der einzelnen Kostenfunktionen κ_ℓ seien Codierungen ψ_ℓ mit $\forall\ \psi: \kappa_\ell(\psi_\ell) \leq \kappa_\ell(\psi)$. Sofern eine Codierung ψ_{opt} existiert, mit der jede der Zielfunktionen ihr individuelles Minimum erreicht, wird diese Lösung als *perfekte Lösung* bezeichnet, $\kappa_\ell(\psi_{opt}) = \kappa_\ell(\psi_\ell)$, $1 \leq \ell \leq$ k. Typisch für Problemstellungen bei mehrfacher Zielsetzung ist aber, daß bei individueller Betrachtung einer Zielfunktion eine Lösung ermittelt wird, für die mindestens eine andere Zielfunktion ihr individuelles Minimum verfehlt. Wenn auch eine perfekte Lösung im allgemeinen nicht existiert, sind dennoch einige Lösungen „besser" als andere.

Definition 4.19: Eine Lösung ψ_1 *dominiert* eine Lösung ψ_2, $\psi_1 > \psi_2$, wenn $\forall\ \ell$: $\kappa_\ell(\psi_1) \leq \kappa_\ell(\psi_2)$ und $\exists\ \ell$: $\kappa_\ell(\psi_1) < \kappa_\ell(\psi_2)$.

Definition 4.20: Eine Lösung ψ_1 heißt *effizient*, wenn es keine Lösung ψ_2 gibt, die ψ_1 dominiert, $\neg\ \exists\ \psi_2: \psi_2 > \psi_1$.

Die Ermittlung aller effizienten Zustandscodes ist im allgemeinen nicht sinnvoll, da dies zu einer nicht mehr überschaubaren Anzahl von Lösungen führt. Da die einzelnen Kostenfunktionen $\kappa_\ell(\psi)$ nur unterschiedliche Heuristiken darstellen, um eine einzige Kostenfunktion $K(\psi)$, die Komplexität der resultierenden kombinatorischen Logik, zu minimieren, bietet es sich an, eine Kompromißzielfunktion $\kappa(\kappa_\ell(\psi), 1 \leq \ell \leq$ k) zu formulieren. Diese muß die Kostenfunktion $K(\psi)$ möglichst gut annähern. Zunächst sollen jedoch die Teilkostenfunktionen $\kappa_\ell(\psi)$ definiert werden.

Beispiel 4.7: Bild 4.13 zeigt das Ergebnis der symbolischen Minimierung einer Steuerwerkstabelle für eine zweistufige Realisierung der kombinatorischen Logik. Zwei Implikanten können durch die Erfüllung von zwei Adjazenz- und zwei Bedeckungsbedingungen eingespart werden, ein weiterer, wenn alle Codebits mit dem Wert 1 für Folgezustand A mit Hilfe der Codebelegungen für B und C erzeugt werden können.

Zustand	Eingabe	Folge-zustand	Ausgabe		Zustand	Eingabe	Folge-zustand	Ausgabe
A	0-	B	10		$A \cup B$	0-	$B \subseteq A$	10
A	10	C	11	(	B	01	$A \backslash (B \cup C)$	--)
A	11	B	00		B	-1	$C \subseteq A$	01
B	00	B	10		$A \cup C$	10	C	11
B	01	A	11		A	11	B	00
B	10	C	00		B	10	C	00
B	11	C	01		C	0-	A	00
C	0-	A	00		C	11	A	00
C	10	C	11					
C	11	A	00					

Bild 4.13: Symbolische Minimierung einer Steuerwerkstabelle

Für vier der symbolischen Implikanten ist keine Reduktion möglich, da sie in keiner Codierbedingung enthalten sind. Bei einer konventionellen Zustandscodierung werden sie nicht beachtet. Werden durch die Codierung die Übergänge A → B, B → C bzw. C → A jedoch zu IZR-Übergängen, können sie eingespart werden.

Definition 4.21: Die *Adjazenzmatrix* einer minimierten symbolischen Überdeckung C_{min} ist eine n × n - Matrix AM = (a_{ij}), $a_{ij} \in \mathbf{N}$. Für i ≠ j entspricht a_{ij} der Anzahl von Adjazenzbedingungen (nach Definition 4.5) in C_{min}, in denen sowohl Zustand i als auch Zustand j enthalten sind. Die Diagonalelemente a_{ii} werden zu 0 gesetzt.

Definition 4.22: Die *Distanzmatrix* eines r-Bit-Codes ist eine boolesche s × s - Matrix DM = (d_{ij}), $d_{ij} \in \{0,1\}$, s = 2^r, mit $d_{ij} = 0$, wenn die Hamming-Distanz der Codebelegungen i und j HD(i, j) ≤ 1 ist, sonst gelte $d_{ij} = 1$.

In einer guten Zustandscodierung werden Zustandspaare, die in vielen Adjazenzbedingungen enthalten sind, Codewörtern mit geringer Hamming-Distanz zugewiesen, bevorzugt benachbarten Codewörtern[*]. Es entstehen Kosten von

---

[*] Die Gültigkeit dieser Aussage wird in Abschnitt 4.4.4 untersucht.

$$\alpha(\psi) = \sum_{i,j} \alpha(i,j,\psi) \qquad \text{mit } \alpha(i,j,\psi) := \frac{1}{2} \cdot a_{ij} \cdot d_{\psi(i)\psi(j)} \qquad (4.12)$$

(vgl. Bild 4.14) durch die Zuweisung nicht benachbarter Codewörter $\psi(i)$ und $\psi(j)$ $(d_{\psi(i)\psi(j)} = d_{\psi(j)\psi(i)} > 0)$ zu Zustandspaaren, die in Adjazenzbedingungen von $\mathcal{C}_{min}$ enthalten sind $(a_{ij} = a_{ji} > 0)$. Der Faktor $\frac{1}{2}$ berücksichtigt die Symmetrie der Matrizen AM und DM. Die Adjazenzmatrix erfaßt damit die Information über das Enthaltensein von *Zuständen* in Adjazenzbedingungen, während die Distanzmatrix Informationen über Nachbarschaften von *Codewörtern* festhält.

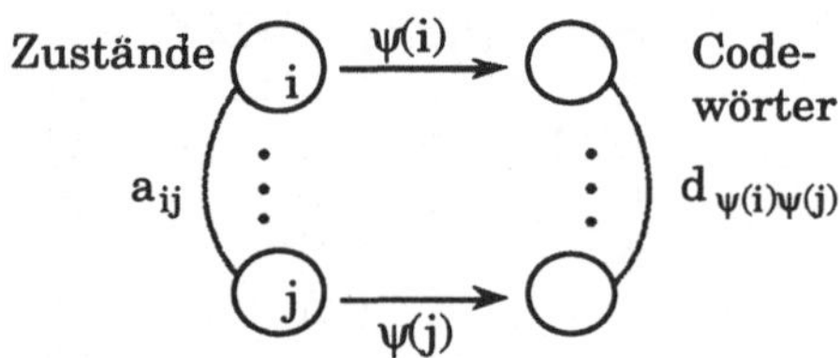

Bild 4.14: Adjazenzkosten $\alpha(i,j,\psi)$

Definition 4.23: Die *Zustandsbedeckungsmatrix* einer minimierten symbolischen Überdeckung $\mathcal{C}_{min}$ ist eine $n \times n$ - Matrix BM = (b_{ij}), $b_{ij} \in \mathbf{N}$. Die Einträge b_{ij} entsprechen der Anzahl von symbolischen Implikanten, in denen eine Bedeckung des Zustands j durch Zustand i gefordert wird.

Definition 4.24: Die *Codebedeckungsmatrix* eines r-Bit-Codes ist eine boolesche $s \times s$ - Matrix CM = (c_{ij}), $c_{ij} \in \{0,1\}$, $s = 2^r$, mit $c_{ij} = 0$, wenn die Codebelegung i die Codebelegung j überdeckt, $i \supseteq j$, sonst gilt $c_{ij} = 1$.

Hier entstehen Teilkosten von

$$\beta(\psi) = \sum_{i,j} \beta(i,j,\psi) \qquad \text{mit } \beta(i,j,\psi) := b_{ij} \cdot c_{\psi(i)\psi(j)} \qquad (4.13)$$

(vgl. Bild 4.15) wenn Zustand i einen anderen Zustand j bedecken soll $(b_{ij} > 0)$ aber die Codebelegung $\psi(i)$ die Codebelegung $\psi(j)$ nicht bedeckt $(c_{\psi(i)\psi(j)} > 0)$.

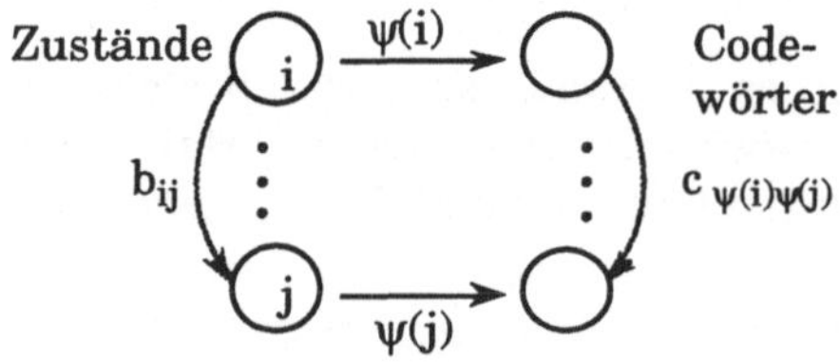

Bild 4.15: Bedeckungskosten $\beta(i,j,\psi)$

Zwei weitere Matrizen erlauben es, den Effekt von IZR-Übergängen zu modellieren.

Definition 4.25: Die *Transitionsmatrix* einer minimierten symbolischen Überdeckung C_{min} ist eine n × n - Matrix TM = (t_{ij}), $t_{ij} \in$ **N**. Die Einträge t_{ij} entsprechen der Anzahl von symbolischen Implikanten, die vom Zustand i zum Folgezustand j führen und keiner Adjazenz- oder Bedeckungsbedingung von C_{min} angehören.

Definition 4.26: Die *Musterfolgematrix* eines r-Bit-IZR ist eine boolesche s × s - Matrix MM = (m_{ij}), $m_{ij} \in \{0,1\}$, $s = 2^r$. Es gilt $m_{ij} = 1$, wenn i → j ein IZR-Übergang ist und $m_{ij} = 0$ sonst.

Die Abbildung eines sonst nicht minimierbaren Steuerwerksübergangs auf einen IZR-Übergang bringt eine Einsparung von

$$\gamma'(\psi) = \sum_{i,j} \gamma'(i,j,\psi) \qquad \text{mit } \gamma'(i,j,\psi) := t_{ij} \cdot m_{\psi(i)\psi(j)} \qquad (4.14)$$

bzw. Kosten von $\gamma(\psi) = -\gamma'(\psi)$ (vgl. Bild 4.16).

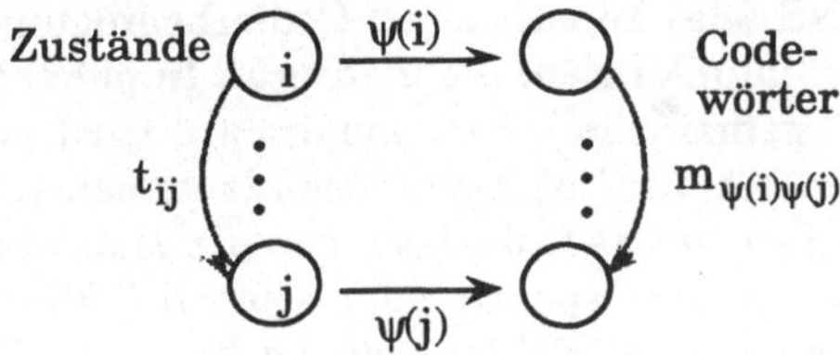

Bild 4.16: IZR-Einsparung $\gamma'(i,j,\psi)$

Beispiel 4.7 (Forts.): Für die minimierte symbolische Überdeckung von Bild 4.13 erhält man die Matrizen in Bild 4.17. In den Matrizen AM, BM und TM entspricht der Zeilen- bzw. Spaltenindex 1 dem Zustand A, 2 dem Zustand B und 3 Zustand C. In den Matrizen DM, CM und MM sind die Codewörter 00, 01, 10, 11 durch die Indizes 0, 1, 2 und 3 in dieser Reihenfolge charakterisiert. Für die Matrix MM wurde als IZR ein linear rückgekoppeltes Schieberegister mit dem charakteristischen Polynom $s(x) = 1 + x + x^2$ benutzt. Es wird deutlich, daß AM und DM im Gegensatz zu BM, DM, TM und MM symmetrische Matrizen sind.

$$AM = \begin{bmatrix} 0 & 1 & 1 \\ 1 & 0 & 0 \\ 1 & 0 & 0 \end{bmatrix} \qquad DM = \begin{bmatrix} 0 & 0 & 0 & 1 \\ 0 & 0 & 1 & 0 \\ 0 & 1 & 0 & 0 \\ 1 & 0 & 0 & 0 \end{bmatrix}$$

$$BM = \begin{bmatrix} 0 & 1 & 1 \\ 0 & 0 & 0 \\ 0 & 0 & 0 \end{bmatrix} \qquad CM = \begin{bmatrix} 0 & 1 & 1 & 1 \\ 0 & 0 & 1 & 1 \\ 0 & 1 & 0 & 1 \\ 0 & 0 & 0 & 0 \end{bmatrix}$$

$$TM = \begin{bmatrix} 0 & 1 & 0 \\ 0 & 0 & 1 \\ 2 & 0 & 0 \end{bmatrix} \qquad MM = \begin{bmatrix} 1 & 0 & 0 & 0 \\ 0 & 0 & 1 & 0 \\ 0 & 0 & 0 & 1 \\ 0 & 1 & 0 & 0 \end{bmatrix}$$

Bild 4.17: Matrizen für das Beispiel in Bild 4.13

Bisher wurden hauptsächlich Kostenfunktionen für zweistufige Realisierungen der Kombinatorik betrachtet. Zustandscodierungsprogramme für mehrstufige Implementierungen wie [DMNS 88a] konstruieren Codierbedingungen so, daß die Größe oder Anzahl von Teilimplikanten, die mehreren Implikanten – auch verschiedener Funktionen – gemeinsam sind, maximiert wird (vgl. Abschnitt 4.3.1.2). Diese müssen dann bei der Logiksynthese als gemeinsame Teilausdrücke nur einmal implementiert werden. Je geringer die Hamming-Distanz zwischen den Codewörtern für Zustandspaare einer solchen Codierbedingung ist, desto größer wird die durch eine Faktorisierung bedingte Einsparung an Literalen (vgl. Bild 4.5). Im Gegensatz zur zweistufigen Logik ist es hier nicht unbedingt notwendig, daß die Codewörter benachbart liegen, ansonsten ähneln die Codierbedingungen für mehrstufige Logik aber den Adjazenzbedingungen. Deshalb muß die Kostenfunktion (4.12) für die Verletzung von Adjazenzbedingungen nur leicht modifiziert werden.

Definition 4.22a: Die *Distanzmatrix* für mehrstufige Realisierungen der Logik ist eine $s \times s$ - Matrix $DM' = (d_{ij}')$, $d_{ij}' \in \mathbb{N}$, $s = 2^r$, wobei d_{ij}' der Hamming-Distanz zwischen Codewort i und und Codewort j entspricht, $d_{ij}' = HD(i, j)$.

Auch die Gewichte der Codierbedingungen a_{ij}' werden nun etwas anders als für zweistufige Logik bestimmt (vgl. [DMNS 88a]). Als Kostenfunktion erhält man dann

$$\alpha'(\psi) = \sum_{i,j} \alpha'(i,j,\psi) \qquad \text{mit } \alpha'(i,j,\psi) := \frac{1}{2} \cdot a_{ij}' \cdot d_{\psi(i)\psi(j)}'. \tag{4.12a}$$

Insgesamt stellen Kostenfunktionen vom Typ

$$\kappa_\ell(\psi) = \sum_{i,j} \lambda_{ij} \cdot \mu_{\psi(i)\psi(j)} \tag{4.15}$$

einen sehr allgemeinen Ansatz dar, um beliebige Codierbedingungen zwischen Paaren von Zuständen zu erfassen. Dabei kann die Beziehung zwischen den Zuständen ungerichtet, wie bei Adjazenzbedingungen, oder gerichtet, wie bei Bedeckungs- und IZR-Bedingungen, sein.

Als Kompromißzielfunktion bietet sich eine skalare Präferenzfunktion

$$\kappa(\psi) = \sum_{\ell=1}^{k} k_\ell \kappa_\ell(\psi) \qquad (4.16)$$

mit konstanten Gewichtungsfaktoren $k_\ell \geq 0$ an. Richten sich die k_ℓ nach der Wahrscheinlichkeit, mit der die Erfüllung einer κ_ℓ zugrundeliegenden Codierbedingung zu einer Reduktion der Komplexität der kombinatorischen Logik führt, stellt $\kappa(\psi)$ eine gute Approximation von $K(\psi)$ dar[*]. Zu suchen ist eine Codierung ψ_{opt} mit

$$\forall\ \psi:\ \kappa(\psi_{opt}) \leq \kappa(\psi). \qquad (4.17)$$

Satz 4.27: Sind alle k_ℓ in (4.16) größer als 0, so ist jede optimale Lösung von (4.17) eine effiziente Lösung nach Definition 4.20.

Beweis (indirekt): Es existiere eine Lösung ψ_{opt} von (4.17), die nicht effizient ist, d. h. es gibt eine zweite Lösung ψ_{alt}, die ψ_{opt} dominiert, $\psi_{alt} > \psi_{opt}$. Nach Definition 4.19 gilt dann

$$\forall\ \ell:\ \kappa_\ell(\psi_{alt}) \leq \kappa_\ell(\psi_{opt}) \quad \wedge \quad \exists\ \ell:\ \kappa_\ell(\psi_{alt}) < \kappa_\ell(\psi_{opt}).$$

Daraus folgt, daß

$$\kappa(\psi_{alt}) = \sum_{\ell=1}^{k} \kappa_\ell(\psi_{alt}) < \sum_{\ell=1}^{k} \kappa_\ell(\psi_{opt}) = \kappa(\psi_{opt}).$$

Dies widerspricht aber der Tatsache, daß ψ_{opt} eine optimale Lösung von (4.17) sein soll. ∎

Falls nicht alle $k_\ell \neq 0$, ist zwar mindestens eine der optimalen Lösungen von (4.17) effizient, dies muß jedoch nicht für alle optimalen Lösungen zutreffen.

Beispiel 4.7 (Forts.): Für die Codierung $\psi(A) = 11$, $\psi(B) = 01$, $\psi(C) = 10$ erhält man Kosten $\alpha(\psi) = 0$, da die beiden Adjazenzgruppen {A,B} und {A,C} beide mit einer Hamming-Distanz von 1 codiert wurden, $\beta(\psi) = 0$, da A beide anderen Codebelegungen überdeckt und $\gamma(\psi) = -4$, da alle verbleibenden Zustandsübergänge A → B, B → C und (2 ×) C → A auf IZR-Übergänge abgebildet werden. Die Gesamtkosten mit $k_\ell = 1$ sind $\kappa(\psi) = \alpha(\psi) + \beta(\psi) + \gamma(\psi) = -4$, man erhält eine perfekte Lösung und gelangt zu einer (optimalen) Implementierung des Steuerwerks. Die PLA-Personalisierung ist in Bild 4.18 angegeben; sie kommt mit 3 Produkttermen aus, da die IZR-Übergänge mit Modus = 0 angesteuert werden und somit in einer zweistufigen disjunktiven Form nicht implementiert werden müssen.

---

[*] Dies wird in Abschnitt 4.4.4 weiter untersucht.

Zustand	Eingabe	Folge-zustand	Ausgabe	Modus
–0	0–	01	10	1
01	–1	10	01	1
1–	10	10	11	1

Bild 4.18: PLA-Personalisierung des Steuerwerks von Bild 4.13

4.4.2 Quadratische Zuordnungsprobleme

Wie im letzten Abschnitt gezeigt, kann das Zustandscodierungsproblem sehr allgemein als Minimierung einer Kostenfunktion vom Typ

$$\min_{\psi}: \quad \kappa(\psi) = \sum_{i=1}^{n} \sum_{j=1}^{n} \lambda_{ij} \cdot \mu_{\psi(i)\psi(j)} \tag{4.18}$$

formuliert werden. Es wird damit auf das schon in Abschnitt 4.2 eingeführte „quadratische Zuordnungsproblem" zurückgeführt, das ein Standardproblem der kombinatorischen Optimierung ist. Auf die NP-Vollständigkeit des Problems wurde bereits hingewiesen; um ein effizientes Verfahren zur Zustandscodierung zu erhalten, bedarf es also weiterhin einer Heuristik. Wegen der klaren mathematischen Struktur und der großen Relevanz des Zuordnungsproblems für andere Anwendungen, z. B. im Operations Research [Burk 84], kann eine solche aber erheblich leichter gefunden und evaluiert werden.

Repräsentiert man die Codierung $\psi: Z \rightarrow \{0,1\}^r$ durch eine boolesche $n \times 2^r$-Zuordnungsmatrix $X = (x_{ik})$, $x_{ik} = 1$ für $k = \psi(i)$ und $x_{ik} = 0$ für $k \neq \psi(i)$, erhält man eine alternative Formulierung des Problems als nichtlineares ganzzahliges Programm

$$\min_{X}: \quad \kappa(X) = \sum_{i,j,k,\ell} \lambda_{ij} \cdot \mu_{k\ell} \cdot x_{ik} \cdot x_{j\ell} \tag{4.19a}$$

$$\text{unter der Nebenbedingung} \quad \forall\, k: \quad \sum_{i} x_{ik} \leq 1 \tag{4.19b}$$

$$\forall\, i: \quad \sum_{k} x_{ik} = 1 \tag{4.19c}$$

$$\forall\, i, k: \quad x_{ik} \in \{0,1\}. \tag{4.19d}$$

Die $2^r + n$ linearen Nebenbedingungen (4.19b) und (4.19c) garantieren, daß X tatsächlich eine injektive Abbildung ψ repräsentiert, d. h. daß jeder Zustand genau ein Codewort zugewiesen bekommt (4.19c) und jedes Codewort höchstens einmal verwendet wird (4.19b). Das Produkt $x_{ik} \cdot x_{j\ell}$ in (4.19a) sorgt dafür, daß nur die Kostenanteile $\lambda_{ij} \cdot \mu_{\psi(i)\psi(j)}$ aufsummiert werden, d. h. solche Produkte $\lambda_{ij} \cdot \mu_{k\ell}$, für die $k = \psi(i)$ ($x_{ik} = 1$) und $\ell = \psi(j)$ ($x_{j\ell} = 1$) gilt.

Bevor im nächsten Abschnitt auf Algorithmen zur Lösung des quadratischen Zuordnungsproblems eingegangen wird, sollen zunächst noch einige Eigenschaften dieses Problems untersucht werden.

Satz 4.28: Die Lösung des quadratischen Zuordnungsproblems (4.18) ist invariant gegen positiv lineare Transformationen der Kostenkoeffizienten.

Beweis: Es seien $\lambda_{ij}' = t_1 \cdot \lambda_{ij} + t_2$, $\mu_{k\ell}' = t_3 \cdot \mu_{k\ell} + t_4$, mit $t_1, t_3 > 0$, $t_2, t_4 \in \mathbf{R}$.

$$\kappa'(\psi) = \sum_{i,j} \lambda_{ij}' \cdot \mu_{\psi(i)\psi(j)}'$$

$$= t_1 \cdot t_3 \cdot \sum_{i,j} \lambda_{ij} \cdot \mu_{\psi(i)\psi(j)} + t_2 \cdot t_3 \cdot \sum_{i,j} \mu_{\psi(i)\psi(j)} + t_1 \cdot t_4 \cdot \sum_{i,j} \lambda_{ij} + t_2 \cdot t_4$$

$$= t_5 \cdot \sum_{i,j} \lambda_{ij} \cdot \mu_{\psi(i)\psi(j)} + t_6 = t_5 \cdot \kappa(\psi) + t_6$$

mit $t_5 = t_1 \cdot t_3 > 0$, $t_6 \in \mathbf{R}$, da die Summen über alle λ_{ij} und $\mu_{\psi(i)\psi(j)}$ unabhängig von der Codierung ψ sind. Es gilt daher $\kappa(\psi_1) \le \kappa(\psi_2)$ genau dann, wenn $\kappa'(\psi_1) \le \kappa'(\psi_2)$. ∎

Falls die Anzahl zur Verfügung stehender Codewörter 2^r größer als die Anzahl der Zustände n ist und diese nicht wie in (4.18) implizit vorausgesetzt durch Dummy-Zustände auf 2^r erhöht wurde, gilt dieses Ergebnis allerdings nur für $t_2 = 0$, da nun die Summe $\sum_{i,j} \mu_{\psi(i)\psi(j)}$ von den tatsächlich verwendeten Codewörtern abhängt.

Aus Satz 4.28 läßt sich schließen, daß es für die einzelnen Kostenanteile $\kappa_\ell(\psi)$ aus Gleichung (4.16) nicht darauf ankommt, wie die Kostenkoeffizienten normiert sind; diese Normierung ist nur für die gegenseitige Abwägung der Kostenanteile maßgeblich. Setzt man in (4.16) die transformierten Kostenfunktionen $\kappa_\ell'(\psi) = t_{\ell 1} \cdot \kappa_\ell(\psi) + t_{\ell 2}$ ein, erhält man

$$\kappa'(\psi) = \sum_{\ell=1}^{k} k_\ell(t_{\ell 1} \cdot \kappa_\ell(\psi) + t_{\ell 2}) = \sum_{\ell=1}^{k} k_\ell \cdot t_{\ell 1} \cdot \kappa_\ell(\psi) + \sum_{\ell=1}^{k} k_\ell \cdot t_{\ell 2}$$

Der konstante zweite Summand spielt bei der Minimierung keine Rolle und kann vernachlässigt werden. Es wird deutlich, daß eine beliebige Normierung der Kostenfunktion $\kappa_\ell(\psi)$ mit $t_{\ell 1}$ durch die entsprechende Wahl eines Gewichtungsfaktors k_ℓ für diese Kostenfunktion kompensiert werden kann.

4.4.3 Algorithmen zur Lösung des Zuordnungsproblems

Das quadratische Zuordnungsproblem besitzt sehr viele Anwendungen, vor allem im Bereich des Operations Research [Burk 84], für die entsprechende Programme existieren. Exakte Algorithmen besitzen jedoch eine mit der Anzahl der Zustände exponentiell steigende Rechenkomplexität, so daß darauf basierende Programme nur für kleinere Beispiele (z. B. bis zu acht Zuständen) eingesetzt werden können. Auch ε-Approximationsalgorithmen, d. h. Algo-

rithmen, die eine Näherungslösung bestimmen, die um maximal $\varepsilon \cdot 100\,\%$ von
der optimalen Lösung abweicht,

$$\left| \frac{\kappa(\psi_{approx})}{\kappa(\psi_{opt})} - 1 \right| \leq \varepsilon, \qquad \varepsilon > 0 \tag{4.20}$$

leiden prinzipiell unter diesem Nachteil [SaGo 76].

Bei der Zustandscodierung besteht ein zusätzliches Problem darin, daß zwar
die einzelnen Kostenbestandteile $\kappa_\ell(\psi)$, nicht jedoch die Kompromißzielfunktion $\kappa(\psi)$ von Gleichung (4.16) die den meisten Algorithmen zugrunde liegende
Standardform (4.18) oder (4.19) haben. Im folgenden soll daher gezeigt werden,
wie man basierend auf einem üblichen Branch-and-Bound-Verfahren [BuDe
80] einen exakten Algorithmus zur Minimierung der Zielfunktion (4.16) erhalten kann. Weiterhin wird eine Heuristik vorgestellt, die zur Lösung von Problemen mit einer größeren Anzahl von Zuständen verwendbar ist.

4.4.3.1 Exaktes Verfahren

Zur Vereinfachung der Darstellung wird im folgenden $n = 2^r$ angenommen.
Dies stellt, wie schon früher ausgeführt, keine Einschränkung der Allgemein-
heit dar. Es sei $Z^m = \{Z_1, \dots Z_m\} \subseteq Z$ eine Menge bereits codierter Zustände. Eine
Codierung ψ führt dann zu folgendem Zielfunktionswert

$$\kappa(\psi) = \sum_\ell k_\ell \left[\sum_{i,j \in Z^m} \kappa_\ell(i,j,\psi) + \sum_{i \in Z^m, j \notin Z^m} \kappa_\ell(i,j,\psi) + \sum_{i \notin Z^m, j \in Z^m} \kappa_\ell(i,j,\psi) + \sum_{i,j \notin Z^m} \kappa_\ell(i,j,\psi) \right]$$

$$= \sum_{i,j \in Z^m} \kappa(i,j,\psi) + \sum_{i \in Z^m, j \notin Z^m} \kappa(i,j,\psi) + \sum_{i \notin Z^m, j \in Z^m} \kappa(i,j,\psi) + \sum_{i,j \notin Z^m} \kappa(i,j,\psi)] \tag{4.21}$$

$$\text{mit } \kappa(i,j,\psi) = \sum_\ell k_\ell \cdot \kappa_\ell(i,j,\psi) = \sum_\ell k_\ell \cdot \lambda_{ij}{}^\ell \cdot \mu_{\psi(i)\psi(j)}{}^\ell.$$

Der erste Summand in (4.21) kann exakt berechnet werden, die anderen Sum-
manden können mit einer unteren Schranke abgeschätzt werden. Diese untere
Schranke kann man etwa dadurch erhalten, daß man die Kosten berechnet,
die entstehen würden, ordnete man jedem der Zustände aus $Z \setminus Z^m$ unabhängig von den anderen uncodierten Zuständen das optimale noch unbenutzte Codewort zu [BuDe 80]. Dazu ist eine lineare Zuordnung von Zuständen $f \in Z \setminus Z^m$
zu noch unbenutzten Codewörtern g durchzuführen, wobei die Kosten c_{fg}
durch

$$c_{fg} = \sum_\ell k_\ell \left[\lambda_{ff}{}^\ell \cdot \mu_{gg}{}^\ell + \sum_{i \in Z^m} \lambda_{fi}{}^\ell \cdot \mu_{g\psi(i)}{}^\ell + \sum_{i \in Z^m} \lambda_{if}{}^\ell \cdot \mu_{\psi(i)g}{}^\ell \right]$$

gegeben sind. Durch die Berücksichtigung weiterer Randbedingungen läßt
sich die untere Schranke noch verbessern.

Das Verfahren startet damit, daß $Z^m = \emptyset$ gesetzt wird. Nach der Codierung eines Zustands Z_i mit minimalem Schätzwert der Kosten $\kappa_{est}(\psi) \leq \kappa(\psi)$ wird dieser zu Z^m hinzugefügt. Dies wird solange wiederholt, bis alle Zustände in Z^m

enthalten sind und der Schätzwert damit mit dem tatsächlichen Kostenfunktionswert übereinstimmt. Wird während des Verfahrens ein Schätzwert berechnet, der größer ist als der Schätzwert für eine vorher nicht weiterverfolgte Möglichkeit, wird ein *Backtracking* nötig (siehe Bild 4.19). Die Liste noch nicht fertig bearbeiteter Möglichkeiten wird mit L bezeichnet und enthält Elemente der Form $(Z^m, \psi, \kappa_{est}(\psi))$.

```
Prozedur QZUORDNUNG_B&B;
    Setze L:= Ø;
    Solange im ersten Listenelement von L  Z^m ≠ Z:
        Wähle noch nicht bearbeiteten Zustand Zj∉ Z^m;
        Für alle unbenutzten Codewörter aus {0,1}^r:
            Codiere Zj mit diesem Codewort;
            Aktualisiere ψ; Setze Z^m:= Z^m ∪ {Zj};
            Berechne eine untere Schranke κest(ψ);
            Sortiere (Z^m,ψ,κest(ψ)) nach aufsteigenden Kosten κest(ψ) in L ein;
        Gebe die Codierung ψ aus;
    END;
```

Bild 4.19: Optimaler Algorithmus zur quadratischen Zuordnung

Geeignete Heuristiken zur Auswahl des zu codierenden Zustands können die Laufzeit des Verfahrens verkürzen. So kann man aus der Lösung des linearen Zuordnungsproblems zur Berechnung der Kostenschranke auf günstige Möglichkeiten schließen [BuDe 80]. Schlimmstenfalls müssen aber alle möglichen Codezuweisungen untersucht werden, so daß der Aufwand des Verfahrens exponentiell mit der Anzahl der Zustände ansteigt.

4.4.3.2 Konstruktives heuristisches Verfahren

Da das quadratische Zuordnungsproblem durch den vorgestellten Algorithmus nur für kleine Zustandsanzahlen optimal gelöst werden kann, wird zur Ergänzung ein heuristisches Verfahren vorgestellt, das zwar unter Umständen zu suboptimalen Lösungen führt, dessen Laufzeit aber nur polynomial mit der Anzahl der Zustände anwächst.

Spaltet man die Zustandsmenge in drei disjunkte Teilmengen

$$Z = Z^m \cup \{k\} \cup Z^{rest} \tag{4.22}$$

auf, so daß Z^m wieder die Menge bereits codierter Zustände darstellt und k der als nächstes zu codierende Zustand ist, erhält man analog zu Gleichung (4.21) eine Unterteilung der Kosten in drei Bestandteile $K = K_1 + K_2 + K_3$. Der erste Kostenbestandteil

$$K_1(Z^m, \psi) = \sum_{i,j \in Z^m} \kappa(i, j, \psi) \tag{4.23}$$

wird durch die Codierung von Zustand k nicht beeinflußt, ein zweiter Teil der Kosten läßt sich nach der Festlegung des Codewortes $\psi(k)$ für den Zustand k berechnen,

$$K_2(Z^m, k, \psi) = \sum_{i \in Z^m} \kappa(i, k, \psi) + \sum_{j \in Z^m} \kappa(k, j, \psi), \qquad (4.24)$$

der dritte Teil $K_3(Z^m, k, Z^{rest}, \psi)$ hängt von der Codierung der Zustände in Z^{rest} ab.

Definition 4.29: Eine Zustandsbelegung $\psi(k)$ für einen Zustand k heißt *lokal optimal* in Bezug auf eine codierte Zustandsmenge Z^m, wenn die Teilkosten (4.24) minimal bezüglich aller möglichen Codewörter für Zustand k sind.

Eine obere Schranke $\tilde{K}_3$ für die Restkosten, $\tilde{K}_3 \geq K_3$, erhält man, indem man nacheinander jedem Zustand in Z^{rest} die lokal optimale Zustandsbelegung zuweist. Verwendet man diese obere Schranke als Schätzwert für die verbleibenden Kosten, ergibt sich die günstigste Codebelegung für Zustand k durch Minimierung von $K_2 + \tilde{K}_3$ über alle Codebelegungen $\psi(k)$. Damit erhält man den Algorithmus in Bild 4.20.

Die Beschränkung auf die lokal optimale Codebelegung ermöglicht es im Gegensatz zum exakten Verfahren, wo implizit alle Kombinationen von Codebelegungen miteinander verglichen werden, einen exponentiell wachsenden Aufwand zu vermeiden. Die resultierende Zustandscodierung hängt allerdings von der Reihenfolge der Bearbeitung der Zustände ab.

```
Prozedur QZUORDNUNG_HEUR;
      Setze m:= 0, Z^m := Ø, Z^rest = Z;
      Solange noch uncodierte Zustände, d. h. Z^rest ≠ Ø:
            Wähle noch nicht codierten Zustand Z_k ∈ Z^rest;
            Für alle unbenutzten Codewörter aus {0,1}^r:
                  Codiere Z_k mit diesem Codewort;
                  Für i := 1 bis |Z^rest| - 1:
                        Wähle noch nicht bearbeiteten Zustand Z_j;
                        Weise Z_j temporär die lokal optimale Codebelegung ψ(Z_j) zu;
                        Markiere den Zustand als bearbeitet;
                  Berechne die Kosten K_2 + K̃_3;
                  Lösche temporäre Codebelegungen ψ(Z_j) und Markierungen;
            Weise Z_k die Codebelegung mit minimalen Kosten K_2 + K̃_3 zu;
            Setze m := m + 1, Z^m := Z^m ∪ {Z_k}, Z^rest := Z^rest \ {Z_k};
      Gebe die Codierung aus;
END;
```

Bild 4.20: Heuristischer Algorithmus zur quadratischen Zuordnung

Eine günstige Heuristik zur Reihenfolgefestlegung besteht darin, zunächst Zustände zu codieren, die einen großen Beitrag zu den Gesamtkosten leisten können, da dann die nicht genau vorherzusagenden Restkosten K_3 verkleinert werden. Im Grenzfall verschwindender Restkosten $K_3 = 0$ ist eine lokal optimale Codebelegung bezüglich einer bereits codierten Zustandsmenge Z^m auch global optimal. Abhängig von den Kostenkoeffizienten $\lambda_{ij}{}^\ell$ (vgl. Gleichung 4.21) in der Kostenfunktion (4.16) können die einzelnen Zustände unterschiedlich große Beiträge zu den Gesamtkosten liefern. Einige Möglichkeiten, den nächsten zu codierenden Zustand in Abhängigkeit davon auszuwählen, sind im folgenden zusammengestellt:

$$c_1(k) = \sum_\ell k_\ell \sum_{i \in Z} (\lambda_{ik}{}^\ell + \lambda_{ki}{}^\ell) \qquad \rightarrow \max \qquad (4.25a)$$

$$c_2(k) = \sum_\ell k_\ell \sum_{i \in Z^m \cup \{k\}} (\lambda_{ik}{}^\ell + \lambda_{ki}{}^\ell) \qquad \rightarrow \max \qquad (4.25b)$$

$$c_3(k) = \sum_\ell k_\ell \cdot \max_{i \in Z} (\lambda_{ik}{}^\ell, \lambda_{ki}{}^\ell)) \qquad \rightarrow \max \qquad (4.25c)$$

$$c_4(k) = \sum_\ell k_\ell \cdot \max_{i \in Z^m \cup \{k\}} (\lambda_{ik}{}^\ell, \lambda_{ki}{}^\ell)) \qquad \rightarrow \max. \qquad (4.25d)$$

Während c_1 und c_2 Kostenkoeffizienten summieren, wird in c_3 und c_4 nur der größte Kostenkoeffizient berücksichtigt. Sowohl c_2 als auch c_4 beziehen sich nur auf bisher zugewiesene Zustände, während in c_1 und c_3 auch die Verbindungen von k zu anderen Zuständen eingehen. Experimentell zeigte es sich, daß (4.25b) für Zuordnungsprobleme, die bei der Zustandscodierung auftreten, im allgemeinen die besten Ergebnisse liefert.

Die Zeit, um einen Zustand auszuwählen, wächst somit wie die Zeit zur Bestimmung einer lokal optimalen Codebelegung quadratisch mit der Anzahl der Zustände. Da für jeden zu codierenden Zustand alle noch verfügbaren Codebelegungen bewertet werden und dazu für alle verbleibenden Zustände eine lokal optimale Codebelegung bestimmt wird, ergibt sich insgesamt eine Komplexität $O(n^5)$.

4.4.3.3 Evaluierung der Heuristik

Da es aufgrund der NP-Vollständigkeit von ε-Approximationsalgorithmen für quadratische Zuordnungsprobleme nicht möglich ist, für polynomiale Algorithmen ein Gütegarantie zu geben, wurde das Verfahren von Bild 4.20 experimentell evaluiert. Zu Vergleichszwecken wurde zusätzlich ein auf „simulated annealing" [KiGV 83] basierender Algorithmus implementiert, der ein in [BuRe 84] vorgestelltes Verfahren auf Kostenfunktionen vom Typ (4.16) erweitert. Die Ergebnisse für Zuordnungsprobleme verschiedener Größen n sind in Tabelle 4.3 zusammengefaßt. Die Kosten entsprechen dem Wert der Kostenfunktion nach Abschluß der Codierung, CPU-Zeiten sind in Sekunden auf einer 3 MIPS-Maschine angegeben. Der exakte Algorithmus von Bild 4.19

liefert aufgrund des exponentiellen Wachstums der Rechenzeit mit der Problemgröße nur für kleine Beispiele in akzeptabler Zeit Ergebnisse. Es zeigt sich, daß der im letzten Abschnitt dargestellte heuristische Ansatz trotz seiner hohen Komplexität für die in der Zustandscodierung typischen Problemgrößen im allgemeinen sehr gut geeignet ist und auch von der Qualität her mit dem sehr viel mehr Zeit benötigenden „simulated annealing"-Algorithmus konkurrieren kann. Für größere Zustandsanzahlen ($n \geq 40$) wurde allerdings die Abschätzung für K_3 vergröbert, indem nur noch eine begrenzte Anzahl von Zuständen aus Z^{rest} in $\tilde{K}_3$ berücksichtigt wird.

Tabelle 4.3: Vergleich verschiedener Programme zur quadratischen Zuordnung

| Problemgröße | exaktes Programm | | heurist. Programm | | simulated annealing | |
n	Kosten	CPU-Zeit	Kosten	CPU-Zeit	Kosten	CPU-Zeit
5	272	0,1	272	0,0	277	258,9
10	1329	105,0	1347	0,4	1353	386,2
12	2215	5948,7	2261	0,5	2269	475,5
15		> 1 Tag	3699	2,7	3677	501,1
20			7878	11,0	7892	659,4
25			13708	32,6	13499	739,1
30			20618	80,9	20338	797,7
50			66677	35,9	65020	2030,4
100			317464	319,6	312003	7752,7
150			787877	1846,3	770493	13378,4
200			1463771	5737,5	1441922	23878,6

4.4.4 Untersuchungen zur Qualität der Lösung

4.4.4.1 Theoretische Validierung

Selbst wenn eine optimale Lösung des quadratischen Zuordnungsproblems (4.18) erhalten werden kann, muß diese Lösung nicht optimal bezüglich des ursprünglichen Zustandscodierungsproblems sein. Die Kostenfunktionen von Abschnitt 4.4.1 erlauben es zwar, die üblichen Heuristiken zur Zustandscodierung mathematisch exakter zu fassen, es handelt sich aber weiterhin nur um heuristische Gütemaße. Besonders kritisch ist die Kostenfunktion (4.12) für Adjazenzbedingungen bei zweistufiger Realisierung der Kombinatorik, da lediglich Beziehungen zwischen *Paaren* von Zuständen repräsentiert werden können. Eine Adjazenzgruppe mit m Zuständen, die in einem kleinstmöglichen Unterraum des r-dimensionalen booleschen Raumes codiert werden soll, wird in $\frac{1}{2}$m (m - 1) Zustandspaare aufgespalten. Die Minimierung (4.18) hat zum Ziel, alle diese Zustandspaare mit einer Hamming-Distanz von 1 zu codieren, was natürlich (für m > 2) nicht möglich ist. Bei g Zustandsgruppen mit m_i Zuständen pro Gruppe (i = 1 ... g) können maximal

$$\sum_{i=1}^{g} (m_i - 1) = \sum_{i=1}^{g} m_i - g$$

Produktterme eingespart werden, wenn alle m_i Transitionen einer Gruppe mit einem Produktterm realisierbar sind.

Innerhalb einer einzelnen Adjazenzgruppe kann die Minimierung von $\sum \frac{1}{2} a_{ij} \cdot d_{\psi(i)\psi(j)}$ zu einer Minimierung von $\sum d_{\psi(i)\psi(j)}$ über alle zulässigen Codewortpaare $\psi(i)$, $\psi(j)$ vereinfacht werden, da $\frac{1}{2} a_{ij}$ innerhalb dieser Gruppe eine Konstante ist. Alternativ kann $\sum (1 - d_{\psi(i)\psi(j)})$ maximiert werden, d. h. man sucht eine Codierung mit der maximalen Anzahl benachbarter Zustandsbelegungen ($d_{\psi(i)\psi(j)} = 0$).

Codierungen mit isolierten Zustandsbelegungen, d. h. Codewörtern, die keinem anderen Codewort benachbart sind, führen sicherlich nicht zur optimalen Lösung; die Anzahl von Nachbarschaften könnte einfach dadurch erhöht werden, daß der isolierte Zustand einem unbenutzten Codewort zugewiesen wird, der benachbart zu einem der anderen Codewörter liegt. Die verbleibenden Möglichkeiten für das Beispiel m = 4 illustriert Bild 4.21.

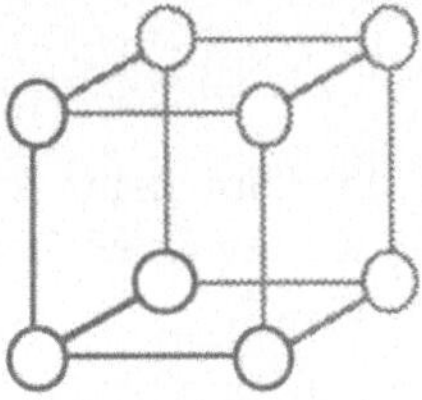
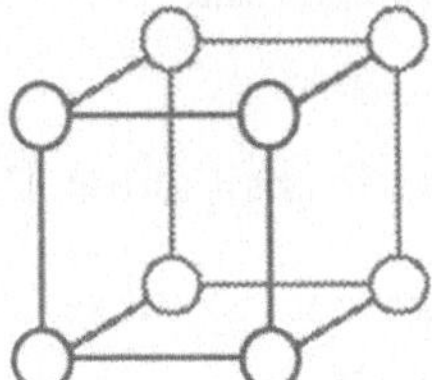

3 Nachbarschaften 4 Nachbarschaften

Bild 4.21: Codiermöglichkeiten einer Adjazenzgruppe mit m = 4 Zuständen

Im folgenden wird gezeigt, daß die Maximierung der Anzahl benachbart codierter Zustandspaare nicht nur garantiert, daß diese Paare zusammengefaßt werden können, sondern daß alle Adjazenzgruppen $G \subseteq Z$ mit einer beliebigen Anzahl von Zuständen m = $|G|$ in einem minimalen booleschen Unterraum (Hyperwürfel) der Dimension k = $\lceil \mathrm{ld}\, m \rceil$ codiert werden. Folglich können für den Fall von m = 2^k Zustanden in der Adjazenzgruppe tatsächlich alle betroffenen Transitionen mit einem Produktterm realisiert werden.

Es sei m = $\sum_{i=0}^{k} c_i \cdot 2^i$, $c_i \in \{0, 1\}$, $c_k = 1$, die Binärdarstellung von m und #c =

$|\{c_i \mid c_i = 1\}|$ die Anzahl der Einsen in dieser Binärdarstellung. Wie leicht validiert werden kann, ist die Anzahl der Kanten in einem Hyperwürfel der Dimension k gleich $\frac{1}{2} m \cdot k$.

Satz 4.30 [EsWu 91]: Werden die Elemente einer Adjazenzgruppe G in einem booleschen Unterraum minimaler Dimension $\lceil ld\ |G| \rceil$ eingebettet und werden dabei die #c Teilmengen der Mächtigkeit 2^i von G (die zu den Werten $c_i = 1$ gehören) in Hyperwürfeln der Dimension i codiert, wird die Anzahl paarweise benachbarter Zustandsbelegungen maximal.

Beweis (durch Induktion über k): Es sei A(G) die maximale Anzahl paarweiser Nachbarschaften in einer Zustandsgruppe G und $A(G_0, G_1)$ die maximale Anzahl paarweiser Nachbarschaften zwischen Zuständen unterschiedlicher Zustandsgruppen G_0 und G_1.

①   Induktionsanfang: k = 1, m $\in$ {1,2,3}, trivial.

②   Induktionsvoraussetzung: Satz 4.30 gelte für k - 1, $m = \sum_{i=0}^{k-1} c_i 2^i$.

③   Induktionsbehauptung: Satz 4.30 gilt für k, $m' = \sum_{i=0}^{k} c_i 2^i$.

④   Induktionsbeweis:

Fall α) $m' = 2^k$.

Wurden die Zustände in einem Hyperwürfel der Dimension k codiert, existiert eine Zustandsvariable z_i, die G in zwei disjunkte Teilmengen $G_0 = \{Z_j \in Z \mid z_i = 0\}$ und $G_1 = \{Z_j \in Z \mid z_i = 1\}$ zerlegt. Beide Teilmengen enthalten

$$|G_0| = |G_1| = \frac{m'}{2} = 2^{k-1}$$

Elemente und sind in disjunkten Hyperwürfeln der Dimension k - 1 codiert. Wegen ② wird die Anzahl benachbarter Codewörter innerhalb der Teilmengen durch diese Codierung maximiert,

$$A(G_0) = A(G_1) = \frac{1}{2} \frac{m'}{2} (k - 1).$$

Die Anzahl der Nachbarschaften zwischen den disjunkten Hyperwürfeln G_0 und G_1 wird durch

$$A(G_0, G_1) \le \min(|G_0|, |G_1|)$$

nach oben beschränkt. Daher gilt

$$A(G) = A(G_0) + A(G_1) + A(G_0, G_1) \le 2 \cdot \frac{1}{2} \frac{m'}{2} (k - 1) + \frac{m'}{2} = \frac{1}{2} m'k.$$

Der Ausdruck $\frac{1}{2} m'k$ bildet also eine obere Schranke für A(G). Durch die Codierung der Zustände von G in einem Hyperwürfel der Dimension k wird diese Schranke erreicht, d. h. die Anzahl von Nachbarschaften maximiert.

Fall β) $m' > 2^k$.

Der Beweis geht analog zu α), indem eine Zustandsvariable dazu benutzt wird, G in zwei disjunkte Teilmengen G_0, $|G_0| = 2^k$ und G_1, $|G_1| < 2^k$ aufzuspalten.   ∎

Experimentell zeigt sich, daß der Ersatz der Distanzmatrix DM aus Definition 4.22 (mit $d_{ij} \in \{0, 1\}$) durch DM' aus Definition 4.22a ($d_{ij}' = HD(i, j) \in \mathbb{N}$) auch für zweistufige Logik zu einer Verbesserung führt. Der Grund ist, daß DM' mehr Information als DM über die Beziehungen der Zustandsbelegungen untereinander enthält. Allerdings gilt die Optimalitätsaussage von Satz 4.30 bei dieser Festlegung nicht mehr.

Wenn m keine Zweierpotenz ist und die Gesamtzahl von Zuständen n kleiner als die Anzahl verfügbarer Codewörter $s = 2^r$ ist, können die erfaßten Transitionen unter Umständen mit weniger als #c Produkttermen realisiert werden, indem einige Codewörter des Codier-Hyperwürfels ungenutzt bleiben (vgl. Bild 4.3). Die Kostenfunktion (4.12) spiegelt diese Möglichkeit nicht wider. Durch die Zuweisung kleiner negativer Werte zu allen Koeffizienten $a_{ij} = 0$ können nicht benachbarte Zustände aber in separate Hyperwürfel gezwungen werden. Das Konzept läßt sich mit einer Analogie aus der Mechanik illustrieren (siehe Bild 4.22 für das Beispiel von Bild 4.13). Die Werte a_{ij} werden als Federkonstanten interpretiert, wobei einige Federn ($a_{ij} > 0$) Zustandspaare zusammenziehen, andere ($a_{ij} < 0$) sie voneinander wegtreiben. Die Kraft, die auf eine Feder wirkt, ergibt sich aus dem Produkt dieser Federkonstanten und der Dehnung der Feder, in diesem Falle also der Hamming-Distanz $d_{\psi(i)\psi(j)}$ zwischen den Codewörtern. Ziel ist es, die Summe aller Kräfte $a_{ij} \cdot d_{\psi(i)\psi(j)}$ zu minimieren, unter der Nebenbedingung, daß jedem Punkt des r-dimensionalen booleschen Raumes nur ein Zustand zugewiesen werden kann.

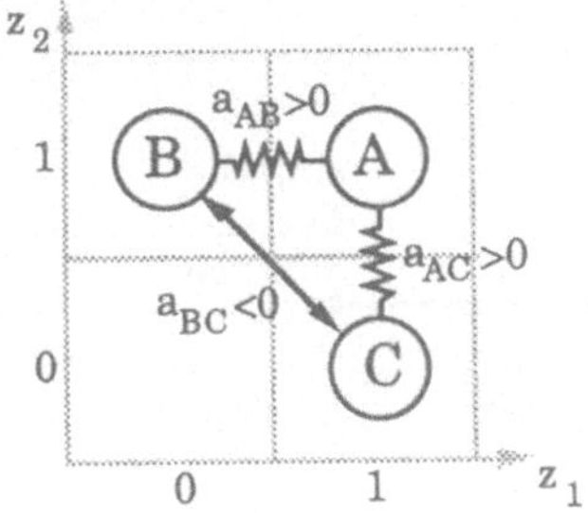

Bild 4.22: Mechanisches Modell zur Erfüllung von Adjazenzbedingungen

4.4.4.2 *Experimentelle Validierung*

Zu entscheiden, ob eine boolesche Funktion in zweistufiger Form mit höchstens K Produkttermen realisiert werden kann, ist ein NP-vollständiges Problem (Satz 2.19). Man kann daher nicht erwarten, eine Kostenfunktion für eine gegebene Zustandscodierung zu finden, die die Komplexität der resultierenden kombinatorischen Logik genau vorhersagt und gleichzeitig in polynomialer Zeit berechnet werden kann. Um als Heuristik brauchbar zu sein, muß die Kostenfunktion „gute" und „schlechte" Codierungen aber mit einer großen Wahrscheinlichkeit als solche identifizieren können. Weiterhin ist es nicht praktikabel, größere boolesche Funktionen exakt zu minimieren. Selbst wenn die optimale Zustandscodierung bekannt wäre, könnte diese daher nach einer üblichen heuristischen Minimierung der Schaltfunktionen unter Umständen nicht zur besten in der Realität erhältlichen Implementierung führen. Aus diesen Gründen kann die Qualität einer Kostenfunktion letztendlich immer nur experimentell validiert werden.

Dazu wurde für mehrere Schaltwerksbeispiele eine große Anzahl von Zufallscodierungen generiert. Für jede Codierung wurden die Kostenfunktionen $\alpha(\psi)$ und $\alpha(\psi) + \gamma(\psi)$ berechnet und die resultierende kombinatorische Logik zum Vergleich mit einem Standard-Minimierungsprogramm für zweistufige Logik optimiert. Die Ergebnisse für ein typisches Beispiel sind in Bild 4.23 dokumentiert. Auf der Abszisse ist der normierte Wert der Kostenfunktion $\alpha(\psi)$ (Bild 4.23a) bzw. $\alpha(\psi) + \gamma(\psi)$ (Bild 4.23b) aufgetragen, auf der Ordinate die normierte Anzahl von Produkttermen.

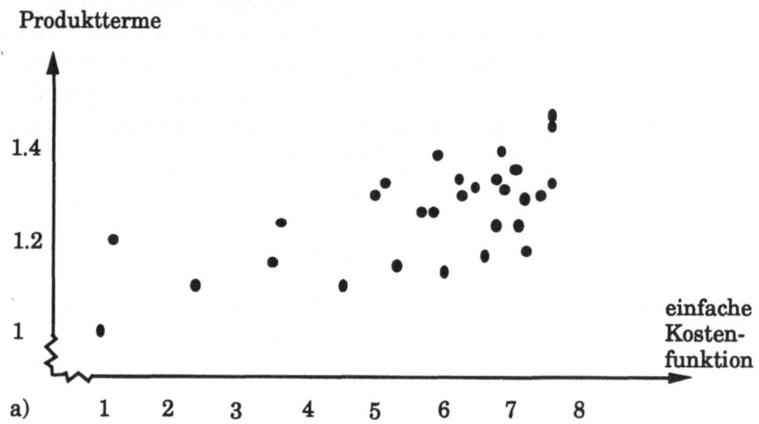

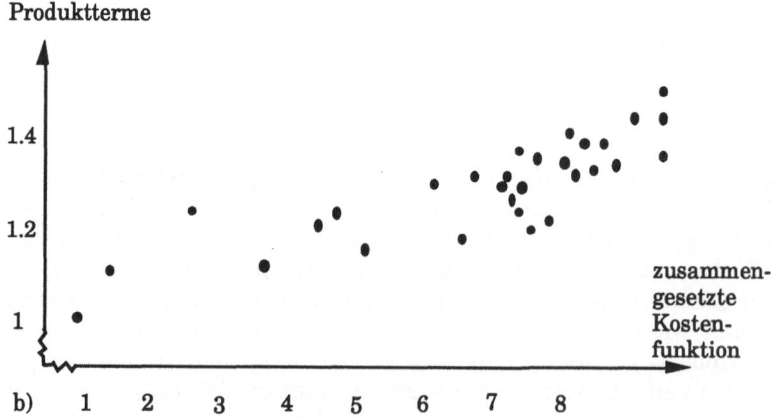

Bild 4.23: Vorhersagekraft verschiedener Kostenfunktionen

Es zeigt sich, daß die konventionelle Kostenfunktion $\alpha(\psi)$ eine mittelmäßige Abschätzung der Qualität von Zustandscodierungen liefert. Der Korrelationskoeffizient einer linearen Regression in Bild 4.23a ist $r = 0{,}64$, Spearman's Rangkorrelationskoeffizient beträgt $r_S = 0{,}62$. Die Aussagekraft von $\alpha(\psi)$ ist besonders dann niedrig, wenn nur eine kleine Anzahl von Adjazenzbedingungen hergeleitet werden kann. In diesem Fall hängt die Minimierung hauptsächlich von Sekundäreffekten ab, die in $\alpha(\psi)$ nicht modelliert sind. Durch die Ausnutzung von IZR-Übergängen können auch Zustandsübergänge minimiert werden, die nicht zu Adjazenzbedingungen führen. Dies ist in der Kostenfunktion $\alpha(\psi) + \gamma(\psi)$ berücksichtigt, die daher eine bessere Abschätzung der Komplexität der kombinatorischen Logik erlaubt. Der Korrelationskoeffizient einer linearen Regression in Bild 4.23b ist $r = 0{,}81$, Spearman's Rangkorrelationskoeffizient $r_S = 0{,}77$.

5 Steuerwerke mit integrierten Selbsttestregistern

In Abschnitt 5.1 wird zunächst dargestellt, wie bei der Steuerwerkssynthese Testmustergeneratoren zur Realisierung eines Teils der Systemfunktion ausgenutzt werden können. Die Verwendung von Selbsttestregistern, die zur Auswertung der Testantworten dienen, wird in Abschnitt 5.2 behandelt. Abschnitt 5.3 erörtert den Entwurf von Steuerwerken mit parallelem Selbsttest, bei denen das Zustandsregister sowohl zur Erzeugung von Testmustern als auch zur Analyse der Testantworten dient. Vor- und Nachteile der verschiedenen Selbstteststrukturen werden in Abschnitt 5.4 verglichen.

5.1 Einbeziehung von Testmustergeneratoren in die Synthese

5.1.1 Nutzung der Generatoreigenschaft

In Abschnitt 3.2 wurden bereits grundlegende Ideen vorgestellt, wie Selbsttestregister zur Testmustererzeugung bei der Steuerwerkssynthese ausgenutzt werden können. Die optimierte Selbstteststruktur I von Bild 3.8b wird in Bild 5.1 nochmals wiedergegeben. Das Signaturregister kann dabei in neueren Technologien wie CrossCheck [Ghee 89], bei denen zahlreiche Schaltungspunkte beobachtbar sind, wegfallen.

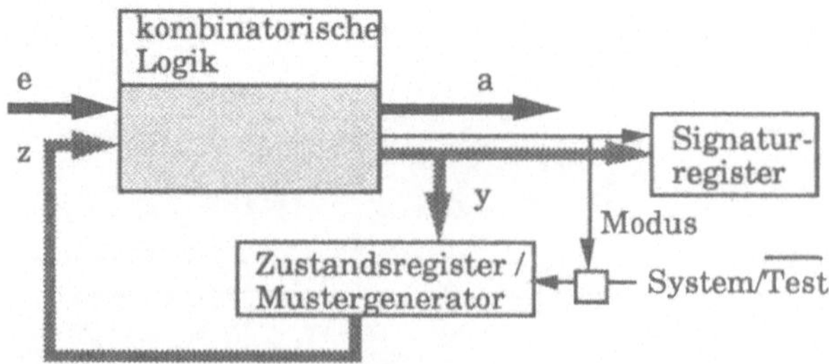

Bild 5.1: Steuerwerksstruktur zur Ausnutzung des Testmustergenerators

Schaltungen zur Testmustererzeugung durchlaufen im autonomen Betrieb einen festgelegten Zyklus von Zuständen, deren Codewörter als Testmuster zur Stimulierung von Schaltungseingängen dienen. Im Systembetrieb kann dieses Verhalten immer dann ausgenutzt werden, wenn die Codebelegungen von Zustand und Folgezustand aufeinanderfolgende Elemente der Testmustersequenz sind. Wenn eine benötigte Folgezustandsbelegung durch den Testmustergenerator erzeugt wird, der zu Testzwecken ohnehin implementiert werden muß, ist es nicht nötig, ihn in der Folgezustandslogik des Steuerwerkes selbst zu erzeugen. Vielmehr muß lediglich eine Möglichkeit geschaffen werden, den autonomen Betrieb des Testmustergenerators während des Systembetriebs zu aktivieren. In Bild 5.1 geschieht dies mit dem zusätzlichen Ausgabesignal „Modus". Immer wenn dieses Signal das Zustandsregister in die Betriebsart zur Testmustererzeugung umschaltet, können die Ansteuervariablen y für das Zustandsregister beliebige Werte annehmen; der Folgezustand ist von ihnen unabhängig und nur durch den autonomen Betrieb des Selbsttestregisters bestimmt. Sind die Ansteuervariablen beliebig, können sie so festgelegt werden, daß die größtmögliche Reduzierung der Steuerwerkskomplexität resultiert. Im anderen Fall arbeiten die D-Flipflops des Steuerwerks im normalen Modus, der Folgezustand kann in konventioneller Weise von der kombinatorischen Logik des Steuerwerks erzeugt und in die Speicherelemente geladen werden.

In Tabelle 5.1 sind die drei Betriebsarten des Selbsttestregisters nochmals zusammengefaßt. Durch die einem konventionellen Selbsttestregister entsprechende Steuervariable System/Test wird von außen vorgegeben, ob die Schaltung im System- oder Testbetrieb arbeiten soll. Die Codierung der Variablen „Modus" wird so gewählt, daß das Selbsttestregister im Systembetrieb bei Modus = 0 Testmuster generiert und bei Modus = 1 im D-Flipflop-Betrieb arbeitet. Dies hat den Vorteil, daß bei einer zweistufigen Realisierung der kombinatorischen Logik mit Bündelminimierung nur ein geringer Aufwand zur Erzeugung dieser Variablen entsteht: Soll in eines der D-Flipflops eine logische 1 geschrieben werden, muß dafür ohnehin ein Produktterm vorhanden sein; dieser Produktterm kann dann auch zur Erzeugung des entsprechenden Modus-Wertes verwendet werden. Die modifizierte Steuervariable für das Selbsttestregister kann dann mit nur einem zusätzlichen UND-Gatter aus den Signalen System/Test und Modus erzeugt werden.

Tabelle 5.1: Modifizierte Ansteuerung des Selbsttestregisters

System/Test	Modus	mod. Steuervariable
0 (Testmuster erzeugen)	–	0 (Testmuster erzeugen)
1 (Systembetrieb)	0	0 (Testmuster erzeugen)
1 (Systembetrieb)	1	1 (D-Flipflop-Betrieb)

Beispiel 4.7 (Forts.): **Für das Steuerwerk in Beispiel 4.7 wurde in Bild 4.17 bereits die zugehörige PLA-Personalisierung angegeben. Vier Produktterme konnten eingespart werden, indem die frei verfügbaren Folgezustandsbelegungen der zugehörigen Testregister-Übergänge zu 00 festgelegt wurden und bei einer Ausgabe 00 und Modus = 0 keinen Beitrag zur disjunktiven Form der Ansteuer- und Ausgangsgleichungen mehr leisten. Dabei wurde als Selbsttestregister ein linear rückgekoppeltes Schieberegister mit dem Rückkopplungspolynom p(x) = 1 + x + x^2 verwendet. Die vollständige optimierte Selbstteststruktur ergibt sich dann gemäß Bild 5.2.**

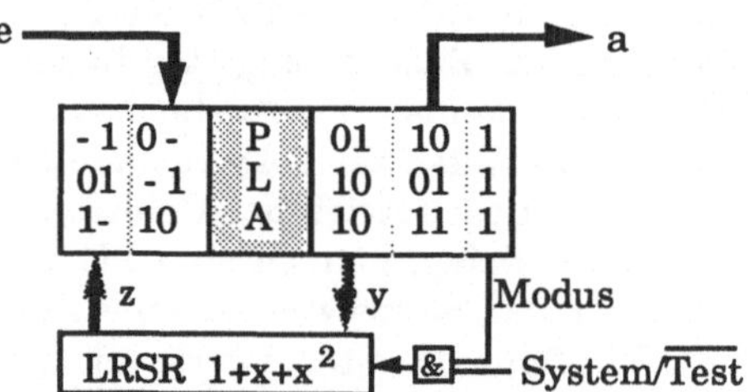

Bild 5.2: Optimierte Selbstteststruktur

5.1.2 Synthese optimierter selbsttestbarer Steuerwerke

Wie groß die Einsparungen sind, die sich durch ein Zustandsregister erweiterter Funktionalität („intelligentes" Zustandsregister, IZR) erzielen lassen, hängt von der Zustandscodierung ab. In Abschnitt 4.4 wurde bereits ein Algorithmus zur Optimierung solcher Codierungen angegeben. Er ist für den Spezialfall, in dem Testmustergeneratoren als Zustandsregister eingesetzt werden, ohne Einschränkungen anwendbar. Bild 5.3 gibt daher nur nochmals einen Überblick über die einzelnen Schritte des Syntheseprozesses.

Man geht von einer Verhaltensbeschreibung des Steuerwerks und einer vorgegebenen Selbstteststrategie aus. Zu dieser Selbstteststrategie gehört eine Klasse von Selbsttestregistern zur Erzeugung der Testmuster, z. B. linear oder nichtlinear rückgekoppelte Schieberegister oder zellulare Automaten. Aus der Steuerwerksbeschreibung gewinnt man die notwendige Codelänge* r_0 und durch symbolische Minimierung eine Sammlung von Codierbedingungen. Diese Information wird in den Matrizen AM, BM, TM, DM, CM gemäß Abschnitt 4.4.1 zusammengefaßt und aufbereitet. Die Beschreibung des Testmustergenerators wird in die Musterfolgematrix MM umgesetzt. Diese Matrizen zusammen mit der Vorgabe des Entwurfsstils (zweistufige/mehrstufige Logik) parametrisieren den Algorithmus zur Zustandscodierung, der das zugrundeliegende quadratische Zuordnungsproblem löst. Für kleine Steuerwer-

---

* Eine Vorgabe r > r_0 ist gleichfalls möglich.

ke kann eine optimale Lösung des Zuordnungsproblems bestimmt werden, bei größeren Schaltungen muß man sich in der Regel mit einer suboptimalen Lösung begnügen. Der resultierende Kostenwert kann für mehrere Testmustergeneratoren der vorgegebenen Klasse verglichen werden, um das für die vorliegende Anwendung optimale Selbsttestregister zu finden. Danach kann eine (zwei- oder mehrstufige) Logikminimierung durchgeführt und mit einem entsprechend konfigurierten Zellgenerator ein Layout des Steuerwerks generiert werden.

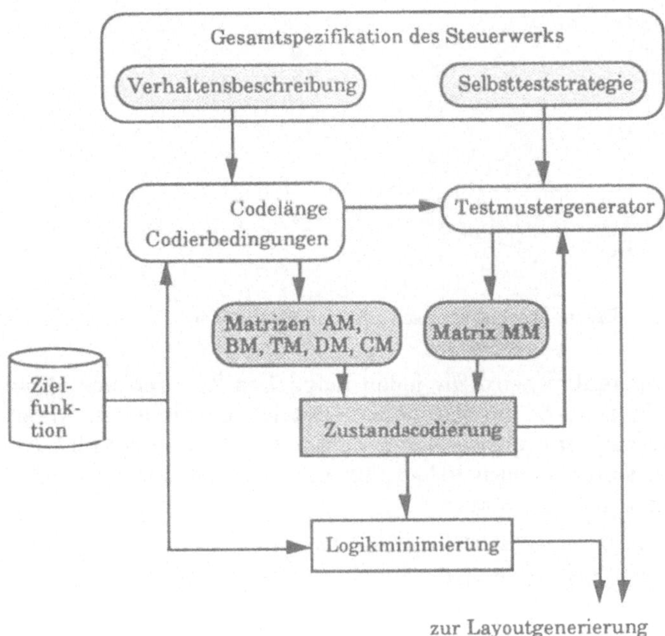

Bild 5.3: Syntheseprozeß für optimierte selbsttestbare Steuerwerke

Beispiel 5.1: Die Umsetzung der vorgegebenen Testspezifikation in eine Musterfolgematrix sei an einem einfachen Beispiel erläutert. Eine Schaltung mit 3 Eingängen z_1, z_2 und z_3 und 3 Ausgängen y_1, y_2 und y_3, bei der jeder Ausgang von je zwei Eingängen abhängt, sei pseudoerschöpfend zu testen. Dazu muß eine Folge von Testmustern erzeugt werden, die für jedes Paar von Eingängen z_1z_2, z_1z_3 und z_2z_3 alle 4 möglichen binären Belegungen enthält. Testmuster mit dieser Eigenschaft können z. B. mit einem modularen LRSR oder mit dem nichtlinear rückgekoppelten Schieberegister (NRSR) von Bild 5.4 erzeugt werden [Hell 91]. Die 5 Testmuster, die ausgehend vom Grundzustand 000 durchlaufen werden, enthalten für jedes Paar von Eingängen alle Kombinationen von Eingabewerten. Das NRSR soll im folgenden als ein Vertreter der Klasse möglicher Selbsttestregister weiter behandelt werden.

Mustergenerator

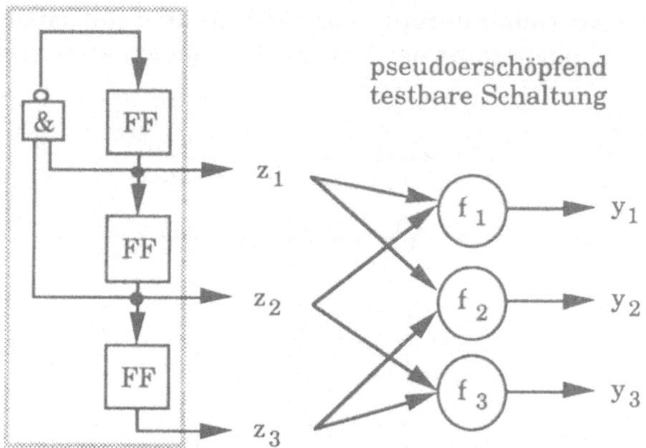

Bild 5.4: NRSR zur Erzeugung pseudoerschöpfender Testmuster

In der Musterfolgematrix wird für jeden möglichen Zustand des Mustergenerators der Folgezustand im autonomen Betrieb eingetragen. Außer den zur Testmustererzeugung notwendigen Zustandsübergängen $000 \rightarrow 100 \rightarrow 110 \rightarrow 011 \rightarrow 101$ sind dies noch $101 \rightarrow 110$, $111 \rightarrow 011$, $010 \rightarrow 101$ und $001 \rightarrow 100$. Daraus erhält man die Matrix

$$MM = \begin{vmatrix} 0 & 0 & 0 & 0 & 1 & 0 & 0 & 0 \\ 0 & 0 & 0 & 0 & 1 & 0 & 0 & 0 \\ 0 & 0 & 0 & 0 & 0 & 1 & 0 & 0 \\ 0 & 0 & 0 & 0 & 0 & 1 & 0 & 0 \\ 0 & 0 & 0 & 0 & 0 & 0 & 1 & 0 \\ 0 & 0 & 0 & 0 & 0 & 0 & 1 & 0 \\ 0 & 0 & 0 & 1 & 0 & 0 & 0 & 0 \\ 0 & 0 & 0 & 1 & 0 & 0 & 0 & 0 \end{vmatrix},$$

wobei die Spalten-/Zeilenfolge der Reihenfolge der als Binärzahlen interpretierter Zustandsbelegungen entspricht. So ist z. B. in der ersten Zeile der Matrix $m_{04} = 1$, weil es einen Zustandsübergang von der Zustandsbelegung 0 (000) zur Zustandsbelegung 4 (100) gibt. In diesem Beispiel wird besonders deutlich, daß während des Tests nur ein Teil der im Steuerwerk bereitgestellten Funktionalität ausgenutzt wird, während im Systembetrieb nun der volle Funktionsumfang des NRSR ausgeschöpft werden kann. ●

5.1.3 Linear rückgekoppelte Schieberegister als Testmustergeneratoren

Bisher wurden die Eigenschaften des Mustergenerators nur benötigt, um die Musterfolgematrix M zu berechnen. Daher ist es möglich, jeden beliebigen Mustergenerator, für den eine solche Matrix existiert, in der Optimierungsprozedur zu berücksichtigen. Die den Mustergenerator implizierende Teststrategie kann nach übergeordneten Kriterien wie Fehlerüberdeckung und Hardware-Mehraufwand beliebig festgelegt werden. Häufig werden jedoch linear rückgekoppelte Schieberegister mit primitivem Rückkopplungspolynom benutzt, wobei man zur Minimierung der Registerfläche Polynome mit minimalem Gewicht* bevorzugt. Zur Sicherstellung der Testbarkeit genügt im allgemeinen die Forderung, daß das Rückkopplungspolynom primitiv sein sollte. Damit ist sichergestellt, daß bei der Testmustergenerierung ein Zyklus maximaler Länge durchlaufen wird, der alle Zustände ungleich dem Null-Zustand enthält, bzw. die Wahrscheinlichkeit einer Fehlermaskierung minimiert wird [DOFR 89].

Bei der vorgestellten Synthesemethode hängt die Zustandscodierung wie auch die Komplexität der kombinatorischen Logik des Steuerwerks vom Rückkopplungspolynom des Testmustergenerators ab. Um die effizienteste Lösung zu erhalten, kann eine LRSR-Struktur gewählt werden, die dem zu entwerfenden Steuerwerk am besten angepaßt ist. Die Auswahl des Rückkopplungspolynoms durch die Minimierung der Kostenfunktion (4.16) über alle möglichen Polynome s(x), d. h. alle Matrizen MM, stellt daher einen zusätzlichen Freiheitsgrad des Entwurfs dar. Eine Liste primitiver Polynome über GF(2) findet man z. B. in [PeWe 72]. Es ist dabei unerheblich, ob zur Realisierung des LRSR eine Standardimplementierung oder eine modulare Implementierung gewählt wird, solange ein Polynom mit minimalem Gewicht der Form $s(x) = 1 + x^i + x^r$, $1 \leq i < r$, benutzt wird. In diesem Fall unterscheiden sich die beiden LRSR-Strukturen lediglich in der Flipflop-Reihenfolge (vgl. Bild 5.5), die auf die Zustandscodierung und die Logikminimierung keinen Einfluß haben: Die Distanzmatrix DM bleibt unverändert, da bei beliebigen Permutationen von Codierspalten die Hamming-Distanz von Codewörtern konstant ist.

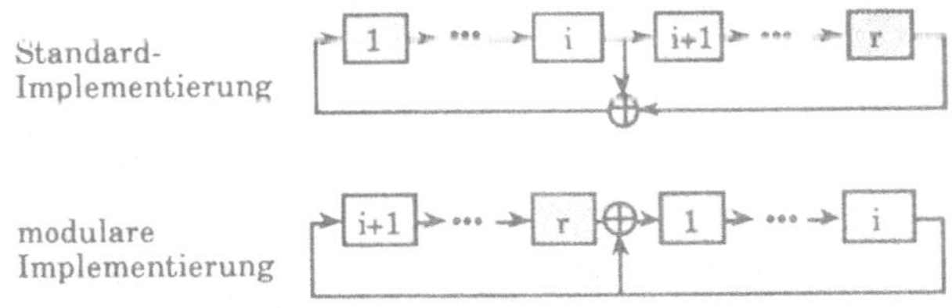

Bild 5.5: Standard- und modulares LRSR mit $s(x) = 1 + x^i + x^r$

---

* Ein Polynom mit minimalem Gewicht ist ein Polynom mit minimaler Anzahl von Koeffizienten ungleich 0.

Es sei $s(x) = s_r + s_{r-1} x + \ldots + s_1 x^{r-1} + s_0 x^r$, $s_0 = s_r = 1$, ein LRSR-Rückkopplungspolynom. Der Inhalt der als transponierter Zeilenvektor dargestellten r Schieberegisterstufen $z = (z_1 \ldots z_r)^T$ kann durch die Rekurrenzgleichung

$$z(t+1) = S(z(t)) = S \cdot z(t) \text{ mit } S = \begin{bmatrix} s_{r-1} & s_{r-2} & \cdots & s_1 & s_0 \\ 1 & 0 & \cdots & \cdots & 0 \\ 0 & \ddots & \ddots & & \vdots \\ \vdots & \ddots & \ddots & \ddots & \vdots \\ 0 & \cdots & 0 & 1 & 0 \end{bmatrix} \qquad (5.1)$$

beschrieben werden. Das reziproke Polynom von $s(x)$ wird im folgenden mit $s^*(x) = 1 + s_1 x + \ldots + s_{r-1} x^{r-1} + x^r$ bezeichnet.

Satz 5.1 [EsWu 91]: Ein LRSR mit Rückkopplungspolynom $s(x)$ erzeugt eine Zustandsfolge, die mit der umgekehrten Zustandsfolge des LRSR mit reziprokem Rückkopplungspolynom $s^*(x)$ übereinstimmt.

Beweis: Die Rekurrenzgleichung für das LRSR mit reziprokem Rückkopplungspolynom $s^*(x)$ ist $q(t+1) = S^* \cdot q(t)$ mit

$$S^* = \begin{bmatrix} 0 & 1 & 0 & \cdots & 0 \\ \vdots & \ddots & \ddots & \ddots & \vdots \\ \vdots & & & \ddots & 0 \\ 0 & \cdots & \cdots & 0 & 1 \\ s_r & s_{r-1} & \cdots & s_2 & s_1 \end{bmatrix}.$$

Es ist leicht zu verifizieren, daß für $s_0 = s_r = 1$ das Produkt von S^* und S die $r \times r$-Einheitsmatrix ergibt, $S^* \cdot S = I_r$. Dann folgt mit

$$z(t) \quad = \quad S^k \cdot z(t - k),$$
$$q(t + k) \quad = \quad S^{*k} \cdot q(t)$$

und mit $q(t_0) = z(t_0)$ für irgendeinen Zeitpunkt t_0, daß für alle $k \in \mathbb{Z}$

$$\begin{aligned} q(t_0 + k) \quad &= \quad S^{*k} \cdot q(t_0) = S^{*k} \cdot S^k \cdot z(t_0 - k) \\ &= \quad S^{*k-1} \cdot S^* \cdot S \cdot S^{k-1} \cdot z(t_0 - k) \\ &= \quad S^{*k-1} \cdot I_r \cdot S^{k-1} \cdot z(t_0 - k) = \ldots = I_r \cdot z(t_0 - k) \\ &= \quad z(t_0 - k). \end{aligned}$$

$\blacksquare$

Daher ist die Musterfolgematrix MM* für das LRSR mit dem Rückkopplungspolynom $s^*(x)$ gleich der Transponierten der Matrix MM für $s(x)$.

Beispiel 5.2: Das Rückkopplungspolynom eines 3-Bit-LRSR sei $s(x) = 1 + x + x^3$, das dazu reziproke Polynom ist $s^*(x) = 1 + x^2 + x^3$ (vgl. Bild 5.6). Im ersten Fall wird im autonomen Betrieb die Musterfolge $100 \rightarrow 110 \rightarrow 111 \rightarrow 011 \rightarrow 101 \rightarrow 010 \rightarrow 001 \rightarrow 100$ bzw. $000 \rightarrow 000$ erzeugt, im zweiten Fall die Folge $100 \rightarrow 001 \rightarrow 010 \rightarrow 101 \rightarrow 011 \rightarrow 111 \rightarrow 110 \rightarrow 100$ bzw. $000 \rightarrow 000$. Die zugehörigen Musterfolgematrizen lauten

$$MM = \begin{bmatrix} 1 & 0 & 0 & 0 & 0 & 0 & 0 & 0 \\ 0 & 0 & 0 & 0 & 1 & 0 & 0 & 0 \\ 0 & 1 & 0 & 0 & 0 & 0 & 0 & 0 \\ 0 & 0 & 0 & 0 & 0 & 1 & 0 & 0 \\ 0 & 0 & 0 & 0 & 0 & 0 & 1 & 0 \\ 0 & 0 & 1 & 0 & 0 & 0 & 0 & 0 \\ 0 & 0 & 0 & 0 & 0 & 0 & 0 & 1 \\ 0 & 0 & 0 & 1 & 0 & 0 & 0 & 0 \end{bmatrix} \qquad MM^* = \begin{bmatrix} 1 & 0 & 0 & 0 & 0 & 0 & 0 & 0 \\ 0 & 0 & 1 & 0 & 0 & 0 & 0 & 0 \\ 0 & 0 & 0 & 0 & 0 & 1 & 0 & 0 \\ 0 & 0 & 0 & 0 & 0 & 0 & 0 & 1 \\ 0 & 1 & 0 & 0 & 0 & 0 & 0 & 0 \\ 0 & 0 & 0 & 1 & 0 & 0 & 0 & 0 \\ 0 & 0 & 0 & 0 & 1 & 0 & 0 & 0 \\ 0 & 0 & 0 & 0 & 0 & 0 & 1 & 0 \end{bmatrix} = MM^T$$

$$s(x) = 1 + x + x^3 \qquad\qquad s^*(x) = 1 + x^2 + x^3$$

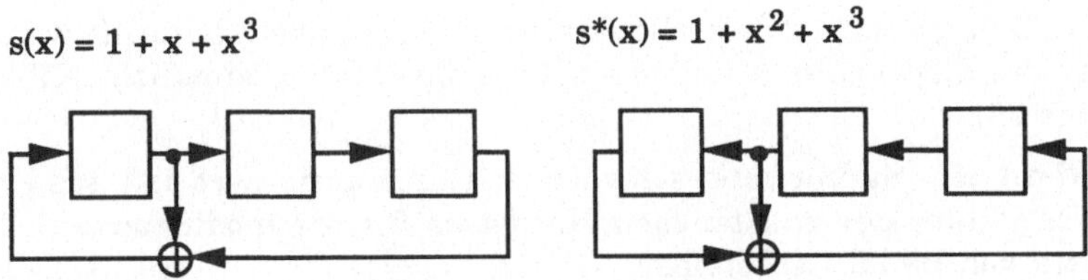

Bild 5.6: LRSR mit reziprokem Rückkopplungspolynom

5.1.4 Analyse der Ergebnisse

In diesem Abschnitt werden die Testbarkeit der Zusatzlogik in der optimierten Selbstteststruktur von Bild 5.1 und die durch diese Struktur möglichen Flächeneinsparungen analysiert. Für eine Betrachtung des Zeitverhaltens wird auf Abschnitt 6.1.5.1 verwiesen.

5.1.4.1 Testbarkeit der resultierenden Struktur

Wie in Bild 5.1 angedeutet, wird das zusätzliche Steuersignal „Modus" in den Signaturanalyseprozeß einbezogen, um Fehler in der Logik, die dieses Signal produzieren, zu erkennen. Selbst wenn dieses Signal aber korrekt erzeugt wird, kann die Schaltung fehlerhaft sein: Die Leitung zur Modussteuerlogik kann einen Haftfehler an 0/1 besitzen oder die Steuerlogik selbst kann fehlerhaft sein. Beide Fehler können entdeckt werden, indem der Mustergenerator in den Systemmodus geschaltet wird. Nun ist je ein Testmuster anzulegen, das zur Betriebsart Modus = 0 bzw. Modus = 1 führt und bei dem die Bedingung $f_z(e, z) \neq S(z)$ erfüllt ist. Die Existenz entsprechender Testmuster wird durch Satz 5.2 garantiert. Damit wird ein fehlerhafter Folgezustand $z^f(t)$ erreicht. Um den fehlerhaften Zustand $z^f(t)$ vom korrekten Zustand $z(t)$ zu unterscheiden, muß weiterhin ein Eingabemuster $e(t)$ existieren, für das die Ausgabe $a(t)$ oder der Folgezustand $z(t+1)$ in beiden Zuständen unterschiedlich sind. Sowohl $a(t)$ als auch $z(t+1)$ sind in die Signaturanalyse einbezogen und Fehler in diesen Größen können daher erkannt werden. Hinreichend dafür ist, daß $z(t)$ und $z^f(t)$ nicht äquivalent sind, d. h. daß das Steuerwerk zustandsminimiert ist.

Es reicht allerdings auch aus, wenn eine schwächere Bedingung erfüllt ist: Wenn $z(t)$ und $z^f(t)$ äquivalent sind und eine Eingabe $e(t)$ existiert, so daß $z(t+1)$ = $f_z(e, z(t))$ und $z^f(t+1)$ = $f_z(e, z^f(t))$ unterschiedliche Zustandsbelegungen besitzen, manifestiert sich der Fehler in einer falschen Signatur, obwohl $z(t+1)$ und $z^f(t+1)$ äquivalent sind. Die Eigenschaft, daß ein Steuerwerk kein Zustandspaar enthält, das für alle Eingaben zum *selben* Folgezustand und zu identischen Ausgaben führt, wird in Satz 5.2 „schwach zustandsminimiert" genannt. Diese Eigenschaft ist auch für unvollständig spezifizierte Steuerwerke mit einem Aufwand zu validieren, der maximal quadratisch mit der Anzahl der Zustände wächst, indem alle Paare von Zuständen überprüft werden. Dagegen ist die Überprüfung auf allgemeine Zustandsminimalität NP-vollständig [GaJo 79].

Satz 5.2: Wenn ein Steuerwerk schwach zustandsminimiert ist, sind alle Einfach-Haftfehler der zusätzlichen Hardware für die modifizierte Selbstteststruktur von Bild 5.1 erkennbar.

Beweis (indirekt): Man nehme an, daß für eine Betriebsart des Steuerwerks keine Eingabekombination mit $f_z(e, z) \neq S(z)$ existiert. Dann ist der Folgezustand des Steuerwerks immer identisch mit dem Folgezustand des Mustergenerators in dieser Betriebsart. α) Geschieht dies für Modus = 1 (D-Flipflop-Modus), kann das Steuerwerk durch den Mustergenerator ohne zusätzliche Hardware implementiert werden. Der D-Flipflop-Modus ist dann redundant und wird während der Synthese eliminiert. β) Wenn das Problem für Modus = 0 auftritt (Mustergenerator-Modus), hilft die Fähigkeit, zwischen den beiden Modi hin- und herzuschalten, nicht beim Minimieren der kombinatorischen Logik des Steuerwerks. Das Modus-Signal und die zusätzliche Steuerlogik sind dann redundant und werden während der Synthese eliminiert. ∎

Testmuster mit den geforderten Eigenschaften sind in der normalen Mustersequenz mit großer Wahrscheinlichkeit ohnehin enthalten, so daß zu ihrer Erzeugung kein zusätzlicher Aufwand nötig ist; es muß lediglich für einen Takt zwischen System- und Testmodus umgeschaltet werden.

5.1.4.2 Flächeneinsparung

Die Vorteile des vorgestellten Ansatzes wurden mit Beispielschaltungen validiert [EsWu 90b]. Zunächst wurden die Steuerwerke mit einer konventionellen Selbstteststruktur entworfen und mit verfügbaren Syntheseprogrammen optimiert, ohne die zusätzliche Funktionalität der Selbsttestregister auszunutzen. Zur Zustandscodierung wurden die Programme „NOVA" [ViSa 90] (für zweistufige Logik) und „MUSTANG" [DMNS 88a] (für mehrstufige Logik) der University of California at Berkeley [OCT 89] verwendet. Danach wurde bei denselben Beispielen die optimierte Selbstteststruktur realisiert, wobei eine Implementierung des oben dargestellten Algorithmus zur Zustandscodierung

(„KOALA"*) eingesetzt wurde. Die kombinatorische Logik wurde in allen Fällen mit demselben Minimierungsprogramm optimiert, um dadurch für alle Entwurfsmethoden gleiche Bedingungen zu schaffen. Die wesentlichen Ergebnisse für die größeren Benchmark-Beispiele sind in Tabelle 5.2 zusammengestellt. Für zweistufige Realisierungen der Steuerwerke (zweiter Block) ist die Anzahl der PLA-Produktterme, für mehrstufige Realisierungen (dritter Block) die Anzahl der Literale angegeben. Die Rechenzeiten für die Zustandscodierung lagen in allen Fällen in der Größenordnung von Minuten auf einer 3 MIPS-Maschine.

Tabelle 5.2: Ergebnisse der Steuerwerkssynthese für zwei- und mehrstufige Logik

Beispiel	Anzahl der Produktterme NOVA	KOALA	IZR-# Trans	Anzahl der Literale MUSTANG	KOALA
bbsse	30	27	7	121	134
dk16	59	57	4	270	241
dk512	18	17	5	70	48
donfile	29	28	5	160	74
ex1	48	44	7	280	253
ex2	29	27	1	149	132
ex4	19	16	11	77	70
kirkman	64	54	2	176	146
mark1	20	17	4	108	94
modulo12	13	9	8	35	29
planet	91	83	33	578	569
s1	80	81	11	351	236
s1a	76	65	23	248	171
scf	146	134	22	822	773
styr	94	93	6	594	512
tbk	149	59	4	547	496

Der Vergleich zeigt, daß für viele Beispiele Einsparungen in der Größenordnung von 10 bis 30 % möglich sind, obwohl durch Ausgabeunverträglichkeiten nicht alle auf IZR-Übergänge abgebildeten Transitionen tatsächlich eingespart werden. Ein gutes Beispiel für diesen Effekt findet sich in Tabelle 5.2: Der einzige Unterschied zwischen den Steuerwerken *s1* und *s1a* besteht darin, daß bei *s1a* alle Ausgaben zu 0 gesetzt wurden, so daß Ausgabeunverträglichkeiten im Vergleich zu *s1* keine Rolle spielen. Das Problem tritt vor allem bei zweistufiger Logik auf; es kann durch die Separierung von Folgezustands- und Ausgabelogik vermieden werden. Manchmal gibt es Konflikte zwischen der Erfüllung von Adjazenzbedingungen und der möglichen Benutzung von IZR-Über-

---

* Karlsruhe's optimized assignment for testable automata

\# Die Spalte IZR-Trans. gibt die Anzahl von Zustandsübergängen an, die mit Hilfe von IZR-Übergängen realisiert werden konnten.

gängen. Da keine Kostenfunktion existiert, die diesen Effekt exakt modelliert, ohne exponentiell viel Rechenzeit zu benötigen, kann es in seltenen Fällen passieren, daß die Benutzung von IZR-Übergängen das Steuerwerk sogar vergrößert (vgl. *s1*). In diesem Fall kann durch das Experimentieren mit verschiedenen Gewichtsfaktoren k_l in der Kostenfunktion (4.16) Abhilfe geschaffen werden.

Insgesamt schneidet der vorgestellte Ansatz besonders gut für Steuerwerke mit schwach vermaschten Zustandsübergangsgraphen ab, bei denen nur wenige verschiedene Folgezustände pro Zustand erreicht werden. Da der Mustergenerator genau einen Folgezustand für jede Zustandsbelegung automatisch generieren kann, besteht dann die Möglichkeit, einen großen Anteil der Zustandsübergänge als IZR-Übergänge zu realisieren. Größere industrielle Steuerwerke besitzen typischerweise eine solche Struktur [LeSa 89, Aman 87]. Für die kleineren Benchmark-Beispiele, die nicht in Tabelle 5.2 aufgeführt sind und die häufig stark vermaschte Zustandsübergangsgraphen besitzen, sind nur kleine Einsparungen möglich.

5.2 Einbeziehung von Signaturregistern in die Synthese

5.2.1 Integrale Signaturanalyse

Selbsttestregister können nicht nur als Mustergeneratoren, sondern auch als Signaturanalyseregister konfiguriert sein. In diesem Abschnitt soll dargestellt werden, wie man Signaturregister einsetzen kann, um den Realisierungsaufwand für die Systemfunktion eines Steuerwerks zu minimieren. Es wird hier prinzipiell vorausgesetzt, daß Mustererzeugung und Signaturanalyse in getrennten Registern erfolgen und daß im Gegensatz zum letzten Abschnitt das *Signaturregister* in das Zustandsregister integriert ist. Dies entspricht der in Bild 2.29b vorgestellten Selbstteststruktur. Auf die gleichzeitige Verwendung des Zustandsregisters zur Mustererzeugung *und* zur Signaturanalyse wird in Abschnitt 5.3 eingegangen.

Signaturregister unterscheiden sich im autonomen Betrieb nicht von Mustergeneratoren (vgl. Abschnitt 2.3.4.2). Deshalb bietet sich eine Zielstruktur an, die der im letzten Abschnitt vorgestellten weitgehend entspricht. Eine zusätzliche Ausgabevariable des Steuerwerks wird dazu genutzt, um das Signaturregister im Systembetrieb zwischen dem normalen D-Flipflop-Modus und dem Signaturanalysemodus umschalten zu können, wobei das Signaturregister im zweiten Fall im autonomen Betrieb arbeitet. Bild 5.7 zeigt eine Möglichkeit, dieses Verhalten zu realisieren.

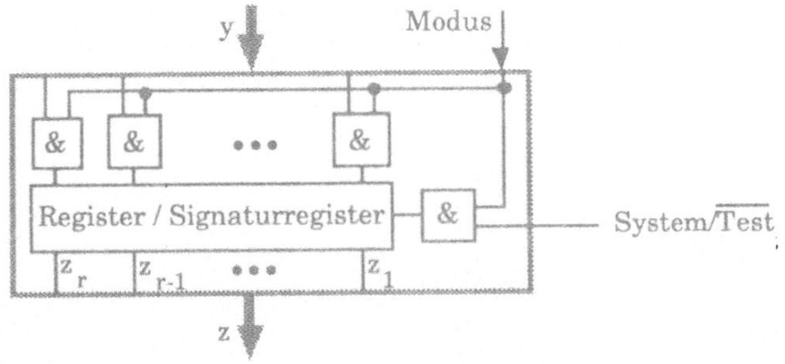

Bild 5.7: Mit einem Signaturregister kombiniertes Zustandsregister

Da sich das Syntheseverfahren für diese Zielstruktur nicht von dem im letzten Abschnitt vorgestellten Verfahren unterscheidet, wird hier auf eine detaillierte Behandlung verzichtet. Stattdessen wird ein Ansatz vorgestellt, der zum Ziel hat, die spezifischen Eigenschaften von Signaturregistern möglichst gut auszunutzen. Er stellt eine Verallgemeinerung der Synthesestrategie des letzten Abschnitts dar, in der die Zusatzlogik zur Modusumschaltung in die Systemlogik mit einbezogen wird; die Struktur in Bild 5.7 bildet einen Spezialfall für die Realisierung der notwendigen kombinatorischen Logik.

Der Inhalt eines D-Flipflops in einem Takt hängt nur vom Wert der Ansteuervariablen beim Taktwechsel ab. Dieses Verhalten verhindert den Einsatz eines üblichen Zustandsregisters zur Analyse von Testantworten, da der Inhalt des Zustandsregisters am Ende des Tests nur vom letzten angelegten Testmuster bestimmt würde, vorher aufgetretene Fehler würden maskiert. Daher ist für den Selbsttest von Steuerwerken die Implementierung eines Signaturanalysemodus, in dem der Inhalt des Zustandsregisters vom Zustand im vorhergehenden Takt weiter beeinflußt wird, unumgänglich[*]. Wie im folgenden gezeigt wird, kann man aber auf den „Normalmodus", in dem die Flipflops als D-Flipflops arbeiten, verzichten, ohne Nachteile in Kauf zu nehmen [EsWu 91a].

Der Verzicht auf einen D-Flipflop-Modus reduziert sowohl den zusätzlichen Flächenbedarf als auch – bei einer geeigneten Implementierung – die Verzögerung des Signaturregisters, da der Aufwand zur Modusumschaltung entfällt. Im Selbsttestbetrieb schwer erkennbare Fehler der Modusumschaltung werden vermieden. Ein Signal zur globalen Teststeuerung, das festlegt, ob das Zustandsregister im Test- oder im Systemmodus arbeiten soll, wird unnötig. Um dynamische Fehler zu erkennen, ist es notwendig, die Schaltung im Test- und im Systemmodus mit gleicher Betriebsfrequenz zu betreiben. Damit ist die maximale Betriebsgeschwindigkeit der Schaltung durch den langsameren der beiden Betriebsmodi nach oben beschränkt [KrAl 85], der Verzicht auf einen der

---

[*] Es sei nochmals darauf hingewiesen, daß für diesen Abschnitt die Mustererzeugung mit einem vom Zustandsregister unabhängigen Mustergenerator vorausgesetzt wird.

Modi bringt daher auch für die Erkennung dynamischer Fehler Vorteile. In Bild
5.8 ist die resultierende Struktur zur „integralen Signaturanalyse" illustriert.

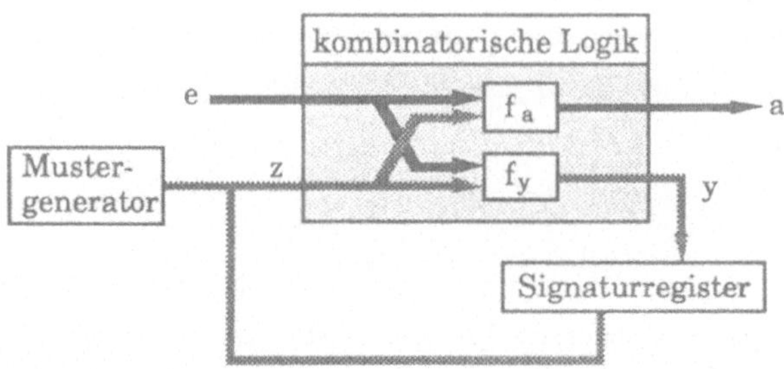

Bild 5.8: Schaltwerk mit Signaturregister als Zustandsspeicher

Um das spezifizierte Verhalten eines Steuerwerks im Systemmodus mit der in
Bild 5.8 gegebenen Struktur zu implementieren, ist es notwendig, den Inhalt
des Signaturregisters gezielt durch einen beliebigen neuen Inhalt ersetzen zu
können. Während sich der neue Inhalt eines Zustandsregisters aus D-Flipflops einfach zu

$$z^+ = y$$

ergibt, d. h. nur durch die Ansteuerbelegung bestimmt wird, sind die Verhält-
nisse bei Signaturregistern komplizierter. Der Folgezustand ergibt sich hier
aus der Gleichung

$$z^+ = y \oplus S(z),$$

wobei die Funktion S das autonome Verhalten des Signaturregisters und „$\oplus$"
die komponentenweise Antivalenzverknüpfung von Bitvektoren beschreibt.
Auch bei einem Register aus T-Flipflops hängt mit $z^+ = y \oplus z$ der Folgezustand
nicht nur von den Ansteuervariablen, sondern auch vom vorhergehenden Zustand ab. In allen drei Fällen lassen sich aufgrund der Linearität der Verknüpfung mit der Ansteuerbelegung die notwendigen Ansteuerfunktionen y
für einen Zustandswechsel von einem Zustand z in einen beliebigen Folgezustand z^+ durch Umformung der angegebenen Gleichungen leicht gewinnen.
Zusammengefaßt erhält man:

D-Flipflop-Register: $y = z^+$ $= f_z(e, z)$ $= f_y{}^D(e, z)$ (5.2)

T-Flipflop-Register: $y = z^+ \oplus z$ $= f_z(e, z) \oplus z$ $= f_y{}^T(e, z)$ (5.3)

Signaturregister: $y = z^+ \oplus S(z)$ $= f_z(e, z) \oplus S(z)$ $= f_y{}^S(e, z).$ (5.4)

Allgemein gilt:

allgemeines Register: y $= f_y{}^A(e, z)$ (5.5)

Durch die Implementierung einer geeigneten Ansteuerfunktion $f_y{}^S(e, z)$ in der
kombinatorischen Logik des Steuerwerks läßt sich also auch mit einem Signaturregister jedes beliebige Verhalten des Steuerwerks erreichen, womit die
Realisierung eines eigenen Betriebsmodus für den Systembetrieb überflüssig

wird. Diese Möglichkeit soll im folgenden mit „integrale Signaturanalyse" bezeichnet werden.

5.2.2 Verringerung der Fehlermaskierungswahrscheinlichkeit

Oft wird das Zustandsregister des Steuerwerks mit anderen Registern zu einem größeren Signaturregister zusammengefaßt, um die Fehlermaskierungswahrscheinlichkeit zu reduzieren (vgl. Satz 2.31). Diese anderen Register sollen unter Umständen nicht immer wie das Zustandsregister ohne Modusumschaltung realisiert werden. Es ist jedoch möglich, das Zustandsregister mit weiteren Registern so zu koppeln, daß die Vorteile des vorgestellten Ansatzes für das in die Signaturanalyse einzubeziehende Steuerwerk erhalten bleiben. In gleicher Weise kann das Steuerwerk auch in einen zirkulären Selbsttestpfad einbezogen werden.

Für das wichtige Beispiel eines zur Signaturanalyse verwendeten LRSR in Standardform wird dies in Bild 5.9 gezeigt. Während des Testmodus verbindet der Multiplexer die einzelnen Teilregister zu einem konventionellen verlängerten Signaturregister. Im Systembetrieb hebt der vor das Zustandsregister eingefügte Multiplexer die Abhängigkeit des Folgezustands z_1^+ von den Speicherelementen außerhalb des Steuerwerks auf. Der Inhalt des entsprechend der Schiebereihenfolge letzten Steuerwerksflipflops z_r wird zum ersten Flipflop z_1 zurückgeführt, wodurch sich das Zustandsregister im autonomen Betrieb wie ein Ringzähler verhält. Verzichtet man auf die Rückkopplung von z_r, kann man den Multiplexer durch ein UND-Gatter ersetzen, das den Inhalt des im Signaturregister vorhergehenden Flipflops nur im Testbetrieb durchschaltet. Das erste Flipflop des Zustandsregisters z_1 verhält sich dann im Systembetrieb wie ein D-Flipflop. Obwohl durch die Kopplung der unterschiedlich betriebenen Signaturregister wieder zwei verschiedene Betriebsmodi notwendig werden, bleiben Betriebs- und Testgeschwindigkeit unbeeinflußt, da die davon betroffenen Schaltglieder außerhalb des kritischen Pfades durch die kombinatorische Logik des Steuerwerks liegen.

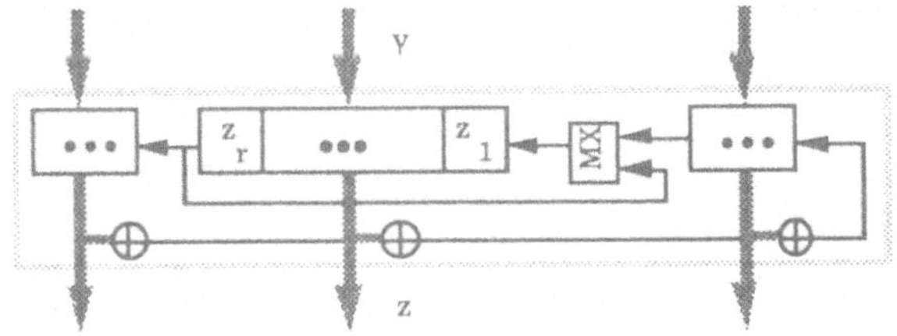

Bild 5.9: Zustandsregister in erweitertem Signaturregister I

Wird das Zustandsregister am Anfang des Signaturregisters plaziert, besteht auch die Möglichkeit, im Systembetrieb ein mit Bild 5.8 identisches Verhalten des Zustandsregisters zu erreichen. Statt mit einem Multiplexer oder UND-Gatter im Systembetrieb die gesamte Rückkopplungsfunktion auszublenden, wird nur der Anteil deaktiviert, der von Flipflops außerhalb des Zustandsregisters stammt (Bild 5.10). Während des Systembetriebs entspricht die Rückkopplungsfunktion dann dem auf das Zustandsregister entfallenden Teil der Gesamtrückkopplungsfunktion des Signaturregisters. Hat das charakteristische Polynom des Signaturregisters die Form

$$s(x) = s_0 + s_1 x + \ldots + s_{R-r}x^{R-r} + \ldots + s_{R-1}x^{R-1} + x^R,$$

wird im Systembetrieb des Steuerwerks nur das charakteristische Polynom des Zustandsregisters

$$s^Z(x) = s_{R-r} + \ldots + s_{R-1}x^{r-1} + x^r$$

wirksam.

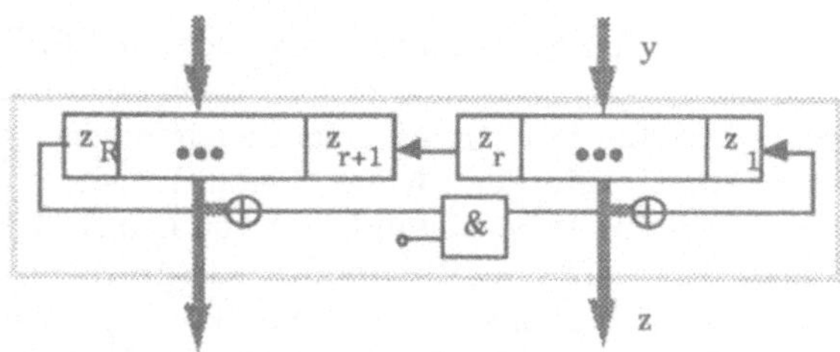

Bild 5.10: Zustandsregister in erweitertem Signaturregister II

Die bisher dargestellten Erweiterungen des Zustandsregisters zu einem verlängerten Signaturregister unterscheiden sich nur im Systembetrieb voneinander und von konventionellen Selbstteststrukturen. Um auf das zusätzliche Gatter zur Trennung des Zustandsregisters vom Rest des Signaturregisters und das dazu benötigte Teststeuersignal verzichten zu können, ist es notwendig, die Signaturanalyse zu modifizieren. So kann man das Zustandsregister vom Rest des Signaturregisters vollständig entkoppeln, indem man dort nur den Quotienten der vom Zustandsregister ausgeführten Polynomdivision verarbeitet (Bild 5.11).

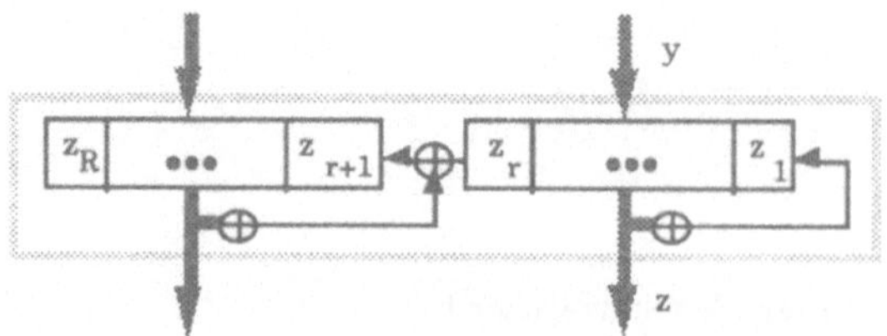

Bild 5.11: Modifiziertes Signaturregister

Die Maskierung von Fehlern in parallelen Signaturregistern basiert auf zwei verschiedenen Mechanismen [ZoIv 90]:

- Das Signaturregister führt eine Polynomdivision über GF(2) durch und speichert jeweils den bei dieser Division entstehenden Rest. Unterschiedliche Eingabedatenströme können zu unterschiedlichen Quotienten mit gleichem Rest und damit zu einer identischen Signatur führen. Dieses Problem tritt auch bei seriellen Signaturregistern auf.

- In parallelen Signaturregistern können Fehler zusätzlich dadurch maskiert werden, daß sich Fehler, die in unterschiedlichen Stufen und zu unterschiedlichen Zeiten wirksam werden, in ihrer Auswirkung auf die Signatur gegenseitig aufheben.

Das erste Problem kann nicht nur dadurch vermindert werden, daß die Länge des Signaturregisters vergrößert wird, sondern auch dadurch, daß man den Quotienten der Polynomdivision beobachtet [GuPR 90]. Dies geschieht in der Schaltung von Bild 5.11.

Lemma 5.3 [WiDa 89]: Ist die Übergangsmatrix eines Signaturregisters der Länge R regulär und sind die Eingaben statistisch unabhängig von seinem Zustand, so konvergiert seine Fehlermaskierungswahrscheinlichkeit für lange Testfolgen gegen 2^{-R}.

Satz 5.4: Für lange Testmusterfolgen geht die Fehlermaskierungswahrscheinlichkeit eines modifizierten Signaturregisters der Gesamtlänge R nach Bild 5.11 gegen 2^{-R}, wenn keines der beiden Teilregister entartet ist.

Beweis: Das modifizierte Signaturregister wird durch $z^+ = S \cdot z \oplus y$ beschrieben, wobei die Übergangsmatrix S von den charakteristischen Polynomen

$$s^Z(x) = s_{R-r} + \ldots + s_{R-1}x^{r-1} + x^r$$

des Zustandsregisters und

$$s^S(x) = s_0 + s_1 x + \ldots + s_{R-r-1}x^{R-r-1} + x^{R-r}$$

des Rest-Signaturregisters abhängt

$$S = \begin{bmatrix}
s_R & s_{R-1} & \cdots & \cdots & s_{R-r} & 0 & \cdots & \cdots & \cdots & 0 \\
1 & 0 & \cdots & \cdots & 0 & \vdots & & & & \vdots \\
0 & 1 & \ddots & & \vdots & \vdots & & & & \vdots \\
\vdots & \ddots & \ddots & \ddots & \vdots & \vdots & & & & \vdots \\
\vdots & & 0 & 1 & 0 & 0 & \cdots & \cdots & \cdots & 0 \\
\vdots & & & 0 & 1 & s_{R-r-1} & s_{R-r-2} & \cdots & \cdots & s_0 \\
\vdots & & & & 0 & 1 & 0 & \cdots & \cdots & 0 \\
\vdots & & & & & 0 & 1 & \ddots & & \vdots \\
\vdots & & & & & & \ddots & \ddots & \ddots & \vdots \\
0 & \cdots & \cdots & \cdots & \cdots & \cdots & \cdots & 0 & 1 & 0
\end{bmatrix}.$$

Ist keines der beiden Teilregister entartet, gilt $s_{R-r} = s_0 = 1$. Dann ist aber $\det(S) \neq 0$, d. h. S ist regulär. Daraus folgt mit Lemma 5.3 der Satz 5.4.   ■

Für lange Testmusterfolgen führt die Modifikation des Signaturregisters daher nicht zu einer erhöhten Fehlermaskierungswahrscheinlichkeit.

5.2.3 Synthese von Steuerwerken mit integraler Signaturanalyse

Bei den meisten konventionellen Verfahren zur Steuerwerkssynthese wird von einer Realisierung der Zustandsregister mit D-Flipflops ausgegangen und direkt die in der Verhaltensbeschreibung gegebene Folgezustandsfunktion $f_z(e, z)$ minimiert, die hier mit der Ansteuerfunktion $f_y^D(e, z)$ identisch ist. Läßt man ein Signaturregister als Zustandsregister zu, muß stattdessen eine Funktion $f_y^S(e, z)$ minimiert werden, die nicht mit der Funktion $f_z(e, z)$ übereinstimmt. Für die Logiksynthese ist dieser Unterschied nicht von großer Bedeutung, da die Ansteuerfunktionen $y = f_y^S(e, z)$ leicht aus dem augenblicklichen Zustand z und dem gewünschten Folgezustand z^+ bestimmt und mit den üblichen Verfahren minimiert werden können. Die notwendigen Schritte sind in Bild 5.12 illustriert. Damit läßt sich die integrale Signaturanalyse für beliebige Schaltwerke anwenden. Die Logiksynthese liefert für jeden beliebigen Entwurfsstil, für den ein entsprechendes Minimierungsverfahren existiert, eine günstige Realisierung der kombinatorischen Logik.

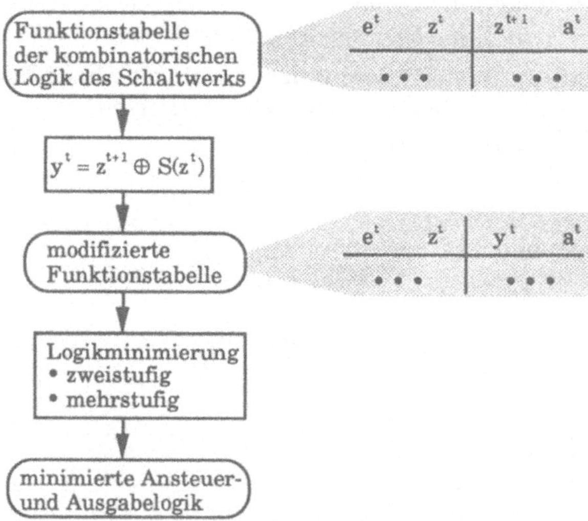

Bild 5.12: Logiksynthese für Schaltwerke mit integraler Signaturanalyse

Eine weitere Optimierung ist durch die Anpassung der Zustandscodierung an das veränderte Minimierungsziel für die Ansteuerfunktionen möglich. Wendet man einen konventionellen Algorithmus an, wird die Zustandscodierung so optimiert, daß $f_z(e, z) = f_y^D(e, z)$ gut minimierbar ist. Die gleiche Zustandscodierung liefert für die bei Signaturregistern zu realisierende Ansteuerfunktion $f_y{}^S(e, z)$ jedoch Ergebnisse, die sich im Mittel nicht signifikant von denen unterscheiden, die man auch mit einer Zufallscodierung erhalten könnte. Dies wird in Tabelle 5.3 deutlich, in der die Anzahl der Produktterme bei einer zweistufigen Realisierung angegeben ist: einerseits für $f_y{}^D(e, z)$ und $f_y{}^S(e, z)$ bei einer für D-Flipflops heuristisch optimierten Codierung, andererseits für $f_y{}^S(e, z)$ bei einer Zufallscodierung (Durchschnitt für 50 zufällig ausgewählte Codes). Wie man sieht, übersteigt der Flächenbedarf für die Folgezustandsfunktion den für D-Flipflop-Register notwendigen Bedarf deutlich.

Tabelle 5.3: Anzahl der Produktterme für Codierungen, welche die integrale Signaturanalyse nicht berücksichtigen

Beispiel	Zustandscodes[*] für D-FF optimiert $f_y{}^D(e, z)$	$f_y{}^S(e, z)$	Zufallscodes $f_y{}^S(e, z)$	Beispiel	Zustandscodes für D-FF optimiert $f_y{}^D(e, z)$	$f_y{}^S(e, z)$	Zufallscodes $f_y{}^S(e, z)$
bbara	25	37	39,8	kirkman	64	86	122,1
bbsse	30	42	41,4	lion	6	7	7,5
bbtas	8	14	13,6	lion9	8	16	17,3
beecount	13	21	19,9	mark1	20	28	26,0
cse	46	71	73,4	mc	9	9	9,8
dk14	29	41	44,8	modulo12	13	17	17,4
dk15	19	25	26,5	opus	16	24	21,7
dk16	59	77	91,7	planet	91	96	103,8
dk17	19	23	24,7	s1	80	97	104,2
dk27	8	12	11,2	s1a	76	88	98,2
dk512	18	22	25,5	s8	10	11	10,7
donfile	35	47	73,5	sand	97	115	116,3
ex1	48	64	73,8	scf	146	165	168,0
ex2	29	40	46,6	shiftreg	4	9	7,3
ex3	18	20	23,5	sse	30	42	41,7
ex4	19	20	20,6	styr	94	129	143,5
ex5	14	25	21,3	tav	11	11	10,2
ex6	25	33	33,7	tbk	154	236	261,9
ex7	17	23	23,9	train11	9	16	16,5
keyb	48	100	129,6	train4	6	9	7,0

Für kleinere Beispiele können alle $ZC(r_0, n)$ Codiermöglichkeiten in akzeptabler Zeit aufgezählt und bewertet werden. Führt man für alle diese Codierungen eine zweistufige Logikminimierung sowohl für D-Flipflop-Register als auch für Signaturregister durch, erhält man die Ergebnisse in Tabelle 5.4. Es zeigt sich, daß der Mehraufwand für Steuerwerke mit Signaturregistern

---

[*] Die Codierung wurde mit dem Programm NOVA [ViSa 90] durchgeführt.

durch die Wahl einer günstigen Zustandscodierung stark reduziert werden kann, bzw. für einige Beispiele sogar eine Verringerung der kombinatorischen Logik erzielt wird. Daher ist es notwendig, hierfür einen neuen Zustandscodierungsalgorithmus zu entwickeln, der die konventionellen Algorithmen für Schaltwerke mit aus D-Flipflops aufgebauten Zustandsregistern ersetzt. Er erzeugt für ein gegebenes Signaturregister ausgehend von einer funktionalen Schaltwerksbeschreibung eine Codierung, welche die Realisierungskomplexität für die Ansteuerfunktionen $f_y{}^S(e, z) = f_z(e, z) \oplus S(z)$ minimiert.

Tabelle 5.4: Durchschnittliche / minimale Produkttermanzahl für D- / Signaturregister[*]

| Beispiel | Durchschnittsanzahl | | Minimale Anzahl | |
	$f_y{}^D(e, z)$	$f_y{}^S(e, z)$	$f_y{}^D(e, z)$	$f_y{}^S(e, z)$
bbtas	12,8	12,1	8	6
beecount	14,5	19,3	10	14
dk14	36,1	41,5	26	32
dk15	20,6	25,3	18	24
dk17	22,7	23,9	16	19
dk27	10,2	10,9	7	7
ex6	30,0	33,3	25	30
lion	7,8	7,7	6	7
m c	9,3	9,5	8	9
s8	10,8	10,9	8	8
shiftreg	11,7	11,6	4	3
tav	10,7	10,3	10	9
train4	6,9	8,3	6	7

In den Zustandscodierverfahren für D-Flipflops können für Gruppen von Zuständen und für Gruppen von Folgezuständen jeweils getrennte Codierbedingungen aufgestellt werden, die bei einer günstigen Codezuordnung erfüllt sind. Darauf basiert auch das in Abschnitt 4.4 vorgestellte Verfahren, bei dem für die Zustandsbedingungen und die Folgezustandsbedingungen jeweils getrennt eine Kostenfunktion berechnet wird, die dann in eine Kompromißkostenfunktion eingeht. Bei der integrierten Signaturanalyse lassen sich Zustand und Folgezustand einer Transition in der Zielfunktion nicht separieren. Ähnliches gilt zwar auch für RS-, JK- und T-Flipflops, da hier die Ansteuerung eines Flipflops aber nur vom alten Wert desselben Flipflops abhängt, kann ein guter Zustandscode von dem für D-Flipflops erhaltenen durch einfache Transformationen gewonnen werden. Dementsprechend finden sich in der Literatur einige Verfahren zur Zustandscodierung für solche Flipflop-Typen, die von Verfahren für D-Flipflops abgeleitet wurden [HaCo 67, WeDo 69, Curt 69, Curt 70, TuBr 74]. Für Signaturregister ist eine solche einfache

---

[*] Eine detailliertere Darstellung einiger Ergebnisse befindet sich im Anhang A.1.

Umsetzung nicht möglich, da hier bedeutend komplexere Abhängigkeiten zwischen den Zustandsvariablen bei der Bildung der Ansteuerfunktion zu berücksichtigen sind.

Im nächsten Abschnitt wird ein Algorithmus vorgestellt, der eine Lösung des Zustandscodierungsproblems für die integrale Signaturanalyse ermöglicht. Die damit erzielbaren Resultate werden in Abschnitt 5.2.5 den mit konventionellen Verfahren erzielbaren Ergebnissen gegenübergestellt.

5.2.4 Codierung der Zustände bei integraler Signaturanalyse

5.2.4.1 Einführung

Zur Bewertung der Qualität eines Syntheseergebnisses stehe eine vom Entwurfsstil abhängige Kostenfunktion K gemäß Abschnitt 2.1.4 zur Verfügung. So kann bei einer PLA-Realisierung die Anzahl der Produktterme, für eine mehrstufige Realisierung die Anzahl der Literale in der minimierten Form berechnet werden. Die Zustandscodierung ψ ist so festzulegen, daß diese Kostenfunktion $K(\psi)$ minimiert wird. Wie schon in Abschnitt 4.2 ausgeführt, gehört das Zustandscodierungsproblem OZC zur Klasse der NP-harten Probleme. Dabei ist der Lösungsraum Z hier noch größer als für Zustandsregister mit D-Flipflops, da es bei Signaturregistern für die Realisierungskomplexität der kombinatorischen Logik auch auf die Reihenfolge der Codierspalten ankommt. Man erhält damit für die Anzahl nichtäquivalenter Zustandscodierungen bei Signaturregistern

$$ZC_{SR}(r,n) = |Z| = \frac{2^r!}{(2^r - n)!} \,. \tag{5.6}$$

Daher wird im folgenden aus einem Verfahren zur optimalen Lösung des Problems, dessen Rechenzeit exponentiell mit der Anzahl der Zustände ansteigt, eine Heuristik geringerer Komplexität mit in der Praxis akzeptablen Rechenzeiten abgeleitet.

Bei einem zur Signaturanalyse verwendeten rückgekoppelten Schieberegister in Standardform (Bild 5.13) gilt für den Folgezustand einer Speicherzelle i folgende Gesetzmäßigkeit:

$$\forall\, i > 1: \quad z_i^{t+1} = z_{i-1}^t \oplus y_i^t \tag{5.7}$$

$$z_1^{t+1} = S(z^t) \oplus y_1^t. \tag{5.8}$$

Die Modifikationen der Struktur des Signaturregisters in Abschnitt 5.2.2 wirken sich jeweils nur auf die Form der Rückkopplungsfunktion S aus.

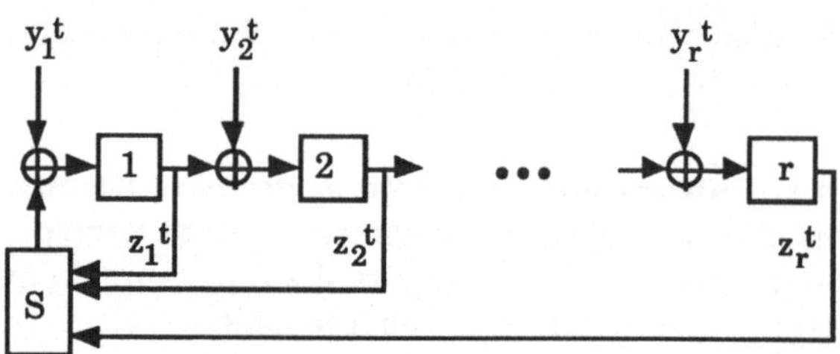

Bild 5.13: Rückgekoppeltes Schieberegister in Standardform

Codiert man spaltenweise (vgl. Abschnitt 4.3.3) werden die Codierspalten ψ_i
nacheinander ausgewählt. Dazu wird eine Kostenfunktion benötigt, die die
Güte einer Teilcodierung $\psi_1, \ldots \psi_i$ bewertet und danach die Suche im Suchbaum von Bild 4.9 steuert. Erfüllt die Kostenfunktion gewisse Bedingungen,
kann eine optimale Lösung des Problems mit einem Branch-and-Bound-Algorithmus gefunden werden.

Ist eine Codierung der Zustandsspalte i-1 festgelegt, kann die Ansteuerspalte
y_i aus dem dann bekannten z_{i-1} und dem festzulegenden Codewort z_i^+ bestimmt werden, bzw. umgekehrt kann z_i^+ so gewählt werden, daß y_i bestimmte Bedingungen erfüllt. Somit ist eine Approximation der Realisierungskosten von Ansteuerspalte i möglich, wenn die Codierspalte i-1 festgelegt
wurde. Schwierig ist nur die Optimierung der ersten Ansteuerspalte nach
(5.8), da ihre Realisierungskomplexität erst dann genau zu berechnen ist,
wenn alle anderen Codierspalten festgelegt wurden. Immerhin kann aber zu
Anfang schon der Einfluß der ersten Codierspalte auf die Ausgabelogik
abgeschätzt werden [EsWu 91a].

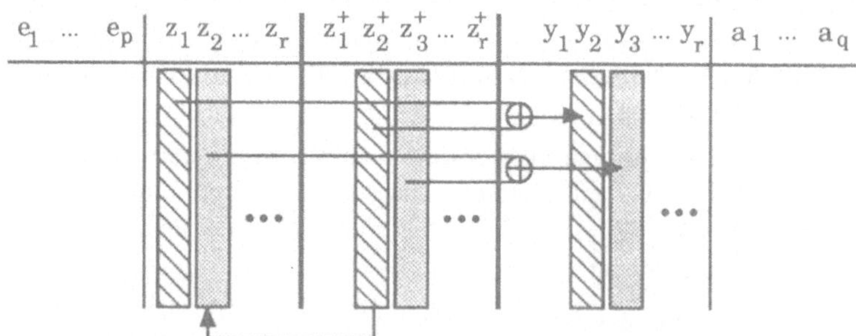

Bild 5.14: Abhängigkeiten und Reihenfolge der Codierung

Das Vorgehen wird in Bild 5.14 veranschaulicht. Nachdem z_1 festgelegt wurde, kann z_2^+ so gewählt werden, daß $y_2 = z_1 \oplus z_2^+$ möglichst einfach zu realisieren ist. Nach Festlegung der (Folge-)Zustandsbelegung z_2^+ ist die Spalte z_2 au-

tomatisch mitbestimmt. Die Kenntnis dieser Spalte erlaubt dann analog die Optimierung von y_3 durch eine geeignete Wahl der dritten Codierspalte, usw.

Die optimale Zustandscodierung ψ_{opt} kann mit einem Branch-and-bound-Verfahren nach Bild 5.15 bestimmt werden. Dabei muß die Kostenfunktion K für Teilcodierungen $(\psi_1, \dots \psi_i)$, $i < r$, einen Schätzwert ergeben, der eine untere Schranke der gesamten zu erwartenden Realisierungskomplexität $K(\psi)$ darstellt,

$$\forall\ \psi_j,\ j > i:\ K(\psi_1, \dots \psi_i) \leq K(\psi_1, \dots \psi_i, \psi_{i+1}, \dots \psi_r). \tag{5.9}$$

Die einer Teilcodierung $(\psi_1, \dots \psi_i)$ entsprechenden Knoten des Suchbaumes in Bild 4.9 seien mit natürlichen Zahlen bezeichnet. $R(k)$ bezeichne die Menge aller nach Beziehung (4.10) zulässiger Codierspalten ψ_{i+1} in Knoten k, $C_k^i = (\psi_1 \dots \psi_i, K(k), R(k))$ die partielle Codierungskonfiguration in Knoten k und $\mathcal{L}$ eine Liste solcher Konfigurationen.

```
Prozedur CODIERUNG_B&B;
    Setze L:= Ø;
    Berechne die Menge möglicher Codespalten R(0);
    Für alle Elemente ψ1 von R(0):
        Berechne K(|L|+1); Setze R(|L|+1):= R(0);
        Setze L:=L ∪ (ψ1,K(|L|+1),R(|L|+1));
    Sortiere L nach aufsteigenden Kosten K(k);
    Solange für das erste Listenelement Ck^i i≠r
    (d.h. nicht alle Spalten codiert):
        Lösche Ck^i = (ψ1...ψi,K(k),R(k)) aus L;
        Beseitige unzulässige Codierspalten aus R(k);
        Für alle verbleibenden Elemente ψi+1 von R(k):
            Berechne K(|L|+1); Setze R(|L|+1):= R(k);
            Sortiere (ψ1...ψi+1,K(|L|+1),R(|L|+1)) nach
            aufsteigendem Wert der Kosten K in L ein;
    Gebe die Codierung (ψ1 ... ψr) aus;
END;
```

Bild 5.15: Branch-and-bound-Algorithmus zur Zustandscodierung

Man erhält mit diesem Algorithmus zwar eine optimale Lösung des Zustandscodierungsproblems, er ist aus zwei Gründen jedoch nur für relativ kleine Steuerwerke geeignet:

a) Die Anzahl zulässiger Codierspalten R(0) steigt exponentiell mit der Anzahl zu codierender Zustände (siehe Gleichung (4.5)).

b) Die Berechnung einer exakten Kostenfunktion K(k) in Ebene r erfordert selbst exponentiellen Aufwand (vgl. Satz 2.19).

Da die Zustandscodierung nach Satz 4.2 zur Klasse der NP-vollständigen Probleme gehört, steht nicht zu erwarten, daß ein Algorithmus existiert, der optimale Lösungen ohne exponentiell mit der Problemgröße anwachsenden Aufwand berechnen kann. Daher wird in den nächsten Abschnitten eine Heuristik vorgestellt, die nicht alle zulässigen Codierspalten betrachtet, sondern den Verzweigungsgrad des Suchbaums durch Beschränkung auf eine Menge „günstiger" Codierspalten reduziert, und es wird eine heuristische Kostenfunktion entwickelt, die mit akzeptablem Aufwand zu berechnen ist.

5.2.4.2 Berechnung der Kostenfunktion

Die erläuterte Kostenfunktion geht implizit von einer PLA-Realisierung der kombinatorischen Logik aus und schätzt die Anzahl notwendiger Produktterme. Für mehrstufige Schaltnetze kann diese Kostenfunktion leicht angepaßt werden, um zu einer Abschätzung der Literalanzahl zu gelangen (vgl. [BoCB 89]).

Definition 5.5: Eine *partiell codierte Steuerwerkstabelle* $T(\psi_1 \dots \psi_i)$ ist eine Menge symbolischer Implikanten $I(\psi_1 \dots \psi_i) = (e, Z, z_1 \dots z_i; y_2 \dots y_i, a)$, wobei e eine Eingabebelegung, Z eine Menge symbolischer Zustände, $z_1 \dots z_i$ den Coderaum der durch $\psi_1 \dots \psi_i$ festgelegten Teilcodierung der Zustände in Z, $y_2 \dots y_i$ die dadurch notwendigen Ansteuervariablen und a eine Ausgabebelegung bezeichnen.

Wurde noch keine Codierspalte festgelegt, spezifiziert die Tabelle $T()$ nur die Ausgabelogik des Steuerwerks. Minimiert man $T()$ symbolisch, erhält man eine minimierte Ausgabetabelle $T_{min}()$ mit $|T_{min}()|$ Implikanten und eine Menge von Adjazenzbedingungen (vgl. Abschnitt 4.3). Diese legen Gruppen von Zuständen $G \subseteq Z$ fest, die in einem Unterraum des Coderaums $\{0,1\}^r$ codiert werden müssen, damit die Anzahl der Produktterme zur Realisierung der Ausgabelogik nicht über $|T_{min}()|$ wächst. Da alle Paare von Zuständen zumindest in einer Codierspalte unterschiedlich codiert werden müssen, bleiben erfüllbare Adjazenzbedingungen auch nach der Codierung der ersten Spalte unabhängig von der Wahl von ψ_1 prinzipiell erfüllbar. $T(\psi_1)$ kann aus $T_{min}()$ deshalb einfach durch Hinzufügen der ersten Zustandsvariablen z_1 gebildet werden, für beliebige ψ_1 gilt $|T(\psi_1)| = |T_{min}()|$.

Bei der Codierung der weiteren Zustandsspalten kann die jeweils resultierende Ansteuerlogik mit berücksichtigt werden. Die Festlegung einer Codierspalte ψ_i beeinflußt sowohl die Möglichkeit zur Zusammenfassung von Zustandsübergängen mit identischer Eingabe und kompatiblen Ansteuer- und Ausgabebelegungen, als auch die Kompatibilität der Ansteuerbelegungen selbst. Eine Erhöhung der Anzahl von Implikanten über die durch die symbolische Minimierung der Ausgabelogik vorgegebene untere Schranke hinaus wird durch folgende zwei Effekte verursacht:

① Gilt für die Adjazenzgruppe $G \subseteq Z$ eines Implikanten, daß i_g der bisher zugewiesenen Codierspalten für alle Zustände aus G identisch sind, gewiesenen Codierspalten für alle Zustände aus G identisch sind,

$$i_g = |\{\psi_j | \forall Z_k, Z_l \in G: \psi_j(Z_k) = \psi_j(Z_l)\}|,$$

und $i_u = i - i_g$ Codierspalten unterschiedlich, dann folgt aus

$$i_u \geq \lceil \mathrm{ld} \, |G| \rceil, \tag{5.10}$$

daß die Adjazenzbedingung nicht mehr erfüllt werden kann. Aus

$$i_g = r - \lceil \mathrm{ld} \, |G| \rceil \tag{5.11}$$

folgt, daß die Adjazenzbedingung mit den bisher verfügten Codespalten bereits erfüllt ist, im weiteren also nicht mehr berücksichtigt werden muß. Im ersten Fall ist es notwendig, den Implikanten in zwei Implikanten mit kleineren Adjazenzgruppen G_0 und G_1, $G_0 \cup G_1 = G$, aufzuspalten, so daß für keinen der neuen Implikanten Bedingung (5.10) erfüllt ist. Dies ist immer dadurch möglich, daß

$$G_0 := \{Z_j \in G \mid \psi_i(Z_j) = 0\} \text{ und } G_1 := \{Z_j \in G \mid \psi_i(Z_j) = 1\}$$

gesetzt wird. War Ungleichung (5.10) nach der Codierung von Spalte i-1 nicht erfüllt, so gilt dies mit einer solchen Aufspaltung auch für die Codierung nach Spalte i.

② Weiterhin müssen diejenigen Implikanten aufgetrennt werden, die zu unterschiedlichen Werten in der aktuellen Ansteuerspalte y_i führen. Repräsentiert ein symbolischer Implikant $I(\psi_1 \dots \psi_{i-1})$ die Transitionen $\{t_1, \dots t_k\}$, so entstehen daraus zwei Implikanten mit den Transitionsmengen

$$\{t_j \mid z_{i-1}(t_j) \oplus z_i^+(t_j) = y_i = 0\} \text{ und } \{t_j \mid z_{i-1}(t_j) \oplus z_i^+(t_j) = y_i = 1\}, \tag{5.12}$$

falls nicht eine dieser Mengen leer ist.

Eine aktualisierte Steuerwerkstabelle $T(\psi_1 \dots \psi_i)$ entsteht aus der vorhergehenden Tabelle $T(\psi_1 \dots \psi_{i-1})$ durch Anwendung der Vorschriften in ①/② auf die einzelnen Implikanten $I(\psi_1 \dots \psi_{i-1})$. Weiterhin werden die Zustandsvariable z_i und die Ansteuervariable y_i hinzugefügt. Die sich hieraus ergebende Anzahl von Implikanten bildet gleichzeitig die Kostenfunktion

$$K_h(\psi_1 \dots \psi_i) = |T(\psi_1 \dots \psi_i)|, \tag{5.13}$$

die die Anzahl der zu realisierenden Produktterme approximiert. Bei der letzten Aktualisierung zu $T(\psi_1 \dots \psi_r)$ kann die erste Ansteuerspalte y_1 berechnet und gemäß Vorschrift ② auch in der Kostenfunktion berücksichtigt werden. Wenn das Rückkopplungspolynom des Signaturregisters noch variabel ist, kann die erste Ansteuerspalte durch eine geeignete Wahl dieses Polynoms ebenfalls noch optimiert werden.

Satz 5.6: Es gilt $\forall \psi_i$: $K_h(\psi_1 \dots \psi_{i-1}) \leq K_h(\psi_1 \dots \psi_{i-1} \psi_i)$.

Beweis: Trivial, da durch ① und ② nur Implikanten aufgespalten, nie aber zusammengefaßt werden, so daß $|T(\psi_1 \dots \psi_{i-1})|$ nur wachsen kann.   ∎

Durch Induktion folgt, daß die Kostenfunktion Gleichung (5.9) erfüllt; daher kann ein Branch-and-Bound-Verfahren ähnlich Bild 5.15 zur Optimierung der Zustandscodierung verwendet werden. Allerdings ist zu beachten, daß das Minimum der heuristischen Kostenfunktion $K_h(\psi)$ nach (5.13) nicht unbedingt für die nach (4.11) optimale Codierung ψ_{opt} erreicht wird, da sie sich von der dort maßgeblichen exakten Kostenfunktion $K(\psi)$ unterscheidet. Die heuristische Kostenfunktion hat aber folgende Eigenschaft:

Satz 5.7: Die heuristische Kostenfunktion $K_h(\psi)$ nach Gleichung (5.13) stellt eine obere Schranke für die Anzahl der Produktterme dar, die eine PLA-Realisierung des Steuerwerks mit der Codierung ψ erfordert, $K_h(\psi) \geq K(\psi)$.

Beweis: $T(\psi)$ kann einfach in die Personalisierungstabelle eines PLA umgeformt werden, indem in allen Implikanten $(e, Z, z_1 \dots z_r; y_1 \dots y_r, a)$ die Mengen symbolischer Zustände Z weggelassen werden. Diese PLA-Realisierung des Steuerwerks erfordert ohne weitere Optimierung $K(\psi) = |T(\psi)|$ Produktterme.   ■

Folgende Spezialfälle machen die Realisierung einer Ansteuerspalte unnötig:
a) Alle Ansteuerwerte einer Spalte sind identisch. In diesem Fall entspricht die Folgezustandsvariable z_i^+ für alle Zustandsübergänge der räumlich und zeitlich vorhergehenden Zustandsvariablen z_{i-1} (bei $y_i \equiv 0$) bzw. ihrem Komplement (bei $y_i \equiv 1$) im Signaturregister.
b) Alle Ansteuerwerte sind gleich denen einer Ausgabespalte oder einer vorher realisierten Ansteuerspalte. Auch in diesem Fall ist die Ansteuerspalte redundant.

Für den Fall einer PLA-Realisierung der kombinatorischen Logik ist es daher sinnvoll, die Kostenfunktion noch etwas zu modifizieren, um den eventuellen Wegfall ganzer Ansteuerspalten zu berücksichtigen. Da PLAs im allgemeinen eine näherungsweise quadratische Form besitzen, wiegt der Wegfall einer Ausgabespalte eine zusätzliche Produkttermzeile (einen zusätzlichen Implikanten) auf. Ergibt sich eine konstante oder mit einer anderen Ausgabespalte identische Ansteuerspalte, wird der Kostenwert daher um 1 reduziert.

5.2.4.3 *Erzeugung von Codierspalten*

Eine Codierspalte ψ_i zerlegt die Zustandsmenge des Steuerwerks in zwei Teilmengen und weist diesen Teilmengen je eine Zustandsvariable $z_i = 0$ bzw. $z_i = 1$ zu. Dabei kommt es im wesentlichen darauf an, wie die zu ψ_i gehörende Codierungspartition φ_i festgelegt wird, da nur davon die Erfüllung von Adjazenzbedingungen und die Gleichheit von Ansteuervariablen abhängt. Eine günstige Codierungspartition φ_i verhindert die Aufspaltung von Implikanten der partiell codierten Steuerwerkstabelle $T(\psi_1 \dots \psi_{i-1})$ nach den Vorschriften ① und ② des Abschnitts 5.2.4.2. Bei der Zuordnung von binären Codewörtern ψ_i zu den Blöcken von φ_i wird darauf geachtet, daß in Implikanten, in deren Ausgabeteil bisher nur Nullen auftreten, nach Möglichkeit keine Ansteuervariablen $y_i = 1$ hinzugefügt werden, da Implikanten, deren gesamter Ausgabeteil Null ist, in einem PLA nicht als Produktterm implementiert werden müssen.

Definition 5.8: Die *Adjazenzmatrix*[*] $A(\psi_1 \ldots \psi_{i-1})$ einer partiell codierten Steuerwerkstabelle $T(\psi_1 \ldots \psi_{i-1})$ ist eine $n \times n$-Matrix mit Elementen $a_{jk} \geq 0$. Die Elemente mit $j \neq k$ entsprechen der Anzahl von Adjazenzgruppen in $T(\psi_1 \ldots \psi_{i-1})$, zu denen beide Zustände j und k gehören, für die Diagonalelemente wird $a_{jj} := 0$ gesetzt. Nach Gleichung (5.11) bereits erfüllte Adjazenzbedingungen bleiben hierbei unberücksichtigt. Die Adjazenzmatrix $A()$ von $T_{min}()$ ist gleichermaßen definiert.

Definition 5.9: Die *Gleichcodierungsmatrix* $GM(\psi_1 \ldots \psi_{i-1})$ einer partiell codierten Steuerwerkstabelle $T(\psi_1 \ldots \psi_{i-1})$ ist eine $n \times n$-Matrix mit Elementen $g_{jk} \geq 0$. Die Elemente mit $j \neq k$ entsprechen der Anzahl von Implikanten aus $T(\psi_1 \ldots \psi_{i-1})$, für die die Verhinderung einer Aufspaltung aufgrund unterschiedlicher Ansteuervariablen y_i nach (5.12) erfordert, daß die Zustände j und k mit identischen Variablen z_i codiert werden. Entsprechend ist die *Ungleichcodierungsmatrix* $UM(\psi_1 \ldots \psi_{i-1}) = (u_{jk})$ definiert, die erfaßt, wie häufig die Zustände j und k mit unterschiedlichen Variablen z_i codiert werden sollen. Für die zu $T_{min}()$ gehörenden Matrizen $GM()$ und $UM()$ seien alle Matrixelemente g_{jk} und u_{jk} gleich 0.

Zustandspaare mit hohen Werten von a_{jk} und g_{jk} sollten bevorzugt in den gleichen Block der Partition φ_i, Zustandspaare mit hohen Werten von u_{jk} in verschiedene Blöcke plaziert werden. Für günstige Codierungspartitionen nimmt

$$C(\varphi_i) = \sum_{j \overset{\varphi_i}{\sim} k} (a_{jk} + g_{jk} - u_{jk}) \tag{5.14}$$

kleine Werte an. Zusätzlich muß φ_i nach Gleichung (4.10) zulässig sein.

Die Berechnung einer Partition φ_i mit minimalem $C(\varphi_i)$ nach (5.14) setzt die Lösung des folgenden Entscheidungsproblems voraus:

Problem OZP (optimale Zustandspartition):
Beschreibung: Gegeben sei ein Graph $G = (Z, E)$ auf der Menge aller Zustände Z mit Kanten $\{i, j\} \in Z^2$ und Kantengewichten $w(\{i, j\}) = a_{ij} + g_{ij} - u_{ij} \in \mathbb{Z}$ und eine Schranke C_{max}.
Frage: Gibt es eine Zerlegung φ_i von Z in zwei disjunkte Teilmengen T_1 und T_2, so daß $|T_1| \leq 2^{r-1}$, $|T_2| \leq 2^{r-1}$ und so daß für die Kanten $e \in E' = E \setminus (T_1^2 \cup T_2^2)$, die die zwei Teilmengen verbinden, $C(\varphi_i) = \sum w(e) \leq C_{max}$ gilt?

Das Problem OZP ist identisch dem NP-vollständigen allgemeinen Problem der Partitionierung gewichteter Graphen [GaJo 79].

Allerdings geht durch die Zusammenfassung der Zustandsbedingungen und Folgezustandsbedingungen in der Funktion C Information verloren. So ist es unerheblich, ob die Ansteuerbedingung in einem Implikanten erfüllt wird, wenn die zugehörige Adjazenzbedingung verletzt wurde; in jedem Fall wird die Anzahl notwendiger Implikanten um 1 erhöht. Daher wird mit einem heu-

---

[*] Diese Definition entspricht weitgehend Definition 4.21 für Zustandsregister mit D-Flipflops.

ristischen Verfahren (vgl. [Sang 87, Dona 88]) eine bestimmte Anzahl bezüglich $C(\varphi_i)$ „günstiger" Partitionen gebildet und für jede dieser Partitionen dann die Kostenfunktion $K_h(\psi_1...\psi_i)$ berechnet. Günstige Codierspalten lassen sich auch nach Satz 4.11 aus den Zeilen der Adjazenzmatrix gewinnen. Die Anzahl gebildeter Partitionen bestimmt den Ausgangsgrad der Knoten im Suchbaum von Bild 4.9. Durch eine geeignete Wahl dieser Anzahl läßt sich je nach den Anforderungen an den Algorithmus entweder der Suchraum vergrößern, wodurch eventuell ein besseres Ergebnis erzielt wird, oder Rechenzeit einsparen.

5.2.4.4 Zusammenfassung des Algorithmus

Der gesamte Algorithmus (Bild 5.16) ergibt sich aus dem exakten Algorithmus in Bild 5.15 dadurch, daß die heuristische Kostenfunktion K_h eingesetzt wird und daß nicht alle zulässigen Codierspalten berücksichtigt werden, sondern nur eine Teilmenge günstiger Codierspalten. Zusätzlich erfordert die Berechnung der heuristischen Kostenfunktion K_h die Bereitstellung und Aktualisierung der partiell codierten Steuerwerkstabelle T.

```
Prozedur CODIERUNG_HEURISTISCH;
       Setze L:= Ø;
       Führe eine symbolische Minimierung bzgl. der Ausgabespalte durch
        und speichere die Tabelle in T;
       Generiere „günstige" 2-Block-Partitionen φ₁ für z₁,
        finde jeweils die beste Zuordnung φ₁→ ψ₁, aktualisiere T
        und setze L:=L∪ (ψ₁,K(ψ₁),T(ψ₁));
       Sortiere L nach aufsteigenden Kosten Kh(k);
       Solange für das erste Listenelement Ck^i i≠r
        (d.h. nicht alle Spalten codiert):
              Lösche Ck^i aus L;
              Generiere „günstige" 2-Block-Partitionen φi+1 für zi+1,
               finde die beste Zuordnung φi+1→ ψi+1,
               aktualisiere T(ψ₁...ψi) und
               sortiere (ψ₁...ψi+1,Kh(ψ₁...ψj+1),T(ψ₁...ψj+1)) gemäß Kh in L ein;
       Gebe die Codierung ψ₁ ... ψr aus;
END;
```

Bild 5.16: Heuristischer Algorithmus zur Zustandscodierung

Durch die Beschränkung der zu berücksichtigenden Codierspalten auf maximal c pro Verzweigung kann die maximale Zahl untersuchter Codierungen auf r^c begrenzt werden. Die maximale Länge von L ist demzufolge $O(r^c)$. Für jede Codierung muß die Tabelle T aktualisiert werden; aus der aktualisierten

Tabelle kann auch der Wert der Kostenfunktion berechnet werden. Der Aktualisierungsaufwand wird im wesentlichen durch die Länge von T bestimmt, die linear mit der Anzahl der Zustände n ansteigt. Das Einsortieren einer Codierung in L erfordert $O(r^c \log r^c)$ Schritte und ist dagegen vernachlässigbar. Die Gesamtkomplexität des Algorithmus liegt daher bei $O(n \cdot r^c)$.

Beispiel 5.3: Zur Illustration des Vorgehens dient das einfache Beispiel in Bild 5.17a. Nach der symbolischen Minimierung der Ausgabelogik erhält man die Tabelle $T_{min}()$ in Bild 5.17b. Mit der Codierung $\psi_1(A) = \psi_1(C) = 1$, $\psi_1(B) = 0$ wird die Adjazenzbedingung $\{A, C\}$ erfüllt, da $i_g = 2 - \lceil ld\ 2 \rceil = 1$. Eine Aufspaltung der Implikanten ist nicht nötig (Bild 5.18a).

E	Z	Z$^+$	A
0	A	A	10
1	A	B	00
0	B	B	01
1	B	C	10
0	C	B	10
1	C	A	00

symbolische Minimierung der Ausgabe

wird bei der symbolischen Minimierung der Ausgabelogik nicht berücksichtigt.

e	Z	a	Z$^+$
0	{A,C}	10	A oder B
1	{A,C}	00	B oder A
0	{B}	01	B
1	{B}	10	C

a)   b)

Bild 5.17: Symbolische Minimierung der Ausgabelogik

In der zweiten Codierspalte sind keine Adjazenzbedingungen mehr zu berücksichtigen; damit die ersten beiden Implikanten nicht aufgrund unterschiedlicher Ansteuervariablen aufgespalten werden müssen, sind aber die beiden Zustände A und B gleich zu codieren. Um eine zulässige Codierung zu erhalten, darf die Partitionierung die beiden Zustände A und C nicht in einem Block von φ_2 zusammenfassen. Die Codierung $\psi_2(A) = \psi_2(B) = 1$, $\psi_2(C) = 0$ erfüllt alle Bedingungen. Wählt man das Rückkopplungspolynom des Signaturregisters zu $s^Z(x) = 1 + x + x^2$, so daß im Systembetrieb $z_1^+ = z_1 \oplus z_2 \oplus y_1$ gilt, so erhält man die noch fehlende Ansteuervariable y_1 entsprechend Bild 5.18b, ohne daß dafür eine Vergrößerung der Anzahl der Implikanten nötig würde. Der Wert der Kostenfunktion bleibt demgemäß während der Optimierung konstant gleich $|T_{min}()| = K_h(\psi_1) = K_h(\psi_1\psi_2) = K_h(\psi) = 4$. Die Anzahl der Produktterme zur Implementierung von 5.18b beträgt dahingegen nur $K(\psi) = 3$: Der Ausgabeteil des zweiten Implikanten enthält nur Nullen und muß daher nicht implementiert werden. Allgemein kann eine nachfolgende Logikminimierung häufig die Anzahl der Produktterme gegenüber $K_h(\psi)$ noch vermindern (vgl. Satz 5.7).

a)

Z	A	B	C
Ψ_1	1	0	1

e	Z		z_1	a	Z^+
0	{A,C}	✓	1	10	A/B
1	{A,C}	✓	1	00	B/A
0	{B}		0	01	B
1	{B}		0	10	C

b)

Z	A	B	C
Ψ_2	1	1	0

e	z_1	z_2	y_1	y_2	a
0	1	–	1	0	10
1	1	–	0	0	00
0	0	1	1	0	01
1	0	1	0	1	10

Bild 5.18: Festlegung der Zustandsvariablen

5.2.5 Analyse der Ergebnisse

5.2.5.1 Implementierung des Zustandsregisters

Für die selbsttestbare Struktur von Bild 5.8 reichen zwei Betriebsarten des Zustandsregisters aus: Zum einen muß es im Systemmodus arbeiten können, der hier mit dem Signaturanalysemodus übereinstimmt, zum anderen muß es möglich sein, über einen Prüfpfad einen bestimmten Anfangszustand einzustellen bzw. die resultierende Signatur auszulesen. Dies ermöglicht die Implementierung in Bild 5.19, bei der im Gegensatz zu einem konventionellen multifunktionalen Testregister die Notwendigkeit entfällt, die vom vorhergehenden Speicherelement des Prüfpfads beeinflußten Eingänge der Antivalenzgatter zu deaktivieren. Damit können auch spezielle Teststeuerleitungen für das Selbsttestregister entfallen, der gewünschte Betriebsmodus läßt sich stattdessen über eine einzige Steuervariable System/Test einstellen (vgl. auch Bild 5.20a und b). Neben der Fläche des Testregisters wird dadurch auch der Aufwand für die Teststeuerung (z. B. nach [HaWu 90]) reduziert.

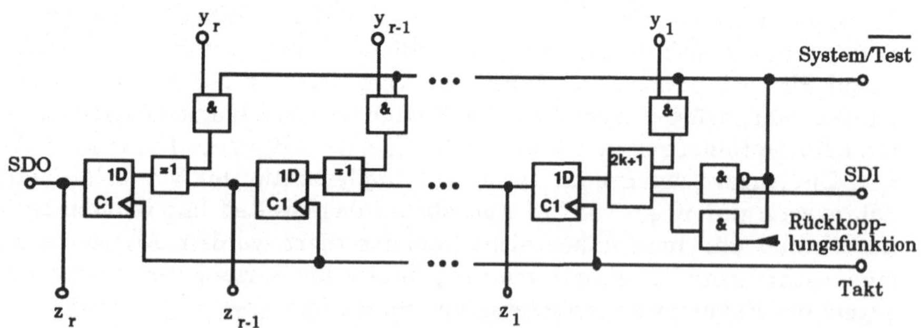

Bild 5.19: Testregister für die integrale Signaturanalyse.

Mit der Implementierung von Bild 5.19 (siehe auch Bild 5.20b) bleibt der kritische Pfad gegenüber einem konventionellen Selbsttestregister unverändert. Eine Erhöhung der Betriebsgeschwindigkeit läßt sich durch die Ansteuerung der Speicherelemente gemäß Bild 5.20c erreichen. Hier liegt das zur Betriebsartenumschaltung benötigte UND-Gatter nur während des Schiebebetriebs im Datenpfad, sonst ist System/$\overline{\text{Test}}$ = 1 und der Pfad von y_i über das UND-Gatter zum Flipflop-Eingang ist nicht durchgeschaltet.

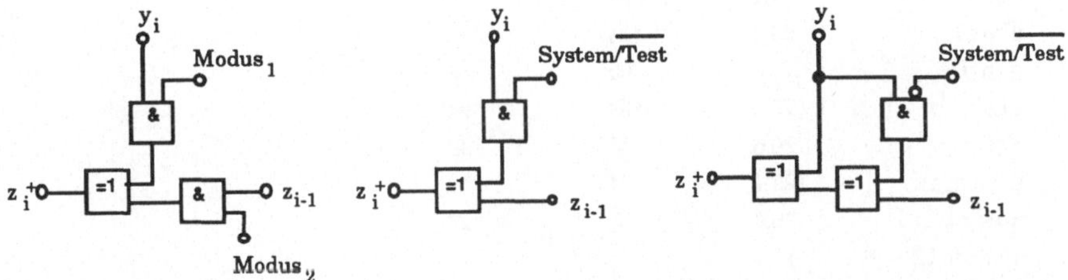

a) konventionelle Ansteuerung   b) integrierte Signaturanalyse I   c) integrierte Signaturanalyse II

Bild 5.20: Ansteuerung der Speicherelemente im Testregister

5.2.5.2 Implementierung der kombinatorischen Logik

Mit Hilfe der Zustandscodierung von Abschnitt 5.2.4 kann der zur Realisierung der integralen Signaturanalyse gegenüber einer D-Flipflop-Implementierung des Zustandsregisters notwendige Mehraufwand stark reduziert werden. Die für die Benchmark-Beispiele erzielten Ergebnisse sind in Tabelle 5.5 zusammengestellt. Da in der Literatur bisher noch kein Verfahren zur Zustandscodierung für Signaturregister vorgestellt wurde und eine garantiert optimale Lösung für die betrachteten Beispiele nicht mehr berechnet kann, wurde als Vergleichmaßstab für die Güte der Heuristik der beste von 50 Zufallscodes gewählt. Es zeigt sich, daß der vorgestellte Algorithmus dieser Strategie prinzipiell überlegen ist.

Die Struktur mit integraler Signaturanalyse hat gegenüber konventionellen Selbstteststrukturen Vorteile in Bezug auf Geschwindigkeit, Fehlerüberdeckung und Teststeueraufwand. Tabelle 5.6 zeigt, daß diese Vorteile nicht durch einen stark erhöhten Aufwand für die kombinatorische Logik erkauft werden müssen [EsWu 91b]. Für manche Beispiele kann sogar eine Reduzierung der kombinatorischen Logik erzielt werden*. Dieser Fall tritt besonders häufig bei mehrstufiger Logik auf, bei der mehr Freiheitsgrade zur Implementierung be-

---

* Für die Synthese der D-Flipflop-Lösungen wurden die Zustandscodierungsprogramme „NOVA" (2-stufige Logik [ViSa 90]) und „MUSTANG" (mehrstufige Logik [DMNS 88a]) verwendet.

stehen. Dabei muß beachtet werden, daß Tabelle 5.6 die konventionelle Lösung noch bevorzugt, da der Aufwand für die Testregister nicht erscheint.

Tabelle 5.5: Anzahl der Produktterme für Steuerwerke mit integraler Signaturanalyse

Beispiel	Ø von ... bester von ... ... 50 Zufallscodes		heuristische Lösung
bbtas	13,9	12	7
dk16	91,7	87	76
dk512	25,5	23	19
donfile	73,5	65	42
ex1	73,8	69	64
ex4	20,6	18	18
kirkman	122,1	94	67
mark1	26,0	25	23
modulo12	17,4	15	13
planet	103,9	102	94
sand	116,3	111	107
scf	168,0	156	138
styr	143,5	132	128
tbk	261,9	224	159

Tabelle 5.6: Vergleich der Ergebnisse für zwei- und mehrstufige Realisierungen

Beispiel	Anzahl der Produktterme		Anzahl der Literale	
	integrale Signaturanalyse	konv. Lösung	integrale Signaturanalyse	konv. Lösung
bbtas	7	8	20	26
dk16	76	59	289	270
dk512	19	18	67	70
donfile	42	35	121	160
ex1	64	48	288	280
ex4	18	19	65	77
kirkman	67	64	153	176
mark1	23	20	119	108
modulo12	13	13	39	35
planet	94	91	545	578
sand	107	97	566	570
scf	138	146	714	822
styr	128	94	629	594
tbk	159	154	421	547

Die Hauptbedeutung der integralen Signaturanalyse liegt jedoch insbesondere darin, daß sie die Verwendung von Signaturen als Testmuster ermöglicht und damit auf das zusätzliche Testregister zur Mustererzeugung verzichtet werden kann. Die Charakteristika dieses „parallelen Selbsttests" werden im nächsten Abschnitt detaillierter untersucht.

5.3 Synthese von Steuerwerken mit parallelem Selbsttest

5.3.1 Beschreibung des Übergangsverhaltens endlicher Automaten durch Markov-Ketten

Betrachtet man die Eingaben eines Schaltwerks als Zufallsgrößen, so bildet die Folge von Zuständen Z^t einen stochastischen Prozeß [Boot 67]. Aufgrund der Tatsache, daß der Zustand eines Schaltwerks zum Zeitpunkt t nur vom Zustand und den Eingaben zum Zeitpunkt t-1 abhängt, handelt es sich dabei genauer um einen homogenen Markov-Prozeß [Fell 57]. Die Folge von Zuständen Z^0, Z^1, ... Z^t, ... stellt eine Markov-Kette mit stationären Übergangswahrscheinlichkeiten $p_{ij} = p[Z^t = Z_j \mid Z^{t-1} = Z_i]$ dar.

Die 1-Wahrscheinlichkeit einer binären Eingabevariablen e_i sei konstant gleich $p_i = p[e_i = 1] = 1 - p[e_i = 0]$, d.h. der Eingabeprozeß ist ein stationärer Multinomialprozeß, jede Eingabevariable unterliegt einem Bernoulli-Prozeß. Man erhält eine solche Zufallsvariable e_i an einem Eingang des Schaltwerks zum Beispiel beim Test mit gewichteten Zufallsmustern. Eine der binären Belegung $e = (e_1 \ldots e_p)^T$ entsprechende Eingabe E hat bei statistischer Unabhängigkeit der Eingänge somit die Wahrscheinlichkeit

$$pE = \prod_{e_i=1} p_i \cdot \prod_{e_i=0} (1 - p_i). \tag{5.15}$$

Summiert man die Wahrscheinlichkeiten aller Eingaben E_k, für die das Schaltwerk vom Zustand Z_i in den Zustand Z_j übergeht, erhält man die Übergangswahrscheinlichkeiten

$$p_{ij} = \sum_{Z_j=f_z(E_k,Z_i)} p[E_k]. \tag{5.16}$$

Kennt man die Wahrscheinlichkeiten der einzelnen Zustände Z_k zu einem Zeitpunkt $t = 0$

$$pZ_k^0 = p[Z^0 = Z_k],$$

kann man die Zustandswahrscheinlichkeiten für alle Zeitpunkte $t \geq 0$ aus

$$pZ^t = pZ^0 \cdot P^t \tag{5.17}$$

berechnen (Chapman-Kolmogorov-Gleichung), wobei pZ^t den Zeilenvektor der Zustandswahrscheinlichkeiten $pZ^t = (pZ_1^t, \ldots pZ_n^t)$ und P die Matrix der Übergangswahrscheinlichkeiten $P = (p_{ij})$ darstellt [Fell 57]. Die Elemente der t-ten Potenz von P werden dabei im allgemeinen mit $p_{ij}^{(t)}$ bezeichnet. P ist eine stochastische Matrix, d. h. die Zeilensummen sind alle gleich 1

$$\forall i: \sum_{j=1}^{n} p_{ij} = 1, \qquad\qquad (5.18)$$

jedoch ist P im allgemeinen nicht doppelt stochastisch, d. h. die Spaltensummen sind ungleich 1.

Definition 5.10: Ein Zustand Z_k heißt *erreichbar* von Z_i, wenn ein $t \geq 0$ existiert, so daß $p_{ik}^{(t)} > 0$ gilt.

Wenn Z_k von Z_i aus erreichbar ist, existiert im Zustandsübergangsgraphen ZG ein gerichteter Weg von Z_i nach Z_k.

Definition 5.11: Zwei Zustände Z_i und Z_k heißen *gegenseitig erreichbar*, wenn Z_i von Z_k und Z_k von Z_i erreichbar ist.

Satz 5.12: Die Relation „gegenseitige Erreichbarkeit" ist eine Äquivalenzrelation (Beweis trivial).

Diese Äquivalenzrelation induziert eine Zerlegung der Menge aller Zustände in Äquivalenzklassen. Ist jeder Zustand von jedem anderen Zustand erreichbar, gibt es nur eine Äquivalenzklasse, die alle Zustände enthält.

Definition 5.13: Eine Markov-Kette heißt irreduzibel, wenn ihr Zustandsraum nur aus einer einzigen Äquivalenzklasse besteht.

Definition 5.14: Eine Menge G von Zuständen heißt abgeschlossen, wenn kein Zustand außerhalb von G von einem Zustand $Z_i \in$ G erreicht werden kann.

Betrachtet man nur Transitionen innerhalb einer abgeschlossenen Menge G, erhält man eine neue Markov-Kette. Die Entwicklung innerhalb dieser Kette ist unabhängig davon, ob sie in den ursprünglichen Prozeß eingebettet oder isoliert im Zustandsraum G allein betrachtet wird [Fers 70].

Ein einfach testbares Schaltwerk muß sowohl steuerbar als auch beobachtbar sein. Die Beobachtbarkeit eines Schaltwerks kann durch den Einbau eines Signaturregisters erhöht werden. Für die Steuerbarkeit ist es maßgeblich, daß man das Schaltwerk in beliebige Zustände überführen kann, d. h. daß die zugehörige Markov-Kette irreduzibel ist. Für die spezifizierten Zustände in der Praxis auftretender Steuerwerke ist diese Bedingung im allgemeinen erfüllt. Nicht jeder in der Implementierung auftretende Zustand taucht allerdings schon in der Spezifikation auf, wenn r Zustandsvariablen zur Codierung von n $< 2^r$ Zuständen verwendet werden. Im folgenden wird gezeigt, daß man sich auf die Betrachtung der abgeschlossenen Menge spezifizierter Zustände beschränken kann, wenn die kombinatorische Logik des Schaltwerks frei von Redundanzen ist. Ein redundanzfreier Entwurf ist zur Gewährleistung der Testbarkeit eines Schaltnetzes aber ohnehin notwendig.

Definition 5.15: Ein Schaltwerk heißt steuerbar, wenn für jeden Einfach-Haftfehler eine Eingabefolge existiert, die, ausgehend von einem Initialisierungszustand Z^0, zu einem fehlerhaften Zustand oder zu einer fehlerhaften Ausgabe führt.

Satz 5.16: Ist die kombinatorische Logik eines Schaltwerks redundanzfrei und ist der Zustandsübergangsgraph ZG des Schaltwerks stark zusammenhängend*, ist das Schaltwerk steuerbar.

Beweis: Da die kombinatorische Logik redundanzfrei ist, gibt es für alle Einfach-Haftfehler des Schaltnetzes eine Eingabe (e_i, z_j), die zu einer fehlerhaften Ausgabe des Schaltnetzes und damit zu einem fehlerhaften Zustand z^f oder zu einer fehlerhaften primären Ausgabe a^f des Schaltwerks führt. Es muß insbesondere ein z_j existieren, das in der Spezifikation des Schaltwerks enthalten ist [DMNS 90, Lemma 3]. Bei einem stark zusammenhängenden Zustandsübergangsgraphen gibt es eine Äquivalenzklasse bezüglich der Relation „gegenseitige Erreichbarkeit", die alle spezifizierten Zustände enthält. Diese Menge von Zuständen ist abgeschlossen, die zugehörige Teilkette irreduzibel. Aufgrund der dadurch gesicherten Erreichbarkeit aller spezifizierter Zustände vom Initialisierungszustand gibt es eine Eingabefolge, die das Schaltwerk vom Initialisierungszustand in den Zustand z_j überführt. ∎

Da reale Steuerwerke von wenigen Ausnahmen abgesehen stets stark zusammenhängende Übergangsgraphen besitzen, sind sie bei irredundantem Entwurf der kombinatorischen Logik im Systembetrieb prinzipiell steuerbar.

5.3.2 Nutzung von Signaturen als Testmuster

In Abschnitt 5.2 wurde davon ausgegangen, daß die Testmuster für die Zustandsvariablen in einem eigenen Mustergenerator erzeugt werden. Damit wird wie in Abschnitt 5.1 außer dem modifizierten Zustandsregister ein weiteres Selbsttestregister benötigt. Dieser zusätzliche Mustergenerator hat nur während des Tests eine Funktion, für den Systembetrieb ist er völlig irrelevant. Außerdem können in der Logik zum Umschalten zwischen System- und Testbetrieb Fehler vorhanden sein, die im Testbetrieb nicht erkennbar sind. Der parallele Selbsttest, bei dem die erzeugten Signaturen gleichzeitig als Testmuster verwendet werden (siehe Bild 5.21), vermeidet diese Probleme und bietet daher viele Vorteile. Wie in Abschnitt 2.4.3 dargestellt, können die Probleme, die sich dabei ergeben, von den bisher veröffentlichten Verfahren aber nicht zufriedenstellend gelöst werden.

---

* Ein Digraph heißt stark zusammenhängend, wenn von jedem Knoten eine gerichtete Kantenfolge zu jedem anderen Knoten des Digraphen führt.

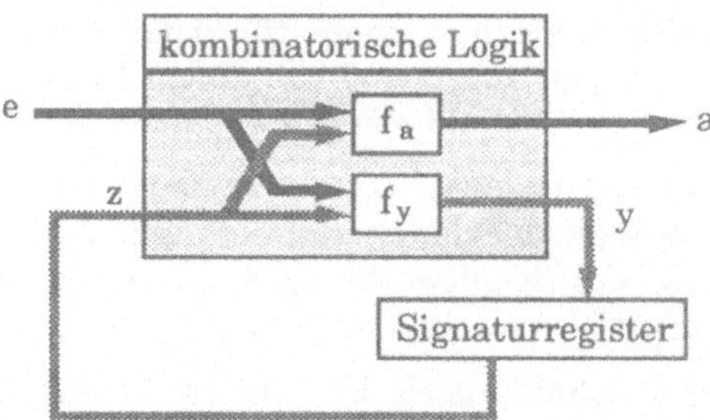

Bild 5.21: Schaltwerk mit parallelem Selbsttest

5.3.2.1 Steuerbarkeit

Wird das Steuerwerk mit parallelem Selbsttest konventionell entworfen, erhält man eine Realisierung, deren Verhalten im Systembetrieb sich von ihrem Verhalten im Testbetrieb stark unterscheidet [ChGu 89]. Während des Systembetriebs arbeiten die Speicherelemente z. B. als D-Flipflops, die Ansteuerung mit der Ansteuerbelegung y bewirkt einen Übergang in den Folgezustand $z^+ =$ y. Während des Selbsttests sind die Speicherelemente als Signaturregister konfiguriert, bei Ansteuerung der Zustandsregister mit der Belegung y geht das Steuerwerk abhängig von seinem bisherigen Zustand z und der Struktur des Signaturregisters in den Folgezustand $z^+ = y \oplus S(z)$ über. Auch bei zusammenhängenden Übergangsgraphen im Systembetrieb kann daher während des Selbsttests ein Übergangsgraph mit mehreren starken Zusammenhangskomponenten resultieren. Damit ist die Steuerbarkeit während des Selbsttestbetriebs nicht gewährleistet.

Beispiel 5.4: Das Verhalten des Schaltwerks mit der gegebenen Zustandscodierung von Bild 5.22a wird während des parallelen Selbsttests mit einem Signaturregister, das aus einem Standard-LRSR mit dem Rückkopplungspolynom $s(x) = 1 + x + x^2$ aufgebaut ist, durch den Übergangsgraphen von Bild 5.22c beschrieben. Er ergibt sich, wie in Bild 5.22b gezeigt, durch Berechnung der modifizierten Ansteuerfunktion $y \oplus S(z)$ im Selbsttestbetrieb. Der neue Übergangsgraph besteht aus den drei starken Zusammenhangskomponenten {00, 11}, {10} und {01}. Startet der Selbsttest z. B. im Zustand 10 mit der Eingabe e = 0, verläßt das Schaltwerk den Folgezustand 01 nicht mehr. Fehler, zu deren Erkennung einer der anderen Zustände eingenommen werden muß, sind in dieser Betriebsart prinzipiell nicht erkennbar.

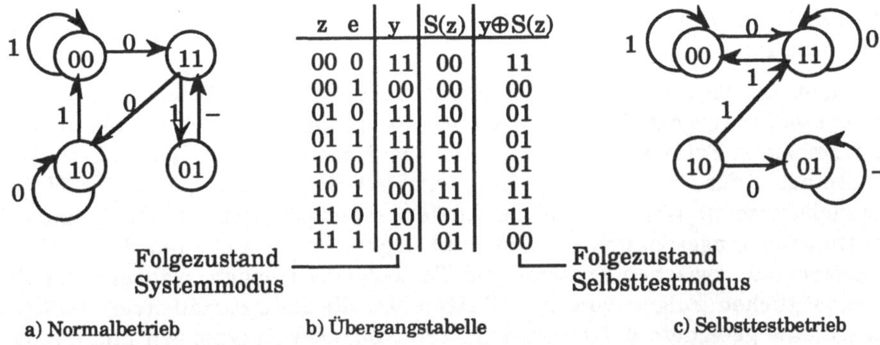

a) Normalbetrieb   b) Übergangstabelle   c) Selbsttestbetrieb

Bild 5.22: Beispiel für ein bei parallelem Selbsttest nicht steuerbares Schaltwerk

Die zum Verhalten des Steuerwerks im Systembetrieb gehörende Markov-Matrix sei im folgenden mit $P_S = (p^S_{ij})$ bezeichnet, die Markov-Matrix des Testbetriebs mit $P_T = (p^T_{ij})$. Es gilt $p^S_{ij} = p^T_{i\,j\oplus S(i)}$, d. h. die Reihenfolge der Spalten ist vertauscht. Zwar ist auch P_T stochastisch, jedoch ist die zu P_T gehörende Markov-Kette nur in einer eingeschränkten Menge von Fällen bezüglich aller spezifizierter Zustände irreduzibel. In [ChGu 89] wird nun eine Zustandscodierung konstruiert, die diese Fälle ausnutzt und damit die Irreduzibilität von P_T garantiert. Hierdurch beseitigt man sozusagen die Symptome reduzierter Steuerbarkeit im Testbetrieb, behebt aber nicht deren Ursache. Wie schon in Abschnitt 2.4.3 ausgeführt, bringt dieses Vorgehen noch einige weitere Nachteile mit sich.

Möchte man die Ursache der verminderten Steuerbarkeit beseitigen, ist es notwendig, auf einen Testmodus zu verzichten, in dem sich das Verhalten des Steuerwerks von seinem Verhalten im Normalbetrieb unterscheidet. Dies leistet aber gerade die in Abschnitt 5.2.1 eingeführte Steuerwerksstruktur. Die Zustandsregister arbeiten dauerhaft im Signaturanalysebetrieb, gleichzeitig realisiert das Schaltwerk das Systemverhalten, so daß die Steuerbarkeit gewährleistet ist. Die Markov-Matrix des Testbetriebs ist identisch mit der des Systembetriebs, $P_T = P_S$, die Markov-Kette enthält also eine irreduzible Teilkette, die alle spezifizierten Zustände beinhaltet. Als Folgerung ergibt sich, daß das in Abschnitt 5.2 vorgestellte Syntheseverfahren automatisch auch zu Steuerwerken führt, die prinzipiell parallel selbsttestbar sind.

Um die theoretisch sichergestellte Steuerbarkeit in der Praxis für die Erkennung von Fehlern ausnutzen zu können, muß eine entsprechende Folge von Eingabesignalen angelegt werden. Diese könnten extern abgelegt und direkt oder über einen Prüfpfad an die primären Eingänge des Schaltwerks gebracht werden. Für einen vollständigen Selbsttest ist es allerdings erforderlich, die Testmuster auf dem Chip selbst zu erzeugen. Dies ist mit konventionellen Schaltungen zur Generierung deterministischer Testmuster (z. B. [AgCe 81, AkJa 89, Daeh 83]) möglich. Auf die Verwendung von Pseudozufallsmustern, die erheblich einfacher auf dem Chip zu erzeugen sind, wird in Abschnitt 5.3.4 eingegangen.

Werden die Testmuster für die primären Eingänge auf dem Chip erzeugt, macht es die vorgestellte Entwurfsmethode erstmals möglich, Steuerwerke auf dynamisches Fehlverhalten während des Normalbetriebs zu testen, da die Testmuster für die primären Eingänge mit der Taktfrequenz des Normalbetriebs erzeugt werden und der Zustandsspeicher nicht in einen speziellen Testmodus umgeschaltet werden muß. Dabei ist es aufgrund des fehlenden Unterschieds zwischen System- und Testbetriebs möglich, während des Tests alle möglichen Folgen von zwei Zuständen, die im Normalbetrieb auftreten, durch eine geeignete Folge von primären Eingaben zu erzeugen und damit ein auch „für dynamische Fehler steuerbares" Schaltwerk zu erhalten.

5.3.2.2 Beobachtbarkeit

Auch die Beobachtbarkeit der Zustandsvariablen kann bei allen Ansätzen des parallelen Selbsttests durch eine veränderte Fehlermaskierung im Signaturregister beeinträchtigt werden. Die üblicherweise verwendeten Abschätzungen der Fehlermaskierungswahrscheinlichkeit setzen voraus, daß die Eingaben des Signaturregisters von dessen Zustand unabhängig sind. Diese Voraussetzung ist beim parallelen Selbsttest offensichtlich nicht erfüllt. Im folgenden wird daher eine Abschätzung der Fehlermaskierungswahrscheinlichkeit für Steuerwerke mit parallelem Selbsttest hergeleitet (vgl. [EsWu 91a]).

Ein Fehler f habe dazu geführt, daß sich ein Steuerwerk in einem fehlerhaften Zustand Z_f^0 befindet. Danach trete kein weiterer Fehler mehr auf. Der Fehler wird nach genau L Testmustern maskiert, wenn nach den ersten L - 1 Mustern T^i, $1 \leq i < L$, jeweils ein falscher Zustand Z_f^i eingenommen, gleichzeitig aber die richtige Ausgabe A^i produziert wurde und sich das Steuerwerk nach dem letzten Testmuster T^L wieder im richtigen Zustand Z^L befindet (siehe Bild 5.23).

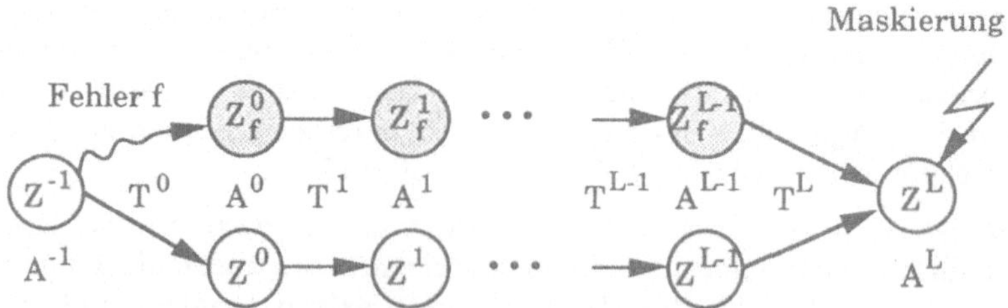

Bild 5.23: Korrekte und fehlerhafte Zustandsfolge bei Fehlermaskierung

Die Wahrscheinlichkeit, in einem fehlerhaften Zustand die richtige Ausgabe zu erzeugen, sei p_A, die Wahrscheinlichkeit, aus einem fehlerhaften Zustand in den richtigen Zustand überzugehen, p_Z. Beide Wahrscheinlichkeiten seien statistisch unabhängig. Die Wahrscheinlichkeit P_f, aus einem fehlerhaften Zustand $Z_f{}^i$ bei richtiger Ausgabe in einen fehlerhaften Folgezustand $Z_f{}^{i+1}$ überzugehen, ist dann

$$P_f = (1 - p_Z) \cdot p_A. \tag{5.19}$$

Für die Wahrscheinlichkeit $P_M(L)$ der Maskierung nach genau L Testmustern gilt

$$P_M(L) = P_f{}^{L-1} \cdot p_Z \cdot p_A = \frac{p_Z}{1 - p_Z} \cdot (1-p_Z)^L \cdot p_A{}^L. \tag{5.20}$$

Dauert der gesamte Test nach Auftreten eines Fehlers noch N Takte, kann ein Fehler nach L = 1, 2, ... N Takten maskiert werden, d. h. die Gesamtmaskierungswahrscheinlichkeit beträgt

$$
\begin{aligned}
P_M = \sum_{L=1}^{N} P_M(L) &= \frac{p_Z}{1 - p_Z} \cdot \sum_{L=1}^{N} [(1 - p_Z) \cdot p_A]^L \\[2ex]
&= \frac{p_Z}{1 - p_Z} \cdot \left[\frac{1 - [(1 - p_Z) \cdot p_A]^{L+1}}{1 - (1 - p_Z) \cdot p_A} - 1 \right] \\[2ex]
&< \frac{p_Z}{1 - p_Z} \cdot \left[\frac{1}{1 - (1 - p_Z) \cdot p_A} - 1 \right] \\[2ex]
&= \frac{p_A \cdot p_Z}{1 - (1 - p_Z) \cdot p_A}
\end{aligned}
\tag{5.21}
$$

Beispiel 5.4: Die folgende Herleitung soll es ermöglichen, eine Abschätzung der Größenordnung der Fehlermaskierung zu erhalten. Für reale Schaltungen müssen deren spezifische Eigenschaften in die Berechnung von p_A und p_Z einbezogen werden.

Ist die Wahrscheinlichkeit, in einem fehlerhaften Zustand die richtige Ausgabe zu erhalten, gleich der Wahrscheinlichkeit irgendeine andere Ausgabe zu erhalten, gilt $p_A = 2^{-q}$, wobei q die Anzahl der Ausgabevariablen ist. Ist auch die Wahrscheinlichkeit, in den richtigen Zustand überzugehen gleich der, in irgendeinen anderen Zustand überzugehen, gilt zusätzlich $p_Z = \frac{1}{s} = 2^{-r}$, wobei s die Anzahl möglicher Zustände des Signaturregisters angibt. Damit erhält man

$$P_M < \frac{1}{s \cdot (2^q - 1) + 1} \approx 2^{-(r+q)}. \tag{5.22}$$

Für ein Steuerwerk mit s = 32 Zuständen und q = 20 Ausgabevariablen ergibt sich damit eine Maskierungswahrscheinlichkeit $P_M < 2{,}98 \cdot 10^{-8}$. ●

Beispiel 5.5: Für einen Moore-Automaten, dessen Ausgabe- und Folgezustandslogik in getrennten Schaltnetzen implementiert sind (vgl. z. B. [DMNS 89]), hängt bei Zugrundelegung des Einfach-Haftfehlermodells die

Wahrscheinlichkeit p_A nur von der Anzahl von Zuständen ab, die zur gleichen Ausgabe führen. Befindet sich der Fehler in der Ausgabelogik, ist keine Maskierung möglich; betrifft er die Folgezustandslogik, wird die zu dem jeweiligen Zustand gehörende Ausgabe fehlerfrei erzeugt. Führen n_i Zustände zur gleichen Ausgabe A_i, $i = 1, 2, ..., k$, und gehört der fehlerhafte Zustand zur Gruppe i, bleiben $n - 1$ mögliche fehlerfreie Zustände übrig, von denen $n_i - 1$ ebenfalls zur Gruppe i gehören. Die Wahrscheinlichkeit, eine mit dem fehlerfreien Zustand übereinstimmende Ausgabe zu erhalten, ist demnach

$$p_A{}^i = \frac{n_i - 1}{n - 1}. \tag{5.23}$$

Gemittelt über alle Zustände ergibt sich

$$\overline{p_A} = \sum_{i=1}^{k} \frac{n_i}{n} p_A{}^i = \frac{1}{n(n-1)} \sum_{i=1}^{k} n_i (n_i - 1). \tag{5.24}$$

Ist $n_1 = n_2 = ... n_k = 1$, d. h. alle Zustände führen zu unterschiedlichen Ausgaben, wird $p_A = 0$, in diesem Fall ist bei Auftreten nur eines Fehlers offensichtlich prinzipiell keine Maskierung möglich.   ●

Die Gefahr einer Fehlermaskierung läßt sich analog zu Abschnitt 5.2.2 mit den dort eingeführten Strukturen reduzieren. Erweitert man das Signaturregister nach Bild 5.9 bzw. Bild 5.10, muß allerdings beachtet werden, daß der Folgezustand des ersten Flipflops z_1 im Zustandsregister von der Betriebsart abhängt. Im Testbetrieb gelte $z_1{}^+ = y_1 \oplus u$, wobei u von den Inhalten der nicht zum Signaturregister gehörenden Speicherelemente mitbestimmt wird. Damit ist es möglich, Zustände zu erreichen, deren Verhalten in der Zustandsübergangstabelle nicht spezifiziert wurde. Es reicht zur Sicherstellung der Steuerbarkeit nicht mehr wie in Satz 5.16 aus, nur die spezifizierten Zustände zu betrachten, vielmehr muß es von jedem durch entsprechende Wahl von u erreichbaren Zustand eine Möglichkeit geben, wieder in einen spezifizierten Zustand überzugehen. Da das Verhalten der unspezifizierten Zustände beliebig festgelegt werden kann, ist die Einfügung solcher Zustandsübergänge immer möglich, erfordert allerdings unter Umständen etwas Mehraufwand bei der Realisierung der Folgezustandslogik.

5.3.3 Fallbeispiel: „Boundary Scan"-Steuerwerk

Das in Abschnitt 2.3.3.3 eingeführte „Boundary Scan"-Steuerwerk ist ein besonders gutes Beispiel für die Anwendung der vorgestellten Entwurfsmethode. Das Steuerwerk hat zusammen mit dem Befehlsregister die Aufgabe, die Testschnittstelle eines Chips nach außen hin zu standardisieren und die Steuerung der auf dem Chip vorhandenen Testhilfen zu übernehmen. Natürlich ist es wünschenswert, daß diese Teststeuerung selbst auch getestet wird. Ein funktionaler Test der Teststeuerung erfordert allerdings $589 + 23 N_b + 12$

N_d Testmuster [DaUY 89], wobei N_b die Breite des „Boundary Scan"-Befehlsregisters und N_d die Breite des „Boundary Scan"-Datenregisters sind.

Um diese Testfolge zu verkürzen, kann man zu einem strukturellen Test übergehen, indem man einen Prüfpfad in das Steuerwerk einfügt. Dies wurde auch im „Boundary Scan"-Standard vorgeschlagen [IEEE 90], erfordert allerdings 3 zusätzliche Anschluß-Pins für Schiebeeingang, -ausgang und Schiebetakt über die 5 speziellen „Boundary Scan"-Anschlüsse hinaus. Im Vergleich zur Größe der getesteten Logik erscheint dieser Aufwand unberechtigt. Auch bei einer konventionellen Selbstteststruktur, bei der man die Testmustererzeugung und -auswertung auf dem Chip integriert, sind zusätzliche Anschlüsse zur Steuerung der Selbsttestregister notwendig.

Aufgrund der Tatsache, daß das „Boundary Scan"-Steuerwerk auf jedem zum IEEE-Standard kompatiblen Chip zur Verfügung stehen muß, sollte dieses weiterhin möglichst wenig Fläche beanspruchen. Die optimierte Selbstteststruktur von Bild 5.21, bei der das Signaturregister im Normalbetrieb des „Boundary Scan"-Steuerwerks automatisch mitläuft, wird all diesen Anforderungen gerecht.

Da es sich um einen Moore-Automaten handelt und die Ausgabevariablen in Abhängigkeit vom alten Zustand des Steuerwerks bestimmt werden müssen, werden Ausgabe- und Folgezustandslogik getrennt realisiert. Als Zustandsregister wird, wie in den vorhergehenden Abschnitten ausgeführt, ein paralleles Signaturregister verwendet. In den Test einbezogen wird im folgenden wie in [DaUY 89] auch das „Boundary Scan"-Befehlsregister. Einige Ausgaben des Steuerwerks wie auch die Befehle werden in einem zusätzlichen parallelen Signaturregister beobachtet. Beide Signaturregister werden zur Reduzierung der Fehlermaskierungswahrscheinlichkeit miteinander ähnlich wie in Bild 5.11 gekoppelt. Damit erhält man die Blockstruktur in Bild 5.24.

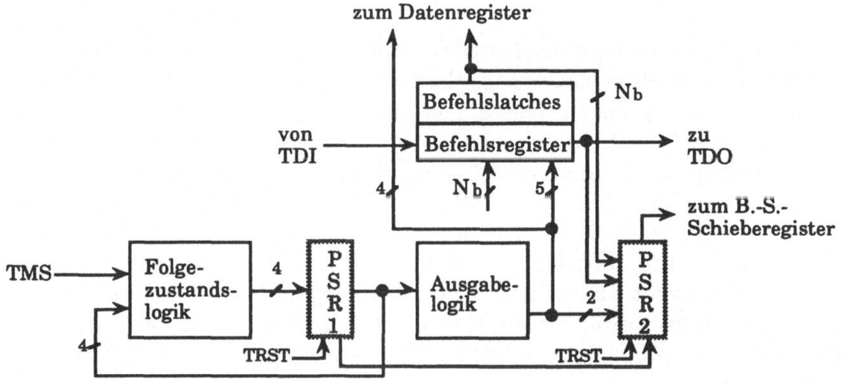

Bild 5.24: Struktur der selbsttestbaren „Boundary Scan"-Testschnittstelle

Während des Betriebs wird die Schaltung durch die primären Eingaben TRST, TDI und TMS gesteuert. Diese Eingaben dienen gleichzeitig als Testmuster; weitere Testmuster für die Ausgabelogik und die Zustandsvariableneingänge der Folgezustandslogik ergeben sich automatisch aus dem Inhalt des Zustandsregisters PSR1. Die Testantworten der Folgezustands- und Ausgabelogik des Steuerwerks sowie des Befehlsregisters werden in den beiden Signaturregistern PSR1 und PSR2 kompaktiert. Dabei sind PSR1 und PSR2 gemäß Bild 5.25 zusammengeschaltet.

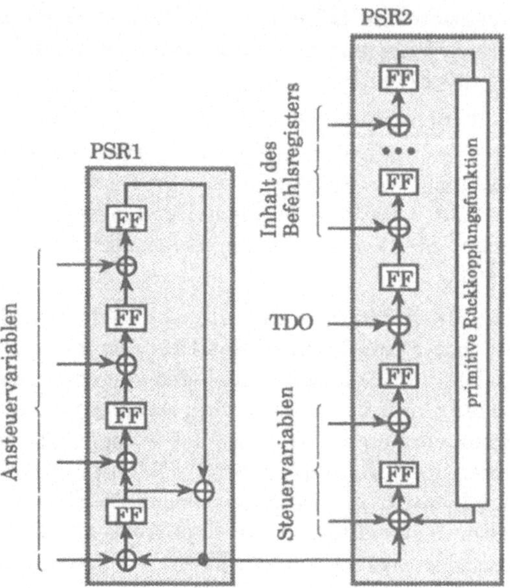

Bild 5.25: Signaturanalyse im „Boundary Scan"-Steuerwerk

Die meisten Ausgabesignale des Steuerwerks können indirekt über das Befehlsregister beobachtet werden, so daß sie nicht explizit in die Signaturanalyse einbezogen sein müssen. Das Ergebnis der Signaturanalyse kann über den „Boundary Scan"-Pfad ausgelesen werden, indem PSR2 zu den „Boundary Scan"-Datenregistern hinzugefügt wird. Eine Umschaltung der Betriebsart des „Boundary Scan"-Steuerwerks ist auch zur Überprüfung der Signatur nicht notwendig, da der Inhalt seiner Speicherelemente durch die Verbindung der Flipflops gemäß Bild 5.25 fortlaufend als Schiebefolge am Ausgang von PSR2 beobachtbar ist. Die Schnittstelle zur übergeordneten Teststeuerung (z. B. [HaWu 90]) bleibt damit unverändert, der Test der „Boundary Scan"-Logik macht sich nach außen hin nur durch eine Verlängerung der Signatur um N_b + 3 Bit bemerkbar.

Führt man den Entwurf mit Hilfe eines Standardzellensystems [OCT 89] bis zum fertigen Layout weiter, erhält man die Ergebnisse in Tabelle 5.7 (vgl. Anhang A.2.1 und A.2.2). Die resultierende parallel selbsttestbare Lösung wird hier mit einer konventionellen Lösung verglichen, deren kombinatorische Logik aus dem Normvorschlag [IEEE 90] übernommen wurde und die getrennte Register zur Mustererzeugung und Signaturanalyse beinhaltet. Die Einsparung der Registerduplikation und der Modusumschaltlogik bei gleichzeitiger Beibehaltung einer effizienten Realisierbarkeit der kombinatorischen Logik hat eine starke Verminderung der benötigten Fläche zur Folge. Zudem kann die Betriebsgeschwindigkeit der Schaltung deutlich erhöht werden. Die angegebene Verzögerungszeit entspricht der Summe der Gatterverzögerungen auf dem kritischen Pfad.

Tabelle 5.7: Ergebnisse der Layout-Synthese des „Boundary Scan“-Steuerwerks

Lösungsalternative	Gesamtfläche in λ^2		Verzögerung (komb. Logik) in ns	
			Folgezustandslogik	Ausgabelogik
konventionell nach [IEEE 90]	768×683	524544	45	21
mit parallelem Selbsttest	568×635	360680	33	25

Für einen vollständigen Test des Befehlsregisters reicht es aus, wenn während des Tests für jede Registerzelle alle vier Zustandsübergänge $0 \rightarrow 0$, $1 \rightarrow 0$, $0 \rightarrow 1$, $1 \rightarrow 1$ vorkommen. Dies wird während der Benutzung der „Boundary Scan“-Schnittstelle immer gewährleistet sein. Um eine einfache Modellierung zu erhalten, wurde bei der Fehlersimulation der entworfenen Schaltung von einer Eingabefolge ausgegangen, in der der Befehl EXTEST (mit der Codierung ´00...0´) und der Befehl BYPASS (mit der Codierung ´11..1´) ausgeführt werden. Dazwischen werden Testmuster in das Datenregister geschrieben, freigegeben und Testantworten aus dem Datenregister ausgeschoben. Dies entspricht dem Ablauf im normalen „Boundary Scan“-Betrieb für einen Test der Verbindungsleitungen.

Schon mit dieser kurzen Eingabefolge ist es möglich, durch Vergleich der resultierenden Signatur mit der Sollsignatur über 99 % aller beobachtbaren Einfach-Haftfehler der Schaltung („Boundary Scan“-Steuerwerk und Befehlsregister) – inklusive der Speicherelemente – sicher zu erkennen [Jone 90]. Die restlichen nur potentiell erkennbaren Fehler entsprechen Haftfehlern der Rücksetzsignale (z. B. TRST). Sie sind nur dann sicher erkennbar, wenn vor dem Rücksetzen definierte Werte in den Speicherelementen enthalten sind. Da die Schaltung im allgemeinen nur einmal vor Beginn des eigentlichen Betriebs initialisiert wird, ist dies jedoch ohne besondere Testfolgen nicht zu gewährleisten.

Zusammengefaßt läßt sich festhalten, daß mit den vorgestellten Entwurfsprinzipien ein „Boundary Scan“-Steuerwerk entworfen werden kann, das automatisch während des normalen Betriebs der Schaltung getestet wird. Weder müssen spezielle Testmuster generiert, noch eine komplizierte Selbstteststeuerung implementiert werden. Die Lösung erfordert nur einen geringen Flächenmehraufwand und ermöglicht eine hohe Betriebsgeschwindigkeit. Sie erlaubt auch die Erkennung von Fehlern der Speicherelemente, dynamischen Fehlern und transienten Fehlern während des Betriebs [EsWu 91a].

5.3.4 Paralleler Selbsttest mit Pseudozufallsmustern

In Abschnitt 5.3.2 wurde angedeutet, daß ein parallel selbsttestbares Steuerwerk auch durch das Anlegen von Pseudozufallsmustern an die primären Eingänge des Steuerwerks getestet werden kann. Dies soll im folgenden weiter untersucht werden.

In [Wund 89] wurde erstmals ein Verfahren zum Test sequentieller Schaltungen mit Pseudozufallsmustern vorgeschlagen. Dabei wurde vorausgesetzt, daß ein Teil der Speicherelemente gemäß Abschnitt 2.3.3.2 in einen partiellen Prüfpfad einbezogen ist, um Zyklen im Abhängigkeitsgraphen aufzutrennen. Da bei Steuerwerken, wie schon früher ausgeführt, die Speicherelemente stark miteinander verkoppelt sind, führt dieses Vorgehen hier dazu, daß alle Speicherelemente in den Prüfpfad aufgenommen werden müssen, das Verfahren mithin zu einem konventionellen Test von Schaltnetzen mit Pseudozufallsmustern degeneriert. Zudem führen die für sequentielle Schaltungen notwendigen zeitvariablen Verteilungen der Eingangswahrscheinlichkeiten zu einem größeren Aufwand bei der Erzeugung der Testmuster. Für den Selbsttest, bei dem die Testmuster durch eine Schaltung auf dem Chip erzeugt werden müssen, wurde daher vorgeschlagen, die 1-Wahrscheinlichkeiten der gewünschten Eingangssignale über die Zeit zu mitteln und Zufallsmuster mit diesen gemittelten 1-Wahrscheinlichkeiten zu erzeugen. Dadurch gelten allerdings die vorher angestellten Betrachtungen zur Fehlererkennungswahrscheinlichkeit und zur notwendigen Testlänge nicht mehr.

Im folgenden wird von der Struktur in Bild 5.26 ausgegangen, bei der mit Hilfe eines Registers zur Erzeugung ungleich verteilter Zufallsmuster (vgl. Abschnitt 2.3.4.1) Eingangssignale mit optimierten Eingangswahrscheinlichkeiten pE^t an das gemäß Abschnitt 5.3.2 entworfene Steuerwerk angelegt werden. Es wird untersucht, wie die Eingangswahrscheinlichkeiten, die Testlänge und die Testkonfidenz voneinander abhängen.

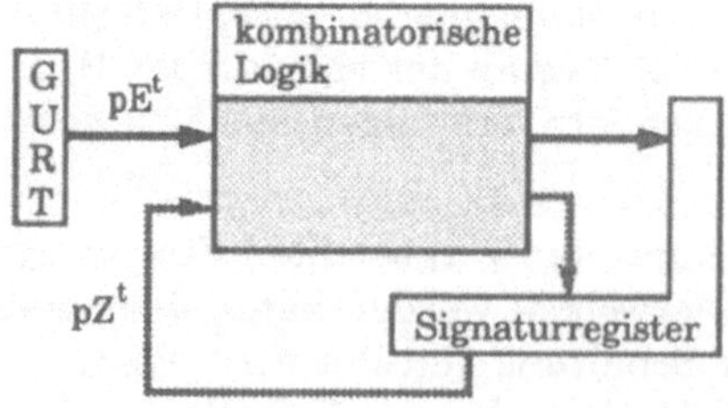

Bild 5.26: Paralleler Selbsttest mit Pseudozufallsmustern

Zunächst sollen jedoch die Betrachtungen aus Abschnitt 5.3.1 weitergeführt werden, um dafür die notwendigen Grundlagen zu schaffen. Man interessiert sich dabei hauptsächlich für das Verhalten des das Steuerwerk beschreibenden Markov-Prozesses für den Fall einer großen Anzahl angelegter Testmuster. Ein ähnliches Vorgehen wurde in [ShMc 76] zur Analyse der Fehlerlatenz einer sequentiellen Schaltung angewendet. Ausführlicher wird die Anwendung der Markov-Theorie auf endliche Automaten in [Boot 67] beschrieben.

Definition 5.17: Ein Vektor von Zustandswahrscheinlichkeiten pZ^s heißt *stationär*, genau dann wenn $pZ^s = pZ^s \cdot P$.

Wenn für einen Markov-Prozeß $\wp$ mit der Übergangsmatrix P ein solcher stationärer Vektor existiert, kann er durch Lösung des homogenen linearen Gleichungssystems

$$pZ^s \cdot (P - I_s) = 0 \tag{5.25}$$

berechnet werden, mit der Nebenbedingung, daß alle Komponenten von pZ^s nichtnegativ sind und ihre Summe 1 ergibt. Aus Gleichung (5.25) wird deutlich, daß pZ^s dann ein Linkseigenvektor von P zum Eigenwert $\lambda_1 = 1$ ist.

Definition 5.18: Ein Zustand Z_i hat eine *Periode* t_p, wenn $p_{ii}^{(t)} = 0$ für alle $t \neq k \cdot t_p$, $k \in N$ und t_p die größte Zahl mit dieser Eigenschaft ist.

Satz 5.19 [FrHW 79]: Wenn es einen Zustand Z_i mit $p_{ii} \neq 0$ gibt und die Markov-Kette irreduzibel ist, so hat jeder Zustand der Markov-Kette die Periode $t_p = 1$. Die Markov-Kette heißt dann *aperiodisch*.

Besitzt ein Zustand eine Periode $t_p > 1$, heißt dies, daß dieser Zustand von einem anderen Zustand nur in t_{min}, $t_{min} + t_p$, $t_{min} + 2\,t_p$, ... Schritten zu erreichen ist, nicht jedoch z. B. in $t_{min} + 1$ Schritten. Befindet sich in einem stark zusammenhängenden Zustandsübergangsgraph eine Schlinge, d. h. ein Übergang von einem Zustand zu sich selbst, hat nach Satz 5.19 jeder Zustand die Periode 1, ist also nach einer gewissen Mindestzeit t_{min} von jedem Zustand aus in beliebig vielen Schritten erreichbar, was auch anschaulich einsichtig ist. Besitzt eine Steuerwerk z. B. ein Rücksetzsignal, so daß man vom Grundzustand immer in einem Schritt wieder in den Grundzustand zurückgelangt, ist diese Voraussetzung sicher erfüllt.

Definition 5.20: Eine Markov-Kette heißt *ergodisch*, wenn ein Zeitpunkt t existiert, so daß für alle Zustandspaare Z_i, Z_j $p_{ij}^{(t)} > 0$ gilt.

Satz 5.21 [Ross 83]: Jede irreduzible und aperiodische Markov-Kette mit endlichem Zustandsraum ist ergodisch.

Mit diesen Begriffen kann folgender zentraler Satz formuliert werden:

Satz 5.22 [Fers 70]: Für jede irreduzible und ergodische Markov-Kette existiert der Grenzwert $\lim_{t \to \infty} pZ^t = \lim_{t \to \infty} pZ^0 \cdot P^t$ und ist gleich dem eindeutig bestimmten stationären Vektor von Zustandswahrscheinlichkeiten pZ^s.

Die Wahrscheinlichkeit dafür, das System nach langer Zeit in einem bestimmten Zustand zu finden, ist also unabhängig vom Ausgangszustand. Die Konvergenzgeschwindigkeit ist im allgemeinen recht groß [ShMc 76], so daß der Fehler $\varepsilon^t = |\,pZ^s - pZ^t\,|$ mit wachsendem t sehr schnell gegen Null geht. Eine genauere Analyse beruht auf den Eigenwerten λ_i der Übergangsmatrix P. Die Jordansche Normalform der Matrix im Fall einfacher Eigenwerte lautet

$$P = \sum_{i=1}^{s} \lambda_i \cdot r_i \cdot \ell_i \,, \tag{5.26}$$

wobei r_i und ℓ_i die Rechts- bzw. Linkseigenvektoren zum Eigenwert λ_i darstellen und so normiert sind, daß das Skalarprodukt $\ell_i^T \cdot r_i = 1$ ist. Weiterhin gilt

$$P^t = \sum_{i=1}^{s} \lambda_i^t \cdot r_i \cdot \ell_i \,. \tag{5.27}$$

Die λ_i seien betragsmäßig geordnet[*], $1 = |\lambda_1| > |\lambda_2| \geq ... \geq |\lambda_s| > 0$. Dann ist[#]

$$\lim_{t \to \infty} P^t = \lim_{t \to \infty} \sum_{i=1}^{s} \lambda_i^t \cdot r_i \cdot \ell_i = r_1 \cdot \ell_1 = P^s, \tag{5.28}$$

die Konvergenzgeschwindigkeit hängt also im wesentlichen vom Betrag des zweitgrößten Eigenwertes $|\lambda_2|$ ab. Auf die Betrachtung des Falles von Übergangsmatrizen mit mehrfachen Eigenwerten soll verzichtet werden, hierfür wird auf die mathematische Standardliteratur verwiesen.

Satz 5.23 [FrHW 79]: Existiert $P^s = \lim\limits_{t \to \infty} P^t$, so ist auch $\lim\limits_{t \to \infty} \dfrac{1}{t} \sum\limits_{i=0}^{t-1} P^i = P^s$.

Daraus folgt für die durchschnittliche Zustandswahrscheinlichkeit

$$\lim_{t \to \infty} \frac{1}{t} \sum_{i=0}^{t-1} pZ^i = \lim_{t \to \infty} \frac{1}{t} \sum_{i=0}^{t-1} pZ^0 \cdot P^i = pZ^s.$$

Mit den Sätzen 5.22 und 5.23 wird die Analyse der Selbstteststruktur in Bild 5.26 stark vereinfacht, denn pZ^t kann bei langen Testfolgen durch den zeitunabhängigen Vektor von stationären Zustandswahrscheinlichkeiten pZ^s ersetzt werden. Aus den 1-Wahrscheinlichkeiten der Eingangsvariablen pe können die Eingabewahrscheinlichkeiten pE mit Gleichung (5.15) leicht bestimmt werden. Es sei $p_{f_i}(pE, pZ)$ die Wahrscheinlichkeit, daß ein Fehler f_i sensibilisiert und an mindestens einen der Ausgänge (primärer Ausgang oder Folgezustandsausgang) der kombinatorischen Logik des Steuerwerks durchgeschaltet wird, wenn ein Zufallsvektor mit der Wahrscheinlichkeitsverteilung pE an die primären Eingänge und der Verteilung pZ an die Zustandseingänge angelegt

---

[*] $\lambda_1 = 1$ folgt wie auch $0 < |\lambda_i| < 1$, $i > 1$, daraus, daß die Markov-Kette irreduzibel und ergodisch ist [Boot 67].

[#] r_1 ist bei stochastischen Matrizen immer gleich dem Eins-Vektor $(1, 1, ..., 1)^T$.

wird. Ist die Verteilung der primären Eingaben pE gegeben, ist mit Gleichung (5.16) die Markov-Matrix P bestimmt. Aus dieser können mit Gleichung (5.25) die stationären Zustandswahrscheinlichkeiten $pZ^s(pE)$ berechnet werden. Ein anderer, unter Umständen effizienterer Weg zur Berechnung von $pZ^s(pE)$ wurde in [Koll 91] untersucht. Die Wahrscheinlichkeit, daß N Testmuster mit den Eingangswahrscheinlichkeiten pE den Fehler f_i nicht aufdecken, ist dann $(1 - pf_i(pE, pZ^s(pE)))^N$. Nach Gleichung (2.5) wird die Wahrscheinlichkeit $J_N(pE)$, daß alle Fehler $f_i \in F$ zumindest einmal aufgedeckt werden, sehr gut durch

$$J_N(pE) = \prod_{f_i \in F} (1 - (1 - pf_i(pE, pZ^s(pE)))^N) \tag{5.29}$$

angenähert. Da die Ausgänge der kombinatorischen Logik nicht direkt beobachtet, sondern durch Signaturanalyse kompaktiert werden, ist zusätzlich die Fehlermaskierungswahrscheinlichkeit P_M zu berücksichtigen und man erhält für die Testkonfidenz des parallelen Selbsttests sequentieller Schaltungen mit Zufallsmustern

$$K_N(pE) = (1 - P_M) \cdot J_N(pE) \tag{5.30}$$

[EsWu 91a]. Aus Gleichung (5.30) kann die notwendige Testlänge N, um eine bestimmte Testkonfidenz K_N für eine vorgegebene Schaltung zu erhalten, berechnet werden [Wund 90].

Natürlich erhält man nicht für alle Schaltwerke Zustandswahrscheinlichkeiten, die einen hinreichend kurzen Test erlauben. Die Optimierung von Eingangswahrscheinlichkeiten und die Nutzung mehrerer verschiedener Verteilungen von Eingangswahrscheinlichkeiten [Wund 90] erlauben jedoch auch für diese Fälle den Einsatz der beschriebenen Entwurfsmethode. Die Suche nach optimierten Eingangswahrscheinlichkeiten pE für den Zufallstest von parallel selbsttestbaren Schaltwerken läßt sich wie folgt formulieren:

$$\min_{pE}: \quad N(pE) \tag{5.31}$$

unter der Nebenbedingung $(1 - P_M) \cdot \prod_{f_i \in F} (1 - (1 - pf_i(pE, pZ^s(pE)))^N) = K.$

Die gewünschte Testkonfidenz K wird dabei vorgegeben, die Fehlermaskierungswahrscheinlichkeit P_M, die Fehlererkennungswahrscheinlichkeiten pf_i und die Abhängigkeit der Zustands- von den Eingangswahrscheinlichkeiten sind durch das zu testende Steuerwerk bestimmt.

Beispiel 5.6: Für das „Boundary Scan"-Steuerwerk aus Abschnitt 5.3.3 und den Startzustand „Test-Logic-Reset" erhält man die schnell konvergierende Folge von Zustandswahrscheinlichkeiten in Tabelle 5.8. Schon nach 15 Testmustern ist der Vektor der Zustandswahrscheinlichkeiten auf drei Stellen identisch mit dem stationären Vektor. Der betragsmäßig größte Eigenwert der Übergangsmatrix ungleich 1 berechnet sich hierbei zu $\lambda_2 = 0{,}809$.

Tabelle 5.8: **Markov-Folge für das „Boundary-Scan"-Steuerwerk**

t	0	1	2	. 4	. 6	... 10	... 15	stationär
pZ_1^t	1,000	0,500	0,250	0,125	0,109	0,084	0,083	0,083
pZ_2^t	0,000	0,500	0,500	0,250	0,172	0,168	0,167	0,167
pZ_3^t	0,000	0,000	0,250	0,188	0,109	0,112	0,111	0,111
pZ_4^t	0,000	0,000	0,000	0,125	0,063	0,057	0,056	0,056
pZ_5^t	0,000	0,000	0,000	0,063	0,094	0,093	0,093	0,093
pZ_6^t	0,000	0,000	0,000	0,063	0,094	0,073	0,074	0,074
pZ_7^t	0,000	0,000	0,000	0,000	0,063	0,072	0,074	0,074
pZ_8^t	0,000	0,000	0,000	0,000	0,016	0,037	0,037	0,037
pZ_9^t	0,000	0,000	0,000	0,000	0,047	0,055	0,056	0,056
pZ_{10}^t	0,000	0,000	0,000	0,125	0,063	0,057	0,056	0,056
pZ_{11}^t	0,000	0,000	0,000	0,063	0,047	0,028	0,028	0,028
pZ_{12}^t	0,000	0,000	0,000	0,000	0,047	0,045	0,046	0,046
pZ_{13}^t	0,000	0,000	0,000	0,000	0,047	0,035	0,037	0,037
pZ_{14}^t	0,000	0,000	0,000	0,000	0,016	0,037	0,037	0,037
pZ_{15}^t	0,000	0,000	0,000	0,000	0,000	0,020	0,019	0,019
pZ_{16}^t	0,000	0,000	0,000	0,000	0,016	0,027	0,028	0,028
ε^t	0,958	0,578	0,442	0,206	0,057	0,004	0,000	– – –

Mit gleichverteilten Zufallsmustern $pE = p[\text{TDI}] = \frac{1}{2}$ am Eingang TDI benötigt man nach Formel (5.29) unter Vernachlässigung der Fehlermaskierung eine Testlänge von N = 1349 Mustern, um eine Testkonfidenz von K = 99,9 % für das Steuerwerk zu erhalten. Macht man alle Zustandsvariablen mit einer konventionellen Selbstteststruktur direkt zugänglich und legt gleichverteile Zufallsmuster an, sinkt die Testlänge auf N = 1057 Muster. Der Schalt*werk*stest mit der Stimulierung primärer Eingänge durch Zufallsmuster erfordert damit nur eine um ca. 30 % größere Testlänge als ein Test der darin enthaltenen Schalt*netz*bestandteile, wenn Zufallsmuster an primäre Eingänge *und* Flipflop-Ausgänge angelegt werden.

Um den Einfluß der Fehlermaskierung auf die Gültigkeit dieser Betrachtungen zu untersuchen, wurde eine detaillierte Fehlersimulation des Steuerwerks mit Zufallsmustern entsprechend der oben vorgegebenen Verteilung durchgeführt. In Bild 5.27 wird der Verlauf der tatsächlichen Testkonfidenz für verschiedene Testlängen mit dem Verlauf der Konfidenz ohne Berücksichtigung der Fehlermaskierung verglichen. Die Fehlermenge F umfaßte alle Einfach-Haftfehler. Zum Vergleich wurde auch eine Schaltung simuliert, deren Zustandsregister mit D-Flipflops realisiert sind. Fehlermaskierungseffekte führen hier bei steigender Testlänge teilweise zu starken Einbrüchen in der Menge erkannter Fehler. Deshalb ist eine solche Lösung unakzeptabel, der Einbau eines Signaturregisters ist unumgänglich.

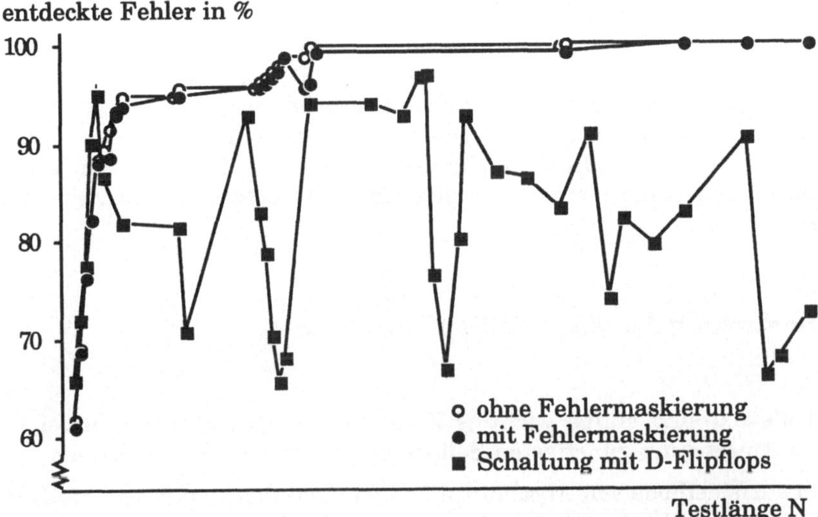

Bild 5.27: Fehlerüberdeckung und Fehlermaskierung für verschiedene Testlängen

Da es sich bei dem untersuchten Steuerwerk um ein Moore-Schaltwerk mit getrennter Folgezustands- und Ausgabelogik handelt, können zur theoretischen Untersuchung der Fehlermaskierung die Ergebnisse von Beispiel 5.5 verwendet werden. Für den modellierten Teil der Schaltung führen 9 der 16 Zustände zur gleichen Ausgabe, alle anderen Zustände besitzen unterschiedliche Ausgabebelegungen. Nach Gleichung (5.24) erhält man $\overline{p_A} = 0{,}3$. Setzt man weiterhin nach Gleichung (5.22) $p_Z = \frac{1}{s} = \frac{1}{16}$, ergibt sich als Abschätzung der Fehlermaskierungswahrscheinlichkeit nach Gleichung (5.21) $P_M < 0{,}026$. Diese Abschätzung wird durch die Fehlersimulation bestätigt. Obwohl bei dem gegebenen Steuerwerk die Wahrscheinlichkeit, trotz eines fehlerhaften Zustandes eine korrekte Ausgabe zu erzeugen, relativ hoch und die Breite des Signaturregisters klein ist, kann ein Test durchgeführt werden, der *sämtliche* modellierten Fehler entdeckt (letzte Meßpunkte in Bild 5.27). Ein Grund dafür ist, daß viele Fehler nicht nur durch ein, sondern durch mehrere Muster aufgedeckt werden. Sie können nur dann nicht erkannt werden, wenn *alle* Fehlererkennungen maskiert werden. Auch bei der Berücksichtigung von komplexeren Fehlfunktionen, wie z. B. von Übergangsfehlern, bleibt die Fehlerüberdeckung beim parallelen Selbsttest nicht hinter der bei einem konventionellen Selbsttest erreichbaren zurück. •

Bisher wurde davon ausgegangen, daß an die primären Eingänge des Steuerwerks Zufallsmuster angelegt werden. Bei der Testmustererzeugung mit Hilfe eines BILBO- oder GURT-Registers muß berücksichtigt werden, daß stattdessen *Pseudo*zufallsmuster erzeugt werden. Kann das Selbsttestregister an den p primären Eingängen des Steuerwerks $2^p - 1 < N$ verschiedene Eingangsbelegungen generieren und befindet sich das Steuerwerk nach Anlegen all dieser Eingangsmuster wieder im gleichen Zustand wie zu Beginn, werden mit den weiteren $N - (2^p - 1)$ Testmustern keine zusätzlichen Fehler erkannt. Mit Hilfe einer Logiksimulation kann einfach überprüft werden, ob dieser Fall eintritt. Abhilfe kann durch das Anlegen einer anderen Musterfolge, z. B. durch die Wahl eines anderen Rückkopplungspolynoms oder durch Permutieren der Anschlüsse von Schaltwerkseingängen am Testmustergenerator, geschaffen werden.

5.4 Bewertung der vorgestellten Verfahren

In Tabelle 5.9 sind einige wichtige Kriterien zur Auswahl der für eine bestimmte Anwendung günstigsten Selbstteststruktur zusammengestellt.

Die Entwurfsmethode von Abschnitt 5.1 führt zum kleinsten Flächenbedarf für die kombinatorische Logik des Steuerwerks bei Beibehaltung der erprobten Testmethode mit getrennter Mustererzeugung und -auswertung. Sie bietet sich besonders für größere Steuerwerke an, bei denen die Fläche der kombinatorischen Logik den Entwurf dominiert oder bei Steuerwerken mit schwach verzweigten Zustandsübergangsgraphen. Sie ist auch dann günstig, wenn das Signaturregister während des Systembetriebs zur Fehlerdiagnose genutzt wird, z. B. in fehlertoleranten Systemen, oder wenn die Beobachtbarkeit der Zustände durch andere Methoden erhöht wurde (vgl. [Ghee 89]).

Die Struktur von Abschnitt 5.2 behält ebenfalls die getrennten Register zur Mustererzeugung und -auswertung bei, vereinfacht aber die Betriebsartensteuerung. Es hängt von der Struktur des Zustandsübergangsgraphen ab, ob die kombinatorische Logik gegenüber konventionellen Entwürfen verkleinert werden kann. Dafür wird die Erfassung dynamischer Fehler verbessert. Das zugehörige Entwurfsverfahren ist gleichzeitig Voraussetzung für die Optimierung der Struktur von Abschnitt 5.3.

Der parallele Selbsttest ermöglicht den Verzicht auf ein zusätzliches Selbsttestregister und erlaubt es, die Selbstteststeuerung stark zu vereinfachen. Diese Methode führt zur geringsten Geschwindigkeitseinbuße aller selbsttestbaren Schaltungen und eignet sich auch aufgrund der Erfassung dynamischer Fehler besonders gut für zeitkritische Anwendungen. Zusätzlich wird die während des Systembetriebs relevante Funktion der Speicherelemente automatisch mitüberprüft. Probleme kann bei manchen Steuerwerken die Erzeugung von Testmustern für die primären Eingänge der Schaltung und die erhöhte Testlänge bereiten.

Tabelle 5.9: Vergleich verschiedener Selbstteststrukturen

	konventionelle Selbsttest-struktur	Nutzung von IZRs (5.1)	integrale Signatur-analyse (5.2)	paralleler Selbsttest (5.3)
Flächenbedarf				
• Kombinatorik	o	++	+/−	+/−
• Speicherelemente	−	−	o	+
Geschwindigkeit	−	−	o	+
Testaufwand	+	+	+	o/−
Teststeuerung	−	−	o	+
Test dynam. Fehler	−	−	o	+

Die Strukturen von Abschnitt 5.1 und 5.3 lassen sich auch miteinander verbinden. Das Zustands-/Signaturregister des parallelen Selbsttests wird im allgemeinen in einen Prüfpfad einbezogen, um die Signatur über diesen Weg auszulesen. Der Prüfpfad kann, wie in Abschnitt 4.1 dargestellt, entsprechend einem Testmustergenerator als Zustandsregister erhöhter Funktionalität interpretiert und mit Hilfe des in Abschnitt 4.4 dargestellten Syntheseverfahrens zur Realisierung eines Teils der Systemfunktion genutzt werden (siehe auch Abschnitt 6.1). Damit erhält man eine Schaltung, die die Grundvorteile des parallelen Selbsttests mit einer verkleinerten kombinatorischen Logik erzielt.

6 Steuerwerke mit integriertem Prüfpfad

In diesem Abschnitt werden zwei Ansätze vorgestellt, um Steuerwerke mit
Prüfpfad durch geeignete Syntheseverfahren so zu entwerfen, daß sie weniger
Fläche benötigen oder mit größerer Geschwindigkeit arbeiten als Steuerwerke
mit konventionellen Prüfpfadstrukturen. Um dies zu erreichen, wird die
Schiebefunktion in die Systemlogik des Steuerwerks integriert.

6.1 Einbeziehung von Prüfpfaden in die Synthese

6.1.1 Nutzbarkeit von Prüfpfaden während des Systembetriebs

Ähnlich wie Selbsttestregister bieten auch Prüfpfade eine erhöhte Funktionalität, die im allgemeinen nur während des Testbetriebs ausgenutzt wird.
Anders als bei Testmustergeneratoren sind mit einem Prüfpfad ausgestattete
Zustandsregister allerdings nicht in der Lage, ihren Folgezustand vollkommen selbständig zu erzeugen, vielmehr ist der Folgezustand noch abhängig
vom Wert des Schiebeeingangs SDI, der extern vorgegeben wird. Um davon bei
Ausnutzung des Prüfpfads im Systembetrieb unabhängig zu werden, gibt es
zwei Möglichkeiten:

- Der in das erste Flipflop des Prüfpfad-Schieberegisters zu übernehmende
  Wert wird außerhalb des Testbetriebs von der kombinatorischen Logik des
  Steuerwerks erzeugt.
- Außerhalb des Testbetriebs koppelt man wie bei Selbsttestregistern den
  Inhalt gewisser Schieberegisterstufen auf den Schiebeeingang zurück.

In beiden Fällen wird ein Multiplexer benötigt, der dafür sorgt, daß während
des Tests der externe Schiebeeingang erhalten bleibt, im Systembetrieb bei
Ausnutzung der Schiebemöglichkeit aber ein anderer Wert in das erste Speicherelement des Prüfpfad-Schieberegisters geladen wird. Da die zweite Möglichkeit den Vorteil besitzt, daß kein zweites zusätzliches Ausgabesignal in der
kombinatorischen Logik des Steuerwerks zu generieren ist, soll diese im folgenden weiter untersucht werden. Man gelangt damit zu der bereits in Abschnitt 3.3 eingeführten optimierten Steuerwerksstruktur, die in Bild 6.1 nochmals wiedergegeben ist.

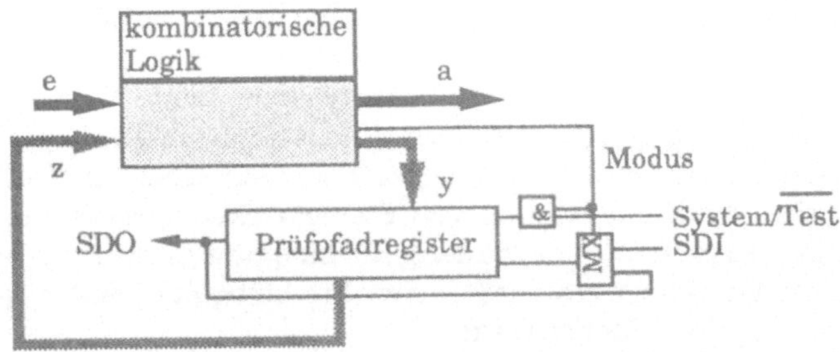

Bild 6.1: Optimierte Struktur eines Steuerwerks mit Prüfpfad

Ähnlich wie bei der optimierten Selbstteststruktur in Abschnitt 5.1 gibt es hier drei Betriebsarten: Bei der externen Vorgabe System/Test = 0, d. h. während des Tests, arbeitet das Zustandsregister als Schieberegister und der Schiebeeingang SDI wird durchgeschaltet, mithin wird ein üblicher Prüfpfad realisiert. Während des Systembetriebs, d. h. für System/Test = 1, bestimmt die Variable „Modus" die Funktion des Zustandsregisters. Bei Modus = 1 werden die durch die kombinatorische Logik erzeugten Ansteuervariablen y in die Flipflops übernommen, bei Modus = 0 arbeiten sie wie im Testbetrieb als Schieberegister. Der Inhalt des ersten Flipflops wird jedoch nicht durch den Schiebeeingang SDI sondern durch die zusätzlich implementierte Rückkopplungsstruktur bestimmt. In dieser Betriebsart ist es gleichgültig, welche Ansteuervariablen y durch die kombinatorische Logik erzeugt werden, so daß diese wie bei einem Selbsttestregister bei der Minimierung als zusätzliche *don't cares* ausgenutzt werden können. Letztlich werden dadurch wieder gewisse Zustandsübergänge auf Zustandsübergänge eines rückgekoppelten Schieberegisters abgebildet und durch dieses statt durch die kombinatorische Logik des Steuerwerks realisiert. Die drei Betriebsarten sind nochmals in Tabelle 6.1 zusammengefaßt.

Tabelle 6.1: Modifizierte Ansteuerung des Prüfpfadregisters

System/Test	Modus	Prüfpfad-Steuervariable	Schiebeeingang
0 (Testbetrieb)	–	0 (Testbetrieb)	SDI
1 (Systembetrieb)	0	0 (Rückkopplungsbetrieb)	Rückkopplung
1 (Systembetrieb)	1	1 (D-Betrieb)	irrelevant

Beim Schieben geht der Inhalt des letzten Speicherelementes im Prüfpfad verloren. Gleichgültig ob hier eine 0 oder eine 1 abgespeichert war, wird im autonomen Betrieb eines einfachen Schieberegisters derselbe Folgezustand erzeugt. Es liegt daher nahe, diesen Wert zum ersten Flipflop zurückzuführen, um für jeden Steuerwerkszustand während des Rückkopplungsbetriebes einen Vorgängerzustand zur Verfügung zu haben, zumal zur Rückkopplung dieses

Wertes keine zusätzlichen Gatter nötig sind. Ein Freiheitsgrad besteht dann noch darin, ob der Wert direkt oder invertiert rückgekoppelt wird. Im einen Fall wird das Zustandsregister im Rückkopplungsbetrieb zu einem Ringzähler umkonfiguriert (Bild 6.2a), im anderen Fall zu einem Johnson-Zähler (Bild 6.2b). Ladbare Johnson-Zähler als Zustandsregister wurden schon in [AmEB 88] zur Reduzierung des Flächenaufwandes von Steuerwerken vorgeschlagen. Prinzipiell könnte allerdings auch jede andere Rückkopplungsstruktur verwendet werden, in ihrer Wahl liegt ein zusätzlicher Freiheitsgrad bei der optimierten Implementierung eines Steuerwerks.

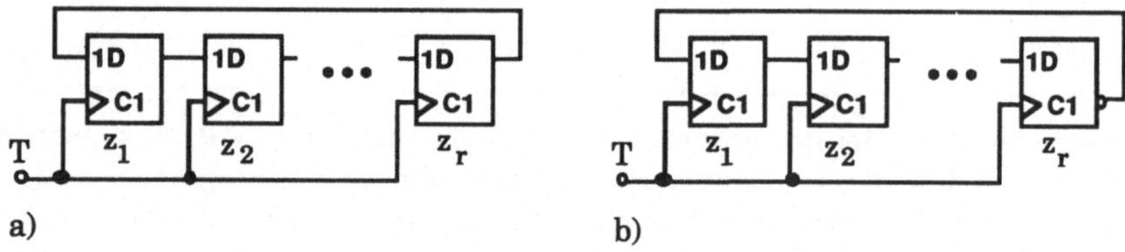

Bild 6.2: Ringzähler und Johnson-Zähler

6.1.2 Zustandsfolgen bei Ringzählern und Johnson-Zählern

Bei beiden Zählerarten hat jeder Zustand einen eindeutig bestimmten Vorgänger und Nachfolger. Da die Zustandszahl endlich ist, bestehen die Zustandübergangsgraphen daher aus einer Anzahl von Zyklen (vgl. Bild 6.3).

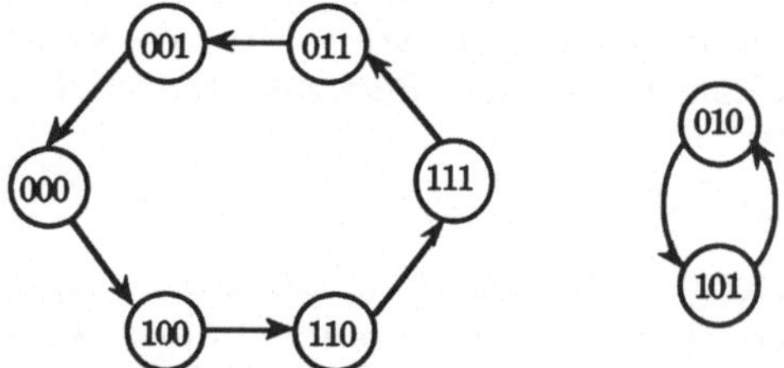

Bild 6.3: Zustandsübergangsgraph eines 3-Bit-Johnson-Zählers

Die Anzahl $Z(r)$ der Zyklen ist abhängig von der Breite r des Zählers

$$Z_{RZ}(r) = \frac{1}{r} \sum_{d \mid r} \Phi(d) \cdot 2^{r/d} \tag{6.1}$$

für einen Ringzähler bzw.

$$Z_{JZ}(r) = \frac{1}{2r} \sum_{d \mid r} \Phi(d) \cdot 2^{r/d} - \frac{1}{2r} \sum_{2d \mid r} \Phi(2d) \cdot 2^{r/2d} \tag{6.2}$$

für Johnson-Zähler [Golo 67], wobei Φ die Euler-Funktion repräsentiert. Für einige Zustandsvariablenanzahlen r sind die Zyklenanzahlen $Z_{RZ}(r)$ und $Z_{JZ}(r)$ in Tabelle 6.2 aufgeführt. Man sieht, daß mit einem Johnson-Zähler längere Zustandsketten, die zu einer geringeren Zyklenanzahl führen, realisierbar sind.

Tabelle 6.2: Anzahl der Zyklen bei Ring- und Johnson-Zählern

r	2	3	4	5	6	7	8
Z_{RZ}	3	4	6	8	14	20	36
Z_{JZ}	1	2	2	4	6	10	16

Satz 6.1: Ist r ungerade, so gilt $Z_{RZ}(r) = 2 \cdot Z_{JZ}(r)$.

Beweis: Für $r = 2k + 1$ gibt es keine geraden Teiler von r. Damit ist der zweite Summand in Gleichung (6.2) gleich Null, denn darin wird nur über gerade Teiler von r summiert. Für die erste Summe in (6.2) gilt aber die Beziehung von Satz 6.1. ∎

Das Verhalten von Ring- und Johnson-Zählern kann ähnlich linear rückgekoppelten Schieberegistern durch Rekurrenzgleichungen beschrieben werden:

$$\text{Ringzähler:} \qquad z(t+1) = S \cdot z(t) \qquad\qquad (6.3)$$
$$\text{Johnson-Zähler:} \quad z(t+1) = S \cdot z(t) \oplus i \qquad (6.4)$$

wobei die Matrix S das zyklische Schieben beschreibt,

$$S = \begin{bmatrix} 0 & \cdots & \cdots & 0 & 1 \\ 1 & \ddots & & & 0 \\ 0 & \ddots & \ddots & & \vdots \\ \vdots & \ddots & \ddots & \ddots & 0 \\ 0 & \cdots & 0 & 1 & 0 \end{bmatrix}$$

und der Vektor $i = (1\ 0\ \ldots\ 0)^T$ die Negation des Rückkopplungssignals repräsentiert. Es sei $HD(i, j)$ die Hamming-Distanz zweier Codebelegungen i und j und $w(z)$ das Gewicht eines Bitvektors, d. h. die Anzahl der Koordinaten gleich 1. Die Hamming-Distanz zweier Vektoren ist $HD(i, j) = w(i \oplus j)$ und die Rotation eines Vektors läßt sein Gewicht unverändert $w(S \cdot z) = w(z)$.

Definition 6.2: Die *Zyklendistanz* $d_z(i, j)$ zweier Zustandsbelegungen i und j, die zum selben Zyklus z eines Ring- oder Johnson-Zählers gehören, ist die Anzahl der Zustandsübergänge, die notwendig sind, um von i nach j zu gelangen.

Satz 6.3 [EsWu 91]: Die Hamming-Distanz aller Codewörter eines Johnson-Zähler-Zyklus z mit gleicher Zyklendistanz ist identisch, $d_z(i, j) = d_z(k, \ell) \Rightarrow HD(i, j) = HD(k, \ell)$.

Beweis: Aus der Rekurrenzgleichung erhält man $z(t+k) = S^k \cdot z(t) \oplus \sum_{i=0}^{k-1} S^i \cdot e$. Dann gilt

$$
\begin{aligned}
\mathrm{HD}(z(t+k),z(t)) \quad &= w(z(t+k) \oplus z(t)) = w\!\left(S^k \cdot z(t) \oplus \sum_{i=0}^{k-1} S^i \cdot e \oplus z(t)\right) \\
&= w\!\left((S^k \oplus I_n) \cdot z(t) \oplus \sum_{i=0}^{k-1} S^i \cdot e\right) \\
&= w\!\left((S^k \oplus I_n) \cdot (S \cdot z(t-1) \oplus e) \oplus \sum_{i=0}^{k-1} S^i \cdot e\right) \\
&= w\!\left(S(S^k \oplus I_n) \cdot z(t-1) \oplus \sum_{i=1}^{k} S^i \cdot e\right) \\
&= w\!\left(S[(S^k \oplus I_n) \cdot z(t-1) \oplus \sum_{i=0}^{k-1} S^i \cdot e]\right) \\
&= w\!\left((S^k \oplus I_n) \cdot z(t-1) \oplus \sum_{i=0}^{k-1} S^i \cdot e\right) \\
&= \mathrm{HD}(z(t+k-1), z(t-1)) \ .
\end{aligned}
$$

Durch vollständige Induktion folgt, daß alle Codewörter mit gleicher Zyklendistanz k die gleiche Hamming-Distanz besitzen.   ∎

Beispiel 6.1: Für einen 2-Bit-Johnson-Zähler gibt es nur einen Zyklus $00 \to 10 \to 11 \to 01 \to 00$, der alle 2-Bit-Codewörter enthält, $Z_{JZ}(2) = 1$. Die Zyklendistanz der Codewörter 00 und 10 ist 1, die der Codewörter 00 und 11 ist 2. Alle Codewörter mit einer Zyklendistanz von 1 haben eine Hamming-Distanz von 1, alle Codewörter mit einer Zyklendistanz von 2 haben eine Hamming-Distanz von 2.   ●

Satz 6.4 [EsWu 91]: Es gibt für alle Registerbreiten r einen Johnson-Zähler-Zyklus, in dem alle aufeinanderfolgenden Codewörter $z(t)$, $z(t+1)$ benachbart sind. Er schließt das nur aus Nullen bestehenden Codewort $z(t_0) = 0$ mit ein.

Beweis: $d_z(z(t), z(t+1)) = d_z(z(t_0), z(t_0+1)) \,[= 1] \Rightarrow$
$\mathrm{HD}(z(t), z(t+1)) = \mathrm{HD}(z(t_0), z(t_0+1))$
$\qquad\qquad = w(z(t_0) \oplus (S \cdot z(t_0) \oplus e)) = w(e) = 1 \text{ mit } z(t_0) = 0.$ ∎

Bei der Optimierung einer Struktur nach Bild 6.1 kommt es darauf an, den Zustandscode so festzulegen, daß einerseits konventionelle Codierbedingungen wie Adjazenzbedingungen erfüllt werden, andererseits aber gewisse Übergänge auf Zähler-Übergänge abgebildet werden. Die Erfüllung von Adjazenzbedingungen in [AmEB 88] beruht im wesentlichen auf Satz 6.4. Dort wird zunächst eine Zuordnung von Zustandsübergängen zu Johnson-Zähler-Übergängen festgelegt. Danach wird versucht, diese „Zählketten" so auf Codewortsequenzen abzubilden, daß möglichst viele Adjazenzbedingungen erfüllt werden. Zur Ausnutzung des Satz 6.4 zugrundeliegenden Zyklus wird bei der Festlegung der Zählketten darauf geachtet, benachbart zu codierende Zustände direkt aufeinanderfolgend in die Zählkette aufzunehmen. Im allgemeinen Fall ist dies aufgrund von Satz 6.3 allerdings keine günstige Strategie, da die Anzahl erfüllbarer Adjazenzbedingungen zwischen verschiedenen Zuständen eines Johnson-Zähler-Zyklus unabhängig von der Plazierung der Zustände innerhalb dieses Zyklus ist. Sie hängt nur von den ausgewählten Zählübergängen und der Zuordnung der Zählkette zu einem der $Z_{JZ}(r)$ möglichen Zyklen ab. Daher wird in dem hier vorgestellten Verfahren die Zustandscodierung so vorgenommen, daß Zählübergänge und Adjazenzbedingungen gleichzeitig berücksichtigt werden.

6.1.3 Synthese optimierter extern testbarer Steuerwerke

Wie schon in Abschnitt 4.4 dargestellt, hängt das Ausmaß der durch ein Zustandsregister erweiterter Funktionalität („intelligentes" Zustandsregister, IZR) erzielbaren Einsparungen stark von einer geschickten Wahl der Zustandscodierung ab. Dazu wird dort auch allgemein für IZRs ein Zustandscodierungsalgorithmus entwickelt, der für den Spezialfall von Ring- oder Johnson-Zählern ohne Einschränkung angewendet werden kann. Das Syntheseverfahren ist weitgehend mit dem in Abschnitt 5.1.2 vorgestellten und in Bild 5.3 illustrierten identisch, weshalb das Vorgehen hier nur noch kurz an einem Beispiel veranschaulicht wird.

Beispiel 6.2: Gegeben sei die Schaltwerksbeschreibung von Bild 6.4a, die mit einem Prüfpfad zu implementieren sei. Eine konventionelle Lösung mit einem PLA zeigt Bild 6.4b. Die minimale Produkttermanzahl ist 6.

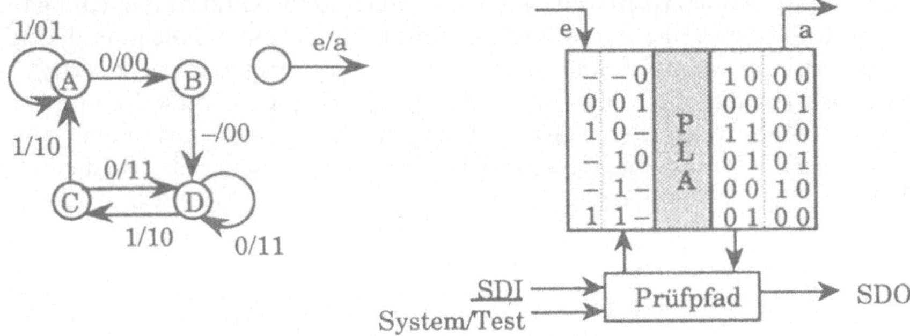

a) Zustandsübergangsgraph   b) Schaltungsstruktur

Bild 6.4: Beispiel eines Schaltwerks mit Prüfpfad

Nach der vorgestellten Entwurfsmethode mit der Zielstruktur von Bild 6.1 erhält man als Eingabe des Algorithmus von Abschnitt 4.4 die Adjazenzmatrix

$$AM = \begin{bmatrix} 0 & 0 & 0 & 0 \\ 0 & 0 & 0 & 0 \\ 0 & 0 & 0 & 1 \\ 0 & 0 & 1 & 0 \end{bmatrix},$$

da Zustand C und D, die bei $e = 0$ beide den Folgezustand D und die Ausgabe $a = 11$ besitzen, benachbart codiert werden sollen und die Transitionsmatrix

$$TM = \begin{bmatrix} 1 & 1 & 0 & 0 \\ 0 & 0 & 0 & 1 \\ 1 & 0 & 0 & 0 \\ 0 & 0 & 1 & 0 \end{bmatrix}$$

für die Übergänge $A \to A$, $A \to B$, $B \to D$, $C \to A$ und $D \to C$, die durch die Vergabe benachbarter Codewörter nicht minimiert werden können. Die zugehörige Distanzmatrix für einen 2-Bit-Code ist

$$DM = \begin{bmatrix} 0 & 0 & 0 & 1 \\ 0 & 0 & 1 & 0 \\ 0 & 1 & 0 & 0 \\ 1 & 0 & 0 & 0 \end{bmatrix},$$

die Musterfolge eines 2-Bit-Johnson-Zählers mit den Übergängen $00 \to 10$, $01 \to 00$, $10 \to 11$ und $11 \to 01$

$$MM = \begin{bmatrix} 0 & 0 & 1 & 0 \\ 1 & 0 & 0 & 0 \\ 0 & 0 & 0 & 1 \\ 0 & 1 & 0 & 0 \end{bmatrix}.$$

Die Zustandscodierung $\psi(A) = 00$, $\psi(B) = 10$, $\psi(C) = 01$, $\psi(D) = 11$ führt zu den minimalen Adjazenzkosten $\alpha(\psi) = 0$ und einer maximalen Einsparung durch IZR-Übergänge $\gamma(\psi) = 4$ (siehe Bild 6.5a). Damit erhält man die Schaltungsstruktur von Bild 6.5b, in der nur noch 3 Produktterme benötigt werden. Das zusätzliche UND-Gatter und der Multiplexer reduzieren zwar die Gesamteinsparung, ihre Fläche ist jedoch bei größeren Steuerwerken, bei denen das Minimierungspotential entsprechend größer ist, vernachlässigbar.

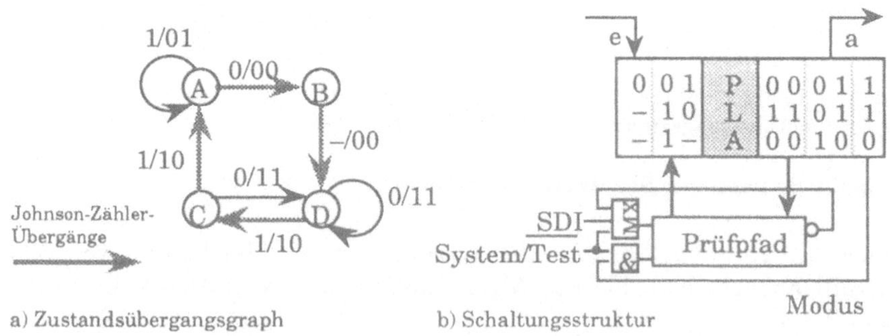

a) Zustandsübergangsgraph   b) Schaltungsstruktur

Bild 6.5: Optimiertes Schaltwerk mit Prüfpfad

6.1.4 Implementierungsalternativen

6.1.4.1 Prüfpfad mit flankengesteuerten Elementen (ETSD)

Auf einen ETSD-Prüfpfad kann die in Bild 6.1 vorgestellte Schaltung direkt übertragen werden. Für die erste Prüfpfad-Stufe, nur diese ändert sich ja gegenüber einem konventionellen Prüfpfad, ergibt sich damit die Struktur nach Bild 6.6. Das neue Prüfpfadsteuersignal ist mit PPS bezeichnet, PPS = Modus $\wedge$ $\overline{\text{System/ Test}}$. Zwar muß das Rückkopplungssignal $\overline{z}_r$ im Schiebebetrieb einen Multiplexer mehr durchlaufen als die Ansteuervariablen y_1 im D-Flipflop-Betrieb; da das rückgekoppelte Signal aber nicht durch die kombinatorische Logik erzeugt wird, verlängert sich der kritische Pfad dadurch nicht [EsWu 90a].

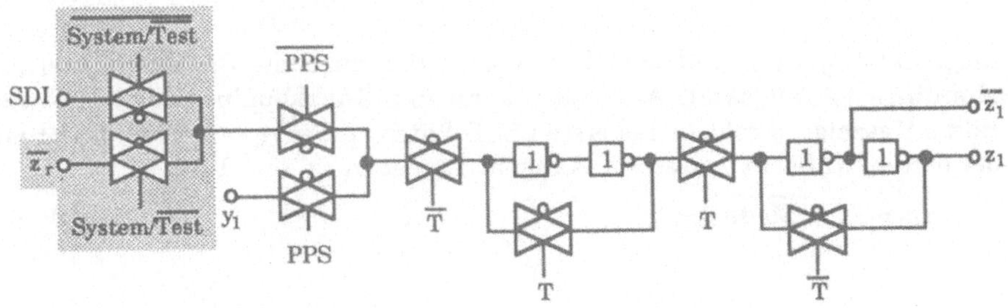

Bild 6.6: Erste Prüfpfad-Stufe beim modifizierten ETSD-Prüfpfad

6.1.4.2 Prüfpfad mit pegelgesteuerten Elementen (LSSD)

Beim LSSD-Prüfpfad wird die Betriebsart der Flipflops nicht durch ein spezielles Steuersignal, sondern durch zwei verschiedene Takte T (Systembetrieb) und T_{shift} (Testbetrieb) festgelegt. Zur Implementierung eines Verhaltens, das dem der Struktur in Bild 6.1 entspricht, ist daher ein etwas anderes Vorgehen notwendig [EsWu 90a]. Während des Systembetriebs muß man den Takt T_{shift} aktivieren und den Takt T deaktivieren können. Dazu werden die Flipflops des Prüfpfades statt mit T_1 und T_{shift} mit T_1' und T_{shift}' angesteuert. Diese Signale erhält man aus

$$T_1' = T_1 \wedge \text{Mode} \qquad\qquad (6.5a)$$
$$T_{shift}' = T_{shift} \vee (T_1 \wedge \overline{\text{Mode}}). \qquad\qquad (6.5b)$$

Für den Testbetrieb (T_1 inaktiv, T_{shift} aktiv) ändert sich dadurch nichts, nur während des Normalbetriebs wird bei Mode = 0 statt der D-Eingänge der Flipflops der Schiebeeingang angesteuert. Der Aufwand zur Modusumschaltung ist damit für LSSD-Prüfpfade zwar etwas größer als für ETSD-Prüfpfade, wo eine UND-Verknüpfung ausreichte, aber dieser Aufwand ist für beliebig viele Prüfpfad-Stufen nur einmal nötig. Die erste Prüfpfad-Stufe kann auch hier mit einem Multiplexer ergänzt werden, um das zusätzliche Rückkopplungssignal zu verarbeiten (Bild 6.7).

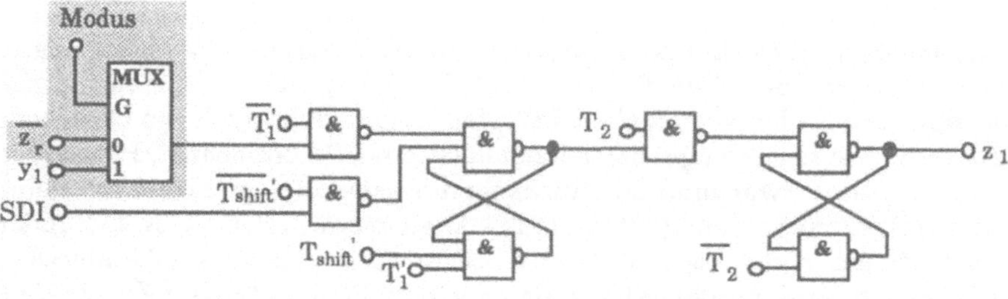

Bild 6.7: Erste Prüfpfad-Stufe beim modifizierten LSSD-Prüfpfad

Liegt das Signal y_1 auf dem kritischen Pfad, wird die Schaltung hierdurch allerdings verlangsamt. Alternativ kann das Rückkopplungssignal z_r wie in Bild 6.8 gezeigt, direkt in das erste LSSD-Latch einbezogen werden. Dafür ist in der ersten Stufe ein weiteres Taktsignal T_{fb} neben T_1' und T_{shift} nötig

$$T_{fb} = T_1 \wedge \overline{Mode} \ . \tag{6.5c}$$

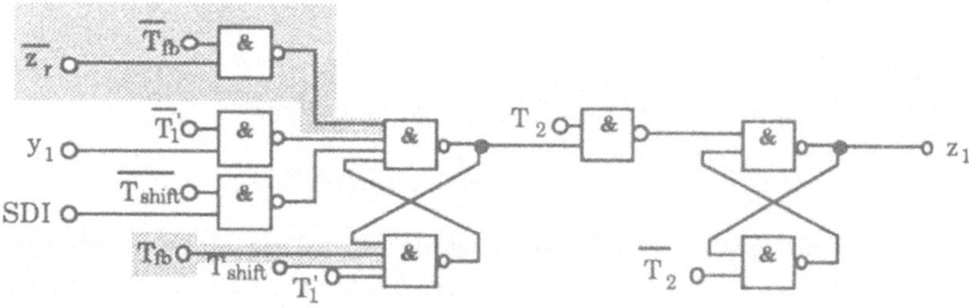

Bild 6.8: Alternative für die erste LSSD-Stufe

6.1.5 Analyse der Ergebnisse

6.1.5.1 Zeitverhalten

Um die Darstellung einfach zu halten, wird in diesem Abschnitt ein mit flankengesteuerten Speicherelementen implementiertes IZR, z. B. ein ETSD-Prüfpfad, betrachtet. Die Ergebnisse lassen sich auch auf mit pegelgesteuerten Speicherelementen implementierte IZRs, z. B. einen LSSD-Prüfpfad, übertragen, die zeitlichen Abhängigkeiten werden dadurch nur etwas weniger übersichtlich. Die Struktur eines gemäß Abschnitt 6.1.4 modifizierten IZR-Elementes für eine einzelne Zustandsvariable z_i ist in Bild 6.9 dargestellt.

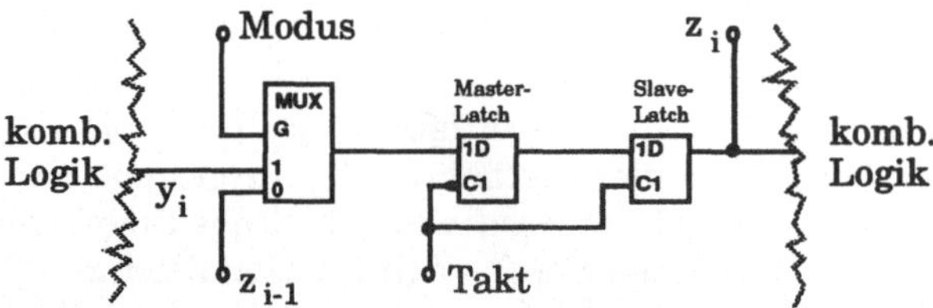

Bild 6.9: Struktur eines IZR-Elements

Die während des Systembetriebs auftretenden Abläufe sind in dem Zeitdiagramm in Bild 6.10 veranschaulicht. Der Inhalt des Master-Latch wird mit der positiven Taktflanke in das Slave-Latch geladen, diese Operation dauere (inclusive Setup- und Hold-Zeiten) T_{slave} Zeiteinheiten. Danach werden in der kombinatorischen Logik des Schaltwerks die Folgezustands- und Ausgabevariablen erzeugt (T_{logic} Zeiteinheiten). Nach weiteren T_{mode} Zeiteinheiten zur Erzeugung des Betriebsarten-Signals wird dann in Abhängigkeit von diesem Signal entweder das von der kombinatorischen Logik erzeugte Ansteuersignal oder der Inhalt der vorhergehenden IZR-Stufe ins Master-Latch übernommen (T_{master} Zeiteinheiten). Mit der nächsten steigenden Taktflanke wird das Master-Latch verriegelt und sein Inhalt wieder ans Slave-Latch weitergegeben.

Damit die Schaltung korrekt arbeitet, müssen folgende Zeitbedingungen eingehalten werden:

- Das Taktsignal muß für mindestens T_{slave} Zeiteinheit auf 1 bleiben.
- Zwischen zwei positiven Taktflanken müssen mindestens T_{slave} + T_{logic} + T_{mode} + T_{master} Zeiteinheiten liegen.

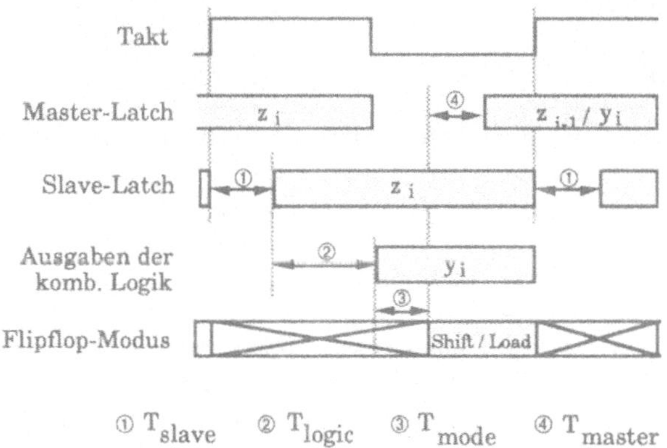

Bild 6.10: Zeitdiagramm des IZR im Systembetrieb

Verglichen mit einer konventionellen Prüfpfad-Lösung ist T_{mode} größer, da die Funktion der Flipflops vom Modus-Signal abhängt, das durch die kombinatorische Logik berechnet werden muß. Andererseits fällt T_{logic} durch die mögliche Reduktion der notwendigen kombinatorischen Logik. Insgesamt ist der Einfluß der Einbeziehung eines IZR auf die Geschwindigkeit des Steuerwerks gering [EsWu 90a], was bereits in [Aman 87] für den Spezialfall einer PLA-Implementierung mit ladbaren Johnson- oder Dualzählern gezeigt wurde.

6.1.5.2 Testbarkeit

In Prüfpfad-Strukturen wie in Bild 6.1 ist das Modus-Signal nicht direkt beobachtbar und sollte daher in ein zusätzliches Flipflop des Prüfpfades geladen werden. Auf diese Art kann auch die kombinatorische Logik, die dieses Signal erzeugt, überprüft werden.

Außer der zusätzlichen Steuerlogik, die wie bei den auf Selbsttestregistern basierenden IZR-Strukturen in Abschnitt 5.1.4.1 behandelt werden kann, können auch die Rückkopplungsleitung und der zusätzliche Eingangsmultiplexer für den Schiebeeingang fehlerhaft sein. Allerdings ist es einfach, (Haft-) Fehler in diesen Schaltungsteilen zu erkennen. Die Ausgabe des Eingangsmultiplexers ist über das erste Flipflop des Prüfpfades beobachtbar. Die Eingaben sind steuerbar, indem entsprechende Signale in den Prüfpfad geladen werden: Wäre es nicht möglich, die Eingaben auf solche Werte zu setzen, daß alle möglichen Haftfehler sensibilisiert werden, könnte das betroffene Eingangssignal durch eine entsprechende boolesche Konstante ersetzt werden (0 bei einem Haftfehler an 0, 1 bei einem Haftfehler an 1), was eine Vereinfachung der implementierten kombinatorischen Logik ermöglichte. Anders ausgedrückt sind die zusätzlichen Schaltungsteile entweder redundant, oder sie können bei der Testerzeugung wie der Rest der kombinatorischen Logik des Steuerwerks behandelt werden.

6.1.5.3 Flächeneinsparung

Zur Validierung des vorgestellten Ansatzes wurde eine Anzahl von Beispiel-Steuerwerken zunächst mit einem konventionellen ETSD-Prüfpfad unter Einsatz des Zustandscodierungsprogramms „NOVA" [ViSa 90] der University of California at Berkeley [OCT 89] optimiert. Danach wurden dieselben Beispiele mit der optimierten Prüfpfadstruktur realisiert, wobei zur Zustandscodierung das Programm „KOALA", eine Implementierung des in Abschnitt 4.4 dargestellten Algorithmus, eingesetzt wurde. Zielstruktur der kombinatorischen Logik war in beiden Fällen eine PLA-Realisierung. Die wesentlichen Ergebnisse für die größeren Benchmark-Beispiele sind in Tabelle 6.3 zusammengestellt (vgl. [EsWu 90a]). Für beide Realisierungsarten ist die Anzahl der PLA-Produktterme angegeben, für die optimierte Prüfpfadstruktur ist zusätzlich vermerkt, welcher Zählertyp eingesetzt wurde. Weiterhin wird für beide Lösungsmöglichkeiten die Gesamtfläche der Steuerwerke abgeschätzt. Die Abschätzung ist in Anhang A.3 genauer erläutert und umfaßt für die optimierte Prüfpfadstruktur alle gegenüber einer konventionellen Prüfpfadstruktur zusätzlich notwendigen Bauelemente. Aus den letzten Spalten von Tabelle 6.3 geht hervor, daß die reduzierte Produkttermanzahl – vor allem wegen eines zusätzlichen Prüfpfadelements für das Modus-Signal – zwar nicht immer zu einer Einsparung an Gesamtfläche führt, die optimierte Prüfpfadstruktur andererseits für manche Beispiele sogar weniger Fläche benötigt als die Struktur ohne Prüfpfad (negativer Testzusatzaufwand). In diesen Fällen wäre auch dann eine Lösung z. B. mit Johnson-Zähler zu bevorzugen, wenn die Testbarkeit der synthetisierten Struktur ohne Belang wäre (vgl. [AmEB 88]).

Tabelle 6.3: Experimentelle Ergebnisse der Steuerwerkssynthese

Beispiel	Anzahl der Produktterme			Testzusatzaufwand	
	NOVA	KOALA	Art des IZR	NOVA	KOALA
bbsse	30	28	Ringzähler	11,48 %	12,24 %
dk16	59	55	Ringzähler	11,61 %	11,97 %
donfile	29	23	Johnson-Zähler	21,43 %	15,05 %
ex1	48	43	Johnson-Zähler	6,65 %	1,27 %
ex4	19	16	Johnson-Zähler	15,65 %	12,35 %
kirkman	64	54	Ringzähler	5,10 %	-4,99 %
mark1	20	17	Ringzähler	7,94 %	1,54 %
modulo12	13	7	Johnson-Zähle	15,03 %	-4,42 %
planet	91	81	Ringzähler	4,68 %	-2,59 %
s1a	76	65	Ringzähler	6,10 %	-3,04 %
scf	146	136	Johnson-Zähler	1,47 %	-3,97 %
tbk	149	63	Johnson-Zähler	3,99 %	-47,20 %

Für das Beispiel des „Boundary Scan"-Steuerwerks aus Abschnitt 2.3.3.3 wurde der Entwurf bis zum fertigen Layout mit Hilfe eines Standardzellensystems [OCT 89] weitergeführt. Die kombinatorische Logik wurde dazu mehrstufig minimiert. Zum Vergleich diente die Prüfpfadlösung aus dem Normvorschlag [IEEE 90]. Die Details beider Lösungen sind in Anhang A.2.3 und A.2.4 zu finden. Die wesentlichen Ergebnisse faßt Tabelle 6.4 zusammen. Die Logik zur Modusumschaltung wurde bei der optimierten Struktur in den kritischen Pfad einbezogen. Man sieht, daß die Vorteile der vorgestellten Synthesemethode sich auch im abgeschlossenen Entwurf deutlich widerspiegeln.

Ergebnisse der Layout-Synthese des „Boundary Scan"-Steuerwerks

Lösungsalternative	Gesamtfläche in λ^2		krit. Pfad (komb. Logik) in ns	
			Folgezustandslogik	Ausgabelogik
nach [IEEE 90]	560×691	386960	37	21
optimierte Struktur	560×611	342160	29	17

6.2 Schaltwerke mit „emuliertem Prüfpfad"

6.2.1 Emulation von Prüfpfaden

Die in Abschnitt 2.3.2 und 2.3.3 vorgestellten Ansätze zum externen Test von Schaltungen besitzen neben ihren charakteristischen Unterschieden auch viele Gemeinsamkeiten. Sowohl der Test mittels eines Prüfpfades als auch die Vereinfachung von Tests mit Prüfexperimenten beruhen darauf, die Steuerbarkeit und Beobachtbarkeit von Zustandsvariablen zu erhöhen. In beiden Fällen werden dazu zusätzliche Zustandsübergänge realisiert, die mit einer speziellen Eingabevariablen aktiviert werden können. Dies läßt sich auch als Einbettung eines anderen Schaltwerks deuten, das mit dem gegebenen Schaltwerk die Zustandsspeicher gemeinsam hat und einen einfacheren Zugriff auf den Inhalt der Speicherelemente erlaubt (vgl. Abschnitt 3.1).

Unterschiede lassen sich auf zwei Ebenen lokalisieren: Einerseits ist der Prüfpfad strukturell definiert – die zusätzlichen Zustandsübergänge werden getrennt von der Systemlogik durch Umkonfiguration der Zustandsflipflops realisiert –, während bei Prüfexperimenten durch die Definition auf der Verhaltensebene mehr Freiheitsgrade bei der Realisierung bestehen. So ließen sich die Bauelemente zur Realisierung der zusätzlichen Zustandsübergänge auch in die Systemlogik integrieren. Andererseits können zur Testmustererzeugung beim Prüfpfad Informationen über die Schaltungsstruktur genutzt werden, während Prüfexperimente durch einen strukturunabhängigen funktionalen Test charakterisiert sind. Dies ist in der Matrix von Bild 6.11 veranschaulicht.

Test- muster- erzeugung ╲ Definition der Testhilfen	strukturell	funktional
strukturell	Schaltwerk mit Prüfpfad	„emulierter Prüfpfad"
funktional		Schaltwerk mit Prüfexperiment

Bild 6.11: Entwurfs- und Testmethoden für sequentielle Schaltungen

Ein Prüfpfad erleichtert den Test eines Schaltwerks mit r Speicherelementen durch folgende Eigenschaften:
- Jeder Zustand kann in höchstens r Schritten erreicht werden.
- Der augenblickliche Zustand des Schaltwerks kann in r Schritten identifiziert werden.

- Die richtige Funktion dieser beiden Eigenschaften kann in O(r) Schritten überprüft werden.

Der Test besteht demzufolge aus zwei Phasen: In der ersten Phase wird die Funktion des Prüfpfades in O(r) Schritten getestet, in der zweiten Phase wird der Prüfpfad dazu genutzt, N_k strukturell erzeugte kombinatorische Testmuster in jeweils O(r) Schritten in die sequentielle Schaltung einzubringen und auszuwerten. Die Zahl der Testmuster N_k wächst im allgemeinen weniger als linear mit der Flipflop-Anzahl r [Goel 80], so daß die Testzeit ungefähr quadratisch mit r anwächst.

Üblicherweise werden die Speicherelemente zu einem Schieberegister verbunden, um diese Funktionalität zu erhalten. Definiert man den Prüfpfad jedoch nicht über diese Schieberegister*struktur*, sondern über sein *Verhalten*, d. h. die oben aufgeführten Eigenschaften, die für seine Nutzung als Testhilfe maßgeblich sind, entstehen neue Freiheitsgrade bei seiner Implementierung, die zur Optimierung genutzt werden können. Ein solcher „emulierter Prüfpfad" stellt damit einer Verallgemeinerung strukturell definierter Prüfpfade dar. Er erlaubt es, eine strukturbasierte Testmustergenerierung für die kombinatorische Logik zu erhalten, die zusätzlichen Zustandsübergänge aber wie bei Ansätzen zur Vereinfachung von Prüfexperimenten bereits in der Verhaltensbeschreibung und bei der Synthese der Systemlogik zu berücksichtigen und nicht erst nachträglich durch Modifikation der Flipflops zu realisieren. Damit können Schiebeein- und ausgänge auch in einfacher Weise mit vorhandenen primären Ein- und Ausgängen zusammengefaßt werden. Durch die Vermeidung der Umschaltung zwischen mehreren Flipflop-Betriebsarten kann ein emulierter Prüfpfad im Unterschied zu konventionellen Prüfpfaden auch in asynchronen Schaltwerken eingesetzt werden, wobei allerdings sichergestellt werden muß, daß bei Schiebeübergängen keine kritischen Wettläufe auftreten.

Die geschilderte Grundidee läßt sich auf verschiedene Arten realisieren:
- Man behält wie beim Prüfpfad je einen Schiebeein- und -ausgang bei und nutzt das Betriebsartensteuersignal zur Aktivierung der zusätzlichen Zustandsübergänge. Ein solches Schaltwerk ist von außen nicht von einem Schaltwerk mit Prüfpfad zu unterscheiden. Die einzige Änderung besteht darin, daß die Schiebeübergänge intern nicht durch eine Umschaltung der Flipflops, sondern durch eine Erweiterung der Systemlogik realisiert werden.
- Man faßt den Schiebeeingang mit einem der vorhandenen primären Eingänge und/oder den Schiebeausgang mit einem der primären Ausgänge zusammen*. Damit spart man externe Anschlüsse ein, ohne die Teststrategie ändern zu müssen. Diese Möglichkeit wird im folgenden weiter betrachtet. Eine entsprechende Struktur (ohne Berücksichtigung der Ausgabe) ist in Bild 6.12 veranschaulicht.

---

* Da die Schiebeausgabe nur vom Zustand des Schaltwerks abhängt, werden Moore-Schaltwerke durch eine solche Modifikation nicht in Mealy-Schaltwerke umgewandelt.

- Man nutzt mehrere primäre Ein- und Ausgänge, um die Schiebefolgen weiter zu verkürzen („parallel scan" [LeSh 90]). Allerdings steigt dann der Realisierungsaufwand für das Schaltwerk an.

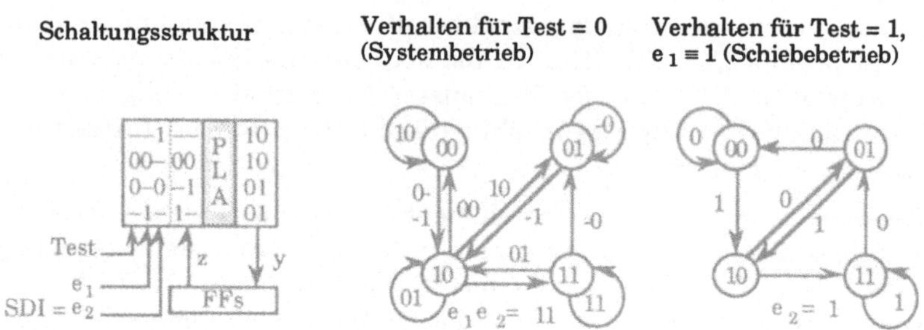

Bild 6.12: Schaltwerk mit „emuliertem Prüfpfad"

In Ausnahmefällen enthält ein Schaltwerk intern bereits eine Schieberegisterstruktur oder sie kann durch eine günstige Verfügung unspezifizierter Zustandsübergänge leicht gewonnen werden [AgCh 90, AgCh 90a]. Dann kann man den zusätzlichen externen Anschluß einsparen und einfach die auch im Systembetrieb benötigten Transitionen nutzen.

Während des Entwurfes einer Struktur nach Bild 6.12 sind folgende Entscheidungen zu treffen:

- Welche Reihenfolge der Zustandsvariablen soll dem Schiebebetrieb zugrundegelegt werden*?
- Welche der Eingangs- bzw. Ausgangsvariablen wird zum Schiebeeingang bzw. Schiebeausgang?
- Die Eingänge (außer dem Schiebeeingang) können während des Schiebebetriebs mit festen Werten belegt werden, wodurch wie später gezeigt das Minimierungpotential erhöht wird. Welche Eingabebelegung soll gewählt werden?

Ein Algorithmus, der diese Freiheitsgrade ausnutzt, um die Fläche des Steuerwerks zu minimieren, wird in Abschnitt 6.2.2 vorgestellt. In Abschnitt 6.2.3 wird geklärt, wie ein solches Schaltwerk mit „emuliertem Prüfpfad" getestet werden kann. Dabei wird vorausgesetzt, daß die primären Eingänge des Schaltwerks steuerbar und die Ausgänge beobachtbar sind, falls sie nicht ohnehin direkt zugänglich sind. Ist das durch das Schaltwerk mit emuliertem

---

* Es soll angemerkt werden, daß es für die Logikminimierung völlig unerheblich ist, wie die Zustandsspeicher geometrisch angeordnet sind; in dieser Hinsicht wird hier auch keine Vorentscheidung getroffen. Da die Schiebeübergänge in die Systemlogik integriert werden, entfällt auch die Notwendigkeit, die Flipflops so anzuordnen, daß im Schieberegister aufeinanderfolgende Flipflops im Layout benachbart liegen, um die Verdrahtungslänge zu minimieren.

Prüfpfad gesteuerte Operationswerk mit einem Prüfpfad ausgestattet, ist diese Voraussetzung erfüllt. Für den Schiebeausgang kann der Inhalt des letzten „Prüfpfad"-Flipflops alternativ auch über einen zusätzlichen Anschluß beobachtbar gemacht werden, was die realisierte logische Funktion nicht verändert.

6.2.2 Synthese von Schaltwerken mit emuliertem Prüfpfad

6.2.2.1 Prinzipieller Ansatz

Während der Synthese können die in Abschnitt 6.2.1 aufgeführten Freiheitsgrade dazu genutzt werden, die notwendige Logik zur Realisierung des Steuerwerks zu reduzieren. Würde man dies direkt auf der Ebene der Verhaltensbeschreibung versuchen, stiege der Aufwand dafür mindestens linear mit der Anzahl der Zustände, also exponentiell mit der Anzahl der Flipflops an. Auf dieser Ebene läßt sich auch der Realisierungsaufwand verschiedener Entwurfsalternativen schlecht abschätzen. Wartet man, bis die Synthese abgeschlossen ist, kann man nur noch einen konventionellen Prüfpfad realisieren und muß dessen Nachteile in Kauf nehmen. Am günstigsten ist es daher, zunächst eine Zwischenbeschreibung auf Strukturebene zu erzeugen und lediglich die Logiksynthese zu modifizieren. Dies ermöglicht es auch, von einer fertig entworfenen Struktur auszugehen und durch Extraktion und Neusynthese der kombinatorischen Logik nachträglich einen Prüfpfad einzubetten.

Durch eine vorläufige Logiksynthese für das unmodifizierte Schaltwerk kann man eine initiale Struktur gewinnen. Die zusätzlichen Zustandsübergänge sollen dann so gewählt werden, daß diese initiale Struktur möglichst wenig vergrößert wird. Man kann für jede Zustandsvariable z_i in der initialen Struktur einen Abhängigkeitskegel bestimmen, der alle Eingangs- und Zustandsvariablen enthält, von denen dieses z_i direkt abhängt. Ein Schiebeübergang, der den Inhalt eines Flipflops für die Zustandsvariable z_k in das Flipflop für z_i überträgt, führt zu einer Abhängigkeit der Variablen z_i von z_k. Hängt z_i in der initialen Struktur nicht von z_k ab, führt dies zu einer Vergrößerung der kombinatorischen Logik. Daher sollten im Schiebebetrieb nach Möglichkeit keine zusätzlichen Abhängigkeiten entstehen.

6.2.2.2 Formales Modell

Die Suche nach einer geeigneten Reihenfolge der Zustandsvariablen im Schiebebetrieb entspricht der Suche nach einer Kantenfolge durch alle Knoten der Menge von Speicherelementen $\mathcal{F}$ im Abhängigkeitsgraphen AG des Schaltwerks (vgl. Definition 2.9), die in einem beliebigen Knoten der Eingabemenge $\mathcal{E}$ startet und in einem beliebigen Knoten der Ausgabemenge $\mathcal{A}$ endet (siehe Bild 6.13). Ist die Anzahl der Eingänge, Speicherelemente und Ausgänge $|\mathcal{E}| = p$,

$|\mathcal{F}| = r$, $|\mathcal{A}| = q$, gibt es maximal $p \cdot r! \cdot q$ solcher Folgen. Formaler formuliert erhält man folgendes Entscheidungsproblem:

Problem PSF (Prüfpfad-Schiebefolge):
Beschreibung: Gegeben sei der Abhängigkeitsgraph AG = (V, E), V = $\mathcal{E} \cup \mathcal{F} \cup \mathcal{A}$, einer Schaltwerksstruktur.
Frage: Gibt es eine Folge von Kanten (v_0, v_1), (v_1, v_2), ..., (v_r, v_{r+1}) mit $(v_i, v_{i+1}) \in$ E, $0 \le i \le r$, $v_0 \in \mathcal{E}$, $v_{r+1} \in \mathcal{A}$, so daß $\{v_1, ... v_r\} = \mathcal{F}$?

Satz 6.5: PSF ist NP-vollständig.

Beweis: α) PSF ∈ NP: trivial, durch Verfolgen einer gegebenen Kantenfolge und Markieren der durchlaufenen Knoten.

β) Beschränkt man PSF auf Probleme mit $|\mathcal{E}| = |\mathcal{A}| = 1$, entspricht es dem bekannten Problem der Suche nach einem gerichteten Hamilton-Pfad mit gegebenem Start- und Endpunkt. Auch dieses Problem ist aber NP-vollständig [GaJo 79].

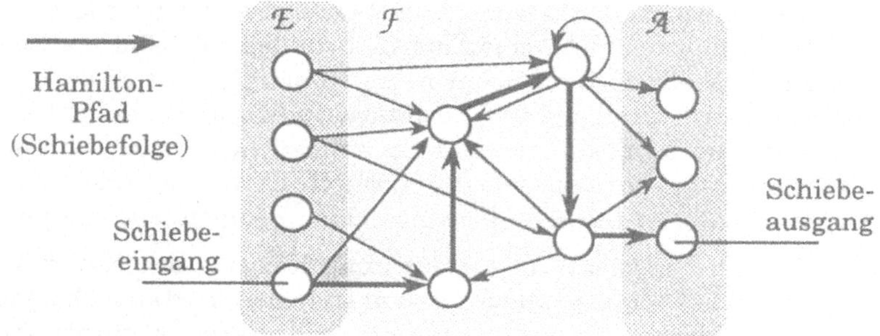

Bild 6.13: Abhängigkeitsgraph und Hamilton-Pfad

Trotz der NP-Vollständigkeit der Suche nach gerichteten Hamilton-Pfaden kann das Problem auch für relativ große Schaltwerke noch in annehmbarer Zeit exakt gelöst werden, da die Anzahl der Knoten von $\mathcal{F}$ nur logarithmisch mit der Anzahl der Zustände des Schaltwerks steigt. Dies ist ein großer Vorteil der Einfügung von Schiebefolgen auf einer strukturellen Zwischenebene und nicht direkt auf der Ebene des Zustandsübergangsdiagramms. Enthält der Abhängigkeitsgraph AG keine Zyklen, können Hamilton-Pfade mit polynomialem Aufwand gefunden werden [Lawl 76]. Wenn AG keinen Hamilton-Pfad enthält, müssen bisher nicht in AG enthaltene Kanten zusätzlich eingefügt werden, um eine Schiebefolge zu erhalten. Die Aufgabe besteht dann darin, eine Knotenfolge zu finden, die die geringste Anzahl solcher Kanten (entsprechend der kleinsten Zahl zusätzlicher Abhängigkeiten) erfordert.

Definition 6.6: Der *gewichtete Abhängigkeitsgraph* einer Schaltwerksstruktur ist ein bewerteter Digraph $AG_g = (V, E_g, g)$, $E_g = (\mathcal{E} \times \mathcal{F}) \cup \mathcal{F}^2 \cup (\mathcal{F} \times \mathcal{A})$ mit

Kantengewichten g: $E_g \to \mathbb{N}$, $g(v_i, v_j) = 0$ für $(v_i, v_j) \in E$ und $g(v_i, v_j) = 1$, wenn (v_i, v_j) nicht in AG enthalten ist.

Problem OPSF (optimale Prüfpfad-Schiebefolge):

Beschreibung: Gegeben seien der gewichtete Abhängigkeitsgraph $AG_g = (V, E_g, g)$, $V = \mathcal{E} \cup \mathcal{F} \cup \mathcal{A}$, einer Schaltwerksstruktur und eine Schranke $K_{max} \in \mathbb{N}$.

Frage: Gibt es eine Folge von Kanten (v_0, v_1), (v_1, v_2), ..., (v_r, v_{r+1}) mit $\sum g(v_i, v_{i+1}) < K_{max}$, $v_0 \in \mathcal{E}$, $v_{r+1} \in \mathcal{A}$, so daß $\{v_1, ... v_r\} = \mathcal{F}$?

Es ist leicht zu sehen, daß für $K_{max} = 1$ das Problem PSF als Spezialfall enthalten ist. Gibt es keinen Hamilton-Pfad, muß die Summe der Kantengewichte $\sum g(v_i, v_{i+1})$ minimiert werden, um möglichst wenige zusätzliche Abhängigkeiten durch die Implementierung des Prüfpfades zu erhalten. Die Suche nach einem Hamilton-Pfad geringsten Gewichts ist als Problem des Handlungsreisenden (traveling salesman problem) wohlbekannt und es existieren Standard-Algorithmen zu seiner Lösung [Chri 75].

6.2.2.3 Anwendung auf zweistufige Logik

Die bisher definierten Abhängigkeitsgraphen müssen noch etwas modifiziert werden, um für verschiedene Entwurfsstile tatsächlich die Schiebefolgen zu repräsentieren, die mit dem geringsten Aufwand zu implementieren sind. Dies wird im folgenden Beispiel für eine PLA-Zielstruktur veranschaulicht.

Beispiel 6.3: Die Abhängigkeit einer Zustandsvariablen z_i von z_k ist eine notwendige, aber nicht hinreichende Bedingung dafür, daß Schiebeübergänge von z_k nach z_i mit der Systemlogik minimiert werden können. Dies veranschaulicht das sehr einfache Beispiel in Bild 6.14. Auf die Angabe der Ausgabevariablen wurde zur Vereinfachung des Beispiels verzichtet, ihre Behandlung erfolgt ganz analog. Obwohl jede Zustandsvariable von jeder anderen Variablen abhängt und damit $2 \cdot 2! = 4$ Hamilton-Pfade existieren, führt nur die im Bild illustrierte Schiebereihenfolge $e_2 \to z_1 \to z_2$ zu einer Realisierung, die keine zusätzlichen Produktterme benötigt. Die KV-Symmetrie-Diagramme für die Ansteuervariablen y_1 und y_2 in Bild 6.14 wurden um die zusätzliche Eingabevariable Test erweitert, derart daß für Test = 0 die Systemfunktion realisiert wird, während die Funktionswerte für Test = 1 so festgelegt wurden, daß bei einer Eingangsbelegung $e_1 \equiv 1$ die in der rechten Tabelle angegebenen Schiebeproduktterme resultieren. Die gewählte Festlegung ermöglicht z. B. die Zusammenfassung des Produktterms $e_1 \wedge z_1$ für die Ansteuerfunktion y_2 der initialen Struktur (d.h. effektiv $e_1 \wedge z_1 \wedge$ Test) mit dem Schiebeproduktterm ②, $e_1 \wedge z_1 \wedge$ Test. Die resultierende Struktur wurde bereits in Bild 6.12 gezeigt. Man kann leicht überprüfen, daß bei einer anderen Festlegung der Schiebefolge in mindestens einem der KV-Symmetrie-Diagramme ein zusätzlicher Implikant zur Überdeckung der resultierenden Funktion nötig wird.

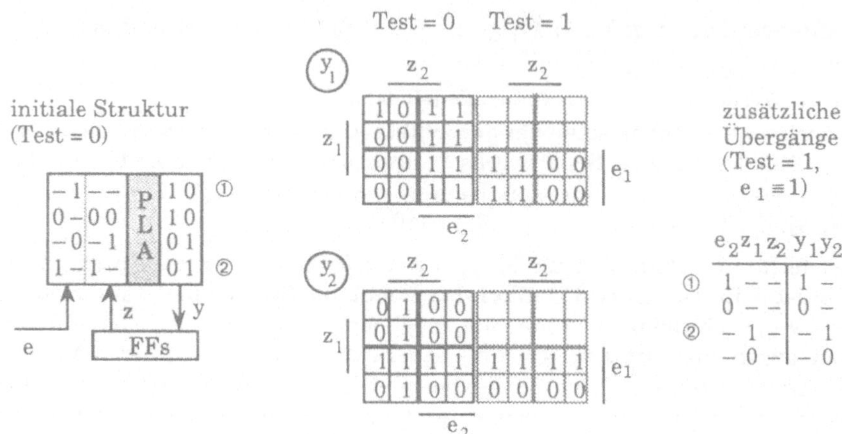

Bild 6.14: Beispiel für die Integration der Schiebelogik in die Systemlogik

Satz 6.7: Bei zweistufiger (PLA-)Realisierung der kombinatorischen Logik können nur Produktterme, in denen genau eine Zustandsvariable z_i relevant ist, $\forall j \neq i$: $z_j = -$, mit Schiebeübergängen $z_i \rightarrow z_j$ bzw. $z_i \rightarrow a_j$ zusammengefaßt werden. Nur Produktterme, in denen keine Zustandsvariable relevant ist, $\forall j$: $z_j = -$, können mit einem Schiebeübergang $e_i \rightarrow z_j$ zusammengefaßt werden.

Beweis: Die Produktterme der Systemfunktion seien durch

$$P_1 = \overline{\text{Test}} \wedge \bigwedge_{i \in I_e} \overset{\bullet}{e}_i \wedge \bigwedge_{i \in I_z} \overset{\bullet}{z}_i$$

mit $\overset{\bullet}{e}_i \in \{e_i, \overline{e_i}\}$, $\overset{\bullet}{z}_i \in \{z_i, \overline{z_i}\}$ charakterisiert. a) Ein Schiebeübergang $z_i \rightarrow z_j$ bzw. $z_i \rightarrow a_j$ ergibt einen Implikanten der Form

$$P_2 = \text{Test} \wedge \bigwedge_{i \in I_e'} \overset{\bullet}{e}_i \wedge \overset{\bullet}{z}_i,$$

wobei I_e' und die Polaritäten der $\overset{\bullet}{e}_i$ und von $\overset{\bullet}{z}_i$ noch festgelegt werden können. $P_1 \vee P_2$ stellt nur dann einen Produktterm

$$P = \bigwedge_{i \in I_e} \overset{\bullet}{e}_i \wedge \overset{\bullet}{z}_i,$$

dar, wenn $I_e' = I_e$ gesetzt wird, die Polaritäten der $\overset{\bullet}{e}_i$ und von $\overset{\bullet}{z}_i$ entsprechend P_1 festgelegt werden und $I_z = \{i\}$ ist. b) Analoges gilt für Schiebeübergänge $e_i \rightarrow z_j$ mit

$$P_2 = \text{Test} \wedge \bigwedge_{i \in I_e'} \overset{\bullet}{e}_i \,. \qquad \blacksquare$$

In den der Minimierung zugrundeliegenden Abhängigkeitsgraphen sind nur Kanten aufzunehmen, die solchen minimierungsrelevanten Produkttermen entsprechen.

Beispiel 6.3 (Forts.): Der relevante Abhängigkeitsgraph enthält nur die Kanten $e_2 \rightarrow z_1$, $z_2 \rightarrow z_2$ und $z_1 \rightarrow z_2$. Schlingen wie $z_2 \rightarrow z_2$ können sofort gestrichen werden, da sie zu keiner sinnvollen Schiebetransition führen. ●

Ergibt sich ein Schiebeübergang mit $\dot{z}_i = z_i$, wird bei seiner Aktivierung z_i weitergeschoben; ist $\dot{z}_i = \overline{z_i}$, entspricht dies dem Weiterschieben des komplementierten Wertes von z_i, im Prüfpfad-Modell also der Negation einer Prüfpfad-Stufe. Die Möglichkeit, Schiebevariablen zu negieren, erhöht das beim emulierten Prüfpfad auszunutzende Minimierungspotential, da die Polarität der Prüfpfad-Stufen an das zu synthetisierende Schaltwerk angepaßt werden kann.

Beispiel 6.4: Werden in einem Schaltwerk die Schiebeübergänge von Bild 6.15a realisiert, so daß z_1 komplementiert weitergeschoben wird, entspricht dies einer in Bild 6.15b veranschaulichten Prüfpfadstruktur.

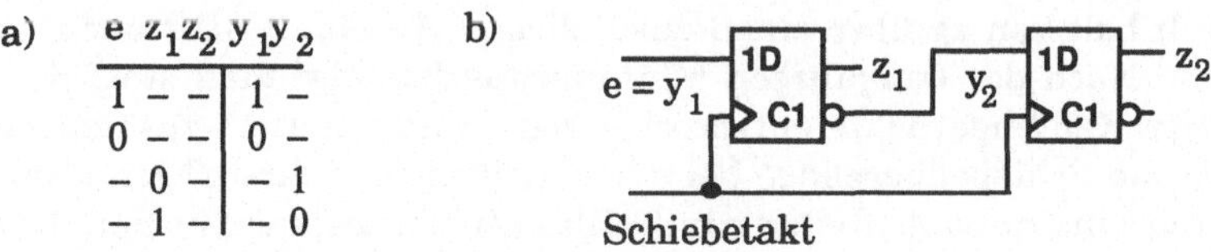

Bild 6.15: Komplementierung von Schiebevariablen ●

6.2.2.4 Anwendung auf mehrstufige Logik

Für mehrstufige Realisierungen ist zwar das Einsparpotential schlechter abzuschätzen, dafür sind aber die Minimierungsmöglichkeiten größer. Das Ergebnis üblicher mehrstufige Minimierungsverfahren ist ein mehrstufiges Schaltnetz, das durch einen Graphen dargestellt werden kann [BRSW 87]. Die Knoten des Graphen repräsentieren zweistufig minimierte Teilfunktionen, die über Kanten (Zwischenvariablen) miteinander verbunden sind. Zu jeder Ausgangsvariablen des Schaltnetzes gehört ein Ausgangsknoten, der die letzte Stufe der Logik zur Erzeugung dieser Ausgangsvariablen enthält. Da dieser Knoten eine zweistufige disjunktive Verknüpfung seiner Eingabevariablen durchführt, kann er ähnlich wie oben behandelt werden. Allerdings ist für eine Minimierung nicht unbedingt Voraussetzung, daß in einem Teilimplikanten nur eine Zustandsvariable relevant ist, da durch eine andere Zusammenfassung zu Teilfunktionen unabhängig von der zweistufigen Minimierung der Teilfunktionen eine Reduktion der Schaltnetzgröße erreicht werden kann. Dies kann ebenfalls ausgenutzt werden.

Die probeweise Eingliederung eines Schiebeübergangs in den zugehörigen Ausgangsknoten des Schaltnetzes liefert nach einer Minimierung des Schaltnetzes eine Abschätzung für die zu erwartende Realisierungskomplexität. Da die Minimierung von Schiebeübergängen bezüglich verschiedener Ausgangsknoten relativ unabhängig voneinander ist, liefert dieses Vorgehen einen guten Vergleichswert für die möglichen Schiebeübergänge in einen bestimmten Ausgangsknoten. Der erhaltene Wert wird als Kantengewicht $g(v_i, v_j)$ des gewichteten Abhängigkeitsgraphen AG_g verwendet. Auf diese Art ist eine Anzahl von $|E_g| = r \cdot (p + q + r - 1)$ möglichen Schiebeübergängen zu bewerten. Danach können die Schiebeübergänge wie für zweistufige Logik wieder durch die Suche nach einem Hamilton-Pfad minimalen Gewichts bestimmt werden.

Beispiel 6.5: Für das „Boundary Scan"-Steuerwerk von Abschnitt 2.3.3.3 erhält man bei mehrstufiger Realisierung der Logik den Abhängigkeitsgraphen von Bild 6.16. Die Kantengewichte entsprechen der Anzahl zusätzlicher Literale bei Realisierung dieses Schiebeübergangs. Eine optimale Flipflop-Reihenfolge ist TMS $\overset{+}{\to} z_1 \overset{.}{\to} z_2 \overset{.}{\to} z_4 \overset{+}{\to} z_3$ mit einer Summe der Kantengewichte von 18, wobei $\overset{+}{\to}$ einen Schiebeübergang ohne Komplementierung der Zustandsvariable und $\overset{.}{\to}$ einen Übergang mit Komplementierung bezeichnet. Da die primären Ausgänge des Steuerwerks nicht direkt beobachtbar sind, wird der Inhalt von z_3 über einen zusätzlichen Anschluß SDO nach außen geschoben. Nach der endgültigen Minimierung benötigt man statt den der Summe der Kantengewichte entsprechenden 18 nur noch 11 zusätzliche Literale, da die Schiebeübergänge bei der endgültigen mehrstufigen Minimierung durch eine neue Aufteilung in Teilfunktionen besser mit der Systemlogik verschmolzen werden können (siehe Anhang A.2.5).

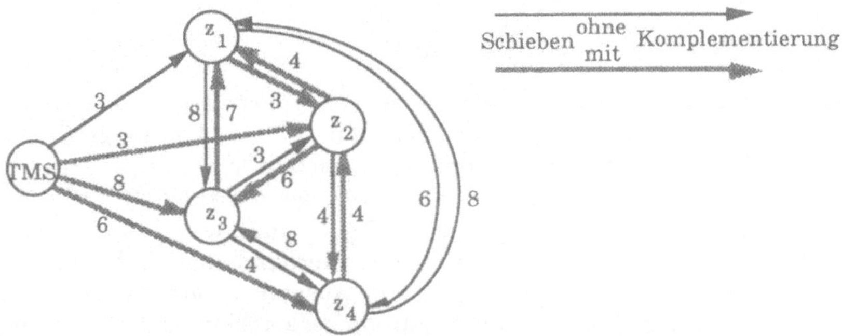

Bild 6.16: Abhängigkeitsgraph für das „Boundary Scan"-Steuerwerk

6.2.2.5 Belegung der freien Eingänge

Da Schiebeübergänge zwischen verschiedenen Speicherelementen parallel möglich sein sollen, müssen alle Schiebeprodukterme in beliebiger Kombination angesprochen werden können. Eine Möglichkeit dies zu erreichen besteht darin, die Schiebeproduktterme unabhängig von der Eingabebelegung im Schiebebetrieb immer zu aktivieren; eine andere ist es, die Eingabesignale während des Schiebebetriebs mit festen Werten zu belegen. Die zwei Möglichkeiten können auch kombiniert werden, z. B. wenn eine Teilmenge der Eingabevariablen nicht steuerbar ist. Feste Eingabebelegungen während des Schiebebetriebs bedeuten, daß dann Folgezustand und Ausgabe für alle anderen Eingabebelegungen zu *don't cares* werden, wodurch besonders für zweistufige Logik das Minimierungspotential erhöht wird. Bei der Bestimmung der Schiebeübergänge für die einzelnen Schieberegisterstufen erhält man Bedingungen, welche die Eingabebelegung erfüllen muß, damit eine möglichst starke Minimierung der Kombinatorik möglich ist. Es ist eine Eingabebelegung zu bestimmen, welche die maximale Anzahl von Eingabe-Bedingungen erfüllt.

Beispiel 6.3 (Forts.): In Bild 6.14 muß im Produktterm ② für $z_1 \to z_2$ $e_1 = 1$ vorausgesetzt werden, um diesen mit dem vierten Produktterm des Ausgangs-PLAs verschmelzen zu können. Für den Schiebeübergang ① $e_2 \to z_1$ ist der Wert von e_1 dagegen beliebig. Es sei die Folge von Werten $(0,0,1,1,0)$ am Schiebeeingang e_2 betrachtet. Wie man leicht nachprüfen kann, erhält man im Schaltwerk von Bild 6.12 durch die entsprechende mit Test = 1 und $e_1 \equiv 1$ erweiterte Eingabefolge $(110, 110, 111, 111, 110)$ wie gewünscht nacheinander die Flipflop-Inhalte 0x, 00, 10, 11 und 01.   ●

6.2.2.6 Zusammenfassung des Syntheseverfahrens

Eine weitere Optimierung ist dadurch möglich, daß die Erfüllbarkeit von Eingabe-Bedingungen schon bei der Suche nach einem Hamilton-Pfad minimalen Gewichts im Abhängigkeitsgraphen berücksichtigt wird. Dies ist zur Vereinfachung in Bild 6.17 vernachlässigt, wo das Vorgehen zur Einbettung eines Prüfpfades in eine gegebene Schaltungsstruktur zusammengefaßt wird. Die 1- und 0-Mengen der r Ansteuervariablen und der q Ausgabevariablen sind dort mit den Indizes 1, ... r bzw. r + 1, ... r + q bezeichnet. Die Schiebeübergänge werden so in die Spezifikation der Logik eingefügt, daß zunächst alle spezifizierten 1- und 0-Mengen für Test = 0 übernommen werden. Für Test = 1 werden dann die 1- und 0-Mengen aller Zustandsvariablen und des Schiebeausgangs mit den zusätzlichen Übergängen ergänzt. Die nicht spezifizierten Belegungen mit Test = 1 vergrößern die DC-Mengen der zu realisierenden Funktionen. In Bild 6.17 ist die Schiebereihenfolge mit $z_{i_1} \to z_{i_2} \to ... \to z_{i_r}$ bezeichnet, wobei $i_1, i_2, ... i_r$ eine Permutation der Zustandsvariablenindizes {1, 2, ... r} darstellt; der Schiebeeingang ist mit z_{i_0}, der Schiebeausgang mit dem Index i_{r+1} bezeichnet. Die Zustandsvariable $z_{i_{j-1}}$ ist je nach Polarität der „Prüfpfad"-Stufe bejaht oder negiert einzusetzen.

```
Prozedur PRÜFPFAD_EINBETTUNG;
     Führe eine initiale Synthese der Systemlogik durch (Zustandscodierung und
        Logikminimierung);
     Erzeuge den gewichteten Abhängigkeitsgraphen AG_g;
     Bestimme einen Hamilton-Pfad minimalen Gewichts z_i0 → z_i1 → ... → z_ir+1 von einem
        Element aus E zu einem Element aus A, der alle Elemente aus F enthält;
     {Schiebereihenfolge, -polarität, -eingang und -ausgang liegen nun fest.}
     Bestimme eine Eingabebelegungen ē für den Schiebebetrieb;
     {Zunächst ursprüngliche Logik beibehalten.}
     Für alle Ansteuer- und Ausgabevariablen i ∈ {1, ... r, r + 1, ... r + q}:
        1-Menge(i) := {Test = 0} × 1-Menge(i);
        0-Menge(i) := {Test = 0} × 0-Menge(i);
     {Nun können die Schiebeübergänge hinzugefügt werden.}
     Für alle Indizes i_j , j ∈ {1, 2, ... r, r+1}:
        1-Menge(i_j) := 1-Menge(i_j) ∪ {Test = 1 ∧ ē ∧ ż_ij-1 = 1};

        0-Menge(i_j) := 0-Menge(i_j) ∪ {Test = 1 ∧ ē ∧ ż̄_ij-1 = 0};
     Für alle Ansteuer- und Ausgabevariablen i ∈ {1, ... r, r + 1, ... r + q}:
        DC-Menge(k) = {Test = −} × DC-Menge(k) ∪
                     {0,1}^{p+r+1} \ (1-Menge(k) ∪ 0-Menge(k));
     Minimiere die Logik endgültig;
END;
```

Bild 6.17: Einbettung eines Prüfpfades in eine Schaltungsstruktur

6.2.3 Test von Schaltwerken mit emuliertem Prüfpfad

Eine Hauptschwierigkeit bei der Integration der Prüfpfad-Zustandsübergänge
in die Systemlogik besteht darin, daß dann im Schiebebetrieb erheblich komplexere Fehler möglich sind als bei einer getrennten Realisierung und die Funktion des Prüfpfades nicht einfach durch einen Schieberegistertest validiert
werden kann. Wird dies nicht beachtet [AgCh 90, AgCh 90a], ist die Qualität
der strukturell erzeugten Testmuster zweifelhaft und in jedem Einzelfall
durch Fehlersimulation zu überprüfen. Die Benutzung von in die Systemlogik
integrierten Übergängen zum Erreichen und Identifizieren von Zuständen ist
z. B. dann sicher möglich, wenn diese funktional getestet wurden, d. h. ein
Prüfexperiment durchgeführt wurde [EsWu 91c]. Darauf wird später noch ge-
sondert eingegangen.

Beispiel 6.6: Ein 2-Bit-Schieberegister wird durch die Zustandsfolge 1x→11
→01→00→10→x1 getestet, da für beide Stufen alle möglichen Übergänge
1→1, 1→0, 0→0, 0→1 vorkommen. Wenn die Schiebelogik in die Systemlogik
integriert wurde, kann der Schiebeübergang 00→00 trotzdem fehlerhaft
sein, da der Inhalt eines Speicherelements nun nicht nur vom Inhalt des im
Schieberegister vorhergehenden abhängt. Dieser Fehler wird während des

Schieberegistertests nicht erkannt. Beim Test der kombinatorischen Logik ist es zur Erkennung des Fehlers nötig, 00 in das Register einzuschieben. Bei Benutzung des fraglichen Übergangs ist schon dieses Einschieben fehlerhaft, wodurch der Fehler unter Umständen maskiert wird.   ●

Nach der Validierung der Prüfpfad-Übergänge kann in einer zweiten Phase der strukturelle Test der kombinatorischen Logik wie bei einem üblichen Prüfpfad durchgeführt werden. Alle Fehler, die schon mit den Testmustern zur Prüfpfad-Validierung entdeckt worden sind, können allerdings bereits aus der Fehlerliste gestrichen werden. Statt der Schieberegisterübergänge werden zur Einstellung und Identifizierung von Zuständen Transfer- und Unterscheidungssequenzen des Schaltwerks benutzt. Durch die Synthese wurde sichergestellt, daß Transfer- und Unterscheidungssequenzen jeweils r Schritte lang sind und sich funktional nicht vom den Zustandsübergängen eines Schieberegisters unterscheiden.

Die Belegung der primären Eingänge bei der Aktivierung der „Schiebeübergänge" ist nach Abschnitt 6.2.2 zwar beliebig aber fest. Unter dieser Voraussetzung wird im folgenden die Anzahl von Testmustern eines funktionalen Prüfpfad-Test für die erste Testphase hergeleitet.

Lemma 6.8: [Chri 75] Ein stark zusammenhängender gerichteter Graph enthält einen Euler-Zyklus* genau dann, wenn für alle Knoten v_i die Eingangsgrade mit den Ausgangsgraden übereinstimmen, $\delta^-(v_i) = \delta^+(v_i)$.

Lemma 6.9: Der Zustandsübergangsgraph des Schieberegisters im emulierten Prüfpfad enthält einen Euler-Zyklus.

Beweis: Der Zustandsübergangsgraph des Schieberegisters ist stark zusammenhängend. Jeder Schieberegisterzustand hat genau 2 Vorgänger und 2 Nachfolger, da alle Eingänge außer dem Schiebeeingang auf festen Werten liegen. Damit ist der Eingangsgrad jedes Zustandsknotens v_i gleich seinem Ausgangsgrad, $\delta^-(v_i) = \delta^+(v_i) = 2$.   ∎

Satz 6.10 [EsWu 91c]: Die richtige Funktion aller Schiebetransitionen kann mit einem Prüfexperiment durch das Anlegen von $2 \cdot (n + r)$ Testmustern gesichert werden#, wobei n die Anzahl von Schieberegister-Zuständen darstellt.

Beweis: Bei einem Schieberegister mit n Zuständen müssen 2n Zustandsübergänge überprüft werden, da von jedem Zustand zwei Übergänge ausgehen, bei denen seriell entweder eine 0 oder eine 1 übernommen wird. Es gibt eine Folge von Zustandsübergängen mit der Länge 2n, in der jede dieser Transitionen genau einmal enthalten ist (alle Transfersequenzen haben die Länge 0), diese Folge stellt einen Euler-Zyklus im Zustandsübergangsgraphen des Schieberegisters dar. Die einem Zustandsübergang folgenden r Ausgaben

---

* Ein Euler-Zyklus in einem gerichteten Graphen ist ein Zyklus, der alle Kanten des Graphen genau einmal enthält.

Dies gilt unter der Voraussetzung, daß Fehler nicht die Anzahl der Zustände über n hinaus erhöhen

sind die Inhalte der r Zustandsflipflops im Endzustand des Übergangs, damit stellt jede Eingabesequenz der Länge r eine Unterscheidungssequenz für den Endzustand dar. Legt man daher nach dem Durchlaufen der 2n Zustandsübergänge noch r beliebige Testmuster an, erhält man eine Unterscheidungssequenz für den letzten erreichten Endzustand, die Unterscheidungssequenzen für die ersten 2n-1 Endzustände wurden vorher beim Durchlaufen der Zustandsübergänge automatisch miterzeugt. Um das Schieberegister anfangs in einen bekannten Grundzustand zu bringen, werden weitere r Zustandsübergänge benötigt. Insgesamt ist die Testlänge damit gleich der Länge der Rücksetzsequenz plus der Länge des Euler-Zyklus plus der Länge der Unterscheidungssequenz für den letzten Zustand gleich r + 2n + r.   ∎

Diese funktionalen Testmuster haben den Vorteil, daß sie einfach zu berechnen und für alle Schaltwerke mit gleicher Anzahl von Speicherelementen identisch sind. Sie können daher in einer Spezialschaltung fest verdrahtet erzeugt werden. $2 \cdot (n+r)$ bildet gleichzeitig eine strukturunabhängige obere Schranke für die Länge des Prüfpfad-Tests, die trotz ihres exponentiellen Wachstums mit der Flipflopanzahl für kleinere und mittelgroße Steuerwerke akzeptable Testlängen garantiert.

Im allgemeinen wird man jedoch einen strukturellen Test auch des Prüfpfads bevorzugen. Die Testmuster dafür müssen von einem Mustergenerator für sequentielle Schaltungen erzeugt werden, dies wird allerdings dadurch vereinfacht, daß die Steuer- und Beobachtbarkeit der Zustände durch die zusätzlichen Zustandsübergänge erhöht wurde. Zum Test des Prüfpfads können alle Eingänge außer dem Schiebeeingang auf die im Schiebebetrieb notwendigen konstanten Werte gesetzt werden. Da alle Teile der Schaltung, die lediglich von diesen konstanten Eingaben abhängen, für die Funktion des Prüfpfads irrelevant sind, sind Fehler darin nicht in die Fehlerliste für die Prüfpfadvalidierung aufzunehmen. Um die Zeit zur sequentiellen Testmustergenerierung weiter zu verkürzen, kann zunächst eine Schieberegister-Testfolge (vgl. Beispiel 6.6) angelegt werden, mit der alle Fehler erkannt werden, die nicht spezielle, durch die Synthese geschaffene Abhängigkeiten der Zustandsvariablen voneinander voraussetzen. Experimentell zeigt sich, daß dadurch bereits die meisten, bei vielen Steuerwerken sogar alle mit den Testmustern für die kombinatorische Logik nicht erkennbaren Prüfpfadfehler erfaßt werden. Somit werden durch einen emulierten Prüfpfad nicht nur bezüglich der Anzahl der Muster zum Test der kombinatorischen Logik, sondern auch bezüglich der Validierung des Prüfpfades vergleichbare Vorteile erzielt wie mit einem konventionellen Prüfpfad, obwohl eine Komplexität von $O(r)$ zum Test des Prüfpfads nicht allgemein garantiert werden kann.

6.2.4 Erweiterungen für partielle „Prüfpfade"

Die Erweiterung des Ansatzes auf partielle Prüfpfade ist naheliegend. Nach
der Zustandscodierung (z. B. mit dem Verfahren aus [ChAg 89]) und der initialen Logikminimierung erhält man einen initialen Abhängigkeitsgraphen
AG = (V,E). Eine minimale Anzahl von Knoten aus $\mathcal{F} \subseteq V$ wird entfernt, um
den Abhängigkeitsgraphen zyklenfrei zu machen (vgl. Abschnitt 2.3.3.2) und
damit die maximal notwendige Länge der Testfolge für einen Fehler so zu beschränken, daß sie linear mit der Schaltungsgröße anwächst. Die entfernten
Knoten entsprechen den Flipflops, die in den Prüfpfad aufzunehmen sind. Da
nur für diese unter Umständen durch die Einbeziehung in Schiebetransitionen neue Abhängigkeiten von anderen Zustandsvariablen entstehen können,
bleibt der Abhängigkeitsgraph auch nach Berücksichtigung dieser Übergänge
weiterhin zyklenfrei, d.h. die Testlänge wie vor dem Einfügen der Übergänge
beschränkt. Für die Bestimmung der Schiebeübergänge werden alle übrigen
Knoten, die Flipflops außerhalb des partiellen Prüfpfades entsprechen, aus
dem ursprünglichen Abhängigkeitsgraphen AG gestrichen. Die weiteren
Schritte entsprechen denen in Abschnitt 6.2.2. Allerdings ist kein so einfacher
funktionaler Test der Schiebeübergänge mehr möglich, da Flipflops außerhalb
des Prüfpfads nicht direkt steuerbar sind. Da bei einem partiellen Prüfpfad
ohnehin ein Testmustergenerator für sequentielle Logik notwendig ist, hat
dies allerdings keine negativen Folgen.

Ein vollständiger Prüfpfad garantiert, daß alle kombinatorisch irredundanten
Fehler erkannt werden können. Dies ist bei einem partiellen Prüfpfad nicht
gesichert, allerdings sind nicht erkennbare Fehler durch äquivalente Zustände sehr unwahrscheinlich.

Satz 6.11: In einem Schaltwerk mit einem r_p Flipflops beinhaltenden partiellem Prüfpfad können zwei Zustände nur dann äquivalent sein, wenn die r_p
zum Prüfpfad gehörenden Zustandsvariablen in beiden Zuständen übereinstimmen, d. h. das partielle Schieberegister denselben Inhalt hat.

Beweis (indirekt): Stimmen die beiden Zustände in den Prüfpfad-Zustands-
variablen nicht überein, kann durch Schiebetransitionen eine Ausgabefolge
erzeugt werden, die bei beiden Zuständen unterschiedlich ist. Daher sind die
Zustände nicht äquivalent. ∎

Satz 6.12: Die Äquivalenz eines Paars von Zuständen mit identischem Inhalt
des partiellen Schieberegisters erfordert die Äquivalenz aller 2^{r_p} Zustandspaare, die durch Modifikation des Inhalts der Speicherelemente im partiellen Prüfpfad erzeugt werden können.

Beweis: Zwei Zustände können nur dann äquivalent sein, wenn sie unter identischen Eingaben in identische oder äquivalente Folgezustände übergehen.
Alle Folgezustände des gegebenen Zustandspaars bei Schiebeübergängen
sind verschieden, da der Inhalt der $r - r_p$ Flipflops außerhalb des Prüfpfads
beim Schieben unverändert bleibt und ursprünglich verschieden sein

mußte, wenn die gegebenen Zustände nicht identisch sind. Daraus folgt rekursiv, daß alle 2^r_p Folgezustandspaare, die durch Schiebeübergänge erreichbar sind, ebenfalls äquivalent sein müssen. ∎

Obwohl sich Schaltwerke konstruieren lassen, bei denen die Bedingungen von Satz 6.11 und Satz 6.12 erfüllt sind, ist ihr Auftreten in der Realität sehr unwahrscheinlich. Damit können beim Syntheseprozeß sequentielle Redundanzen durch äquivalente Zustände größtenteils unberücksichtigt bleiben.

6.2.5 Analyse der Ergebnisse

Verglichen mit einem konventionellen Prüfpfad spart man durch das vorgeschlagene Verfahren die zwei primären Anschlüsse SDI und SDO ein. Mit einer zweistufigen Realisierung der kombinatorischen Logik erhält man eine erhöhte Schaltgeschwindigkeit, da die Flipflops nicht mit zusätzlichen Gattern zum Multiplexen der verschiedenen Eingänge beschaltet werden müssen. Die Anzahl zusätzlicher Produktterme ist im schlechtestmöglichen Fall gleich der Flipflop-Anzahl plus 1. Für einen mehrstufigen Entwurf der kombinatorischen Logik ergibt sich ein konventioneller Prüfpfad als Spezialfall des vorgestellten verallgemeinerten Ansatzes. Er bildet gleichzeitig das schlechtestmögliche Ergebnis, das man dann erhält, wenn keine der Schiebetransitionen mit den Zustandsübergängen des Systembetriebs zusammenzufassen ist. Die wesentlichen Unterschiede zwischen konventionellem und emuliertem Prüfpfad sind in Tabelle 6.5 zusammengefaßt.

Tabelle 6.5: Vergleich von konventionellem und emuliertem Prüfpfad

Kriterium	konventioneller Prüfpfad	emulierter Prüfpfad
Test der Kombinatorik	strukturell, mit Fehlermodell, $O(r^2)$	strukturell, mit Fehlermodell, $O(r^2)$
Test der Speicherelemente	strukturell, $O(r)$	funktional, $O(n + r)$ oder strukturell
zusätzliche Anschlüsse	3 (2 Eingänge, 1 Ausgang)	1 Eingang
zusätzlicher Flächenbedarf	Speicherelemente 2-3-mal so groß	potentiell kleiner, da Minimierung mit Systemlogik
Verminderung der max. Betriebsfrequenz	Speicherelemente langsamer	bei zweistufiger Realisierung der Kombinatorik gering
asynchrone Schaltwerke	nein	möglich
Erkennung dynamischer Fehler	problematisch, wegen Betriebsarten-umschaltung	ja, bei genügender Geschwindigkeit der Mustergenerierung

Um die Optimierungsmöglichkeiten des emulierten Prüfpfades ausnutzen zu können, ist ein erhöhter Entwurfsaufwand nötig, der sich hauptsächlich bei Schaltungen mit stark vermaschten Abhängigkeitsgraphen wie Steuerwerken lohnt. Da das Verhalten beider Prüfpfad-Varianten identisch ist, können sie einfach gekoppelt werden. So ist es möglich, das Operationswerk mit einem konventionellen Prüfpfad auszurüsten, und das Steuerwerk mit emuliertem Prüfpfad zu optimieren.

In Tabelle 6.6 wird die Anzahl von Transistoren, um in eine Schaltung einen konventionellen LSSD-Prüfpfad zu integrieren bzw. sie mit einem emulierten Prüfpfad auszustatten, für einige Steuerwerke verglichen [EsWu 91c].

Tabelle 6.6: Vergleich von konventionellem und emuliertem Prüfpfad (PP).

Beispiel	Ein-/Ausgaben/ Flipflops	Transistoren ohne Prüfpfad	Mehrbedarf für LSSD-PP	emulierten PP
agch	2/4/2	106	15,1 %	11,3 %
s27	4/1/3	106	28,3 %	5,7 %
bbara*	4/2/4	156	20,5 %	14,1 %
tap*	1/9/4	208	15,4 %	10,6 %
dk512	1/3/4	224	14,3 %	8,9 %
keyb*	7/2/5	466	8,6 %	5,6 %
dk16	2/3/5	642	6,2 %	7,5 %

Für Steuerwerke ist der Flächenmehrbedarf zur Integration eines Prüfpfads konventioneller Art sehr hoch und kann durch die Verwendung eines emulierten Prüfpfads stark reduziert werden. Da für solche Schaltungen der Synthesemehraufwand gering ist und selbst ein funktionaler Test der Schiebeübergänge effizient durchgeführt werden kann, ist im allgemeinen die Lösung mit emuliertem Prüfpfad vorzuziehen. In Einzelfällen ist es allerdings möglich, daß die so synthetisierte Schaltung mehr Transistoren als eine LSSD-Schaltung benötigt (Beispiel *dk16*); dies ist im wesentlichen auf Schwächen der augenblicklich zur Verfügung stehenden Minimierungsprogramme für mehrstufige Logik bei größeren Beispielen zurückzuführen.

Weitere Ergebnisse seien am Beispiel des schon mehrfach benutzten „Boundary Scan"-Steuerwerks (*tap*) erläutert (vgl. Anhang A.2.5). Der kritische Pfad verlängert sich beim emulierten Prüfpfad gegenüber einer Lösung ohne Prüfpfad um 6,7%, bei einem konventionellen Prüfpfad jedoch um 23,3% (Tabelle 6.7). Ein funktionaler Test der Schiebeübergänge im emulierten Prüfpfad würde $2 \cdot (16+4) = 40$ Testmuster erfordern, die Prüfpfadtransitionen können in diesem Beispiel aber auch durch die strukturellen Testmuster des Schieberegister-Tests für konventionelle Prüfpfade validiert werden. Durch den Schiebe-

---

* Die mit einem Stern gekennzeichneten Beispiele wurden mit separatem Schiebeausgang SDO realisiert.

register-Test werden bei der Schaltung mit konventionellem Prüfpfad 33 %
aller Fehler der Folgezustandslogik erkannt, während es beim emulierten
Prüfpfad 58 % sind, da hier gleichzeitig ein Teil der Systemlogik mitgetestet
wird. Demgemäß genügen zum Erkennen der restlichen Fehler beim emulierten Prüfpfad weniger Testmuster. Insgesamt dauert ein vollständiger Test
der Folgezustandslogik und des Zustandsregisters mit einem konventionellen
Prüfpfad 64 Takte, für das Steuerwerk mit emuliertem Prüfpfad werden nur 40
Takte benötigt. Die Lösung mit emuliertem Prüfpfad schneidet damit für alle
maßgeblichen Bewertungskriterien (Fläche, Geschwindigkeit und Testlänge)
besser ab als eine Lösung mit konventionellem Prüpfad.

Tabelle 6.7: Ergebnisse der Layout-Synthese des „Boundary Scan"-Steuerwerks.

Lösungsalternative	Gesamtfläche in λ^2		krit. Pfad (komb. Logik) in ns	
			Folgezustandslogik	Ausgabelogik
nach [IEEE 90]	560×691	386960	37	21
emulierter Prüfpfad	520×667	346840	32	21

Zusammengefaßt läßt sich festhalten, daß es verschiedene Möglichkeiten gibt,
einen Prüfpfad in eine Schaltung einzubauen; die Realisierung des Prüfpfads
als von der Systemlogik disjunktes Schieberegister ist nicht die einzige. Durch
die Anpassung des Prüfpfads an die zu testende Schaltung und die Ausnutzung von Freiheitsgraden in der Schaltungsbeschreibung kann ein
„emulierter Prüfpfad" im allgemeinen mit weniger Aufwand implementiert
werden als konventionelle strukturell definierte Prüfpfade. Lassen sich die
Prüfpfad-Übergänge des emulierten Prüfpfades mit einem einfachen Schiebe-
register-Test validieren, kann durch eine solche Implementierung überdies
noch die Testlänge verkürzt werden, da während des Schieberegister-Tests
bereits ein Teil der Systemlogik mitüberprüft wird.

7 Zusammenfassung und Ausblick

7.1 Erzielte Ergebnisse

In dieser Arbeit wurden Hardware-Strukturen, Entwurfsverfahren und Optimierungsalgorithmen für testfreundliche Steuerwerke in hochintegrierten
Schaltungen vorgestellt. Verhaltensbeschreibungen von Steuerwerken, die
sich als deterministische endliche Automaten modellieren lassen, können so
in Strukturbeschreibungen auf Gatterebene transformiert werden, die zugleich effizient implementierbar und testbar sind. Der wesentliche Unterschied gegenüber konventionellen Ansätzen besteht darin, daß die Testbarkeit
der zu realisierenden Schaltung nicht erst nach beendeter Synthese durch
Schaltungsmodifikationen erreicht wird, sondern als zusätzliches Entwurfs-
ziel bereits während des funktionalen Entwurfs berücksichtigt werden kann.
Die zugrundeliegenden Algorithmen wurden in C auf UNIX-Arbeitsplatzrech-
nern implementiert und anhand praktischer Beispiele validiert.

Zunächst wurden *Steuerwerksstrukturen* entwickelt, die gegebene Testhilfen
als integralen Bestandteil enthalten. Die Testausstattung kann so einerseits
zur Reduzierung der Systemlogik genutzt werden, andererseits kann der Entwurf auf die Erzielung besonders günstiger Testeigenschaften hin optimiert
werden. Durch die gemeinsame Synthese von System- und Testlogik eröffnet
sich ein zusätzliches Optimierungspotential, das unter anderem durch neue
Verfahren der *Zustandscodierung* ausgenutzt werden kann. Dazu wurde das
generalisierte Zustandscodierungsproblem als quadratisches Zuordnungsproblem mathematisch formalisiert, zu seiner Lösung wurden sowohl exakte als
auch effiziente heuristische Algorithmen vorgestellt. Hiermit wird für beliebige Entwurfsstile und Teststrategien eine optimierte Festlegung des Zustandscodes möglich.

Während des Entwurfs selbsttestbarer Steuerwerke können sowohl Schaltungen zur Mustererzeugung als auch zur Signaturanalyse günstiger integriert
werden als nach Ende des Entwurfs. Es wurde gezeigt, daß durch die *Einbeziehung von Mustergeneratoren* eine Verkleinerung der notwendigen Steuer-
werksfläche möglich ist, während bei der *integralen Signaturanalyse* der Ge-
schwindigkeitsnachteil selbsttestbarer Schaltungen reduziert und die Test-

durchführung vereinfacht werden kann. Syntheseverfahren zur automatischen Erzeugung solcher optimierter Strukturen wurden beschrieben. Eine konsequente Weiterführung beider Möglichkeiten führt zu Verfahren des *parallelen Selbsttests*, die es erlauben, alle für den Betrieb eines Steuerwerks relevanten dynamischen Fehler zu erkennen. Zusätzlich wird es möglich, *Pseudozufallstests* auch für Schaltwerke mit zyklischen Schaltungsgraphen anzuwenden. Mit Hilfe theoretischer und experimenteller Untersuchungen wurden die Vorteile dieser neuen Selbstteststrukturen demonstriert.

Die *Einbeziehung von Prüfpfaden* zur Unterstützung des externen Tests macht ähnliche Einsparungen wie bei Mustergeneratoren für den Selbsttest möglich, indem das Prüfpfad-Schieberegister durch eine einfache Rückkopplung ergänzt wird. Weiterhin wurde gezeigt, daß die verwendeten Schieberegisterstrukturen durch ein verallgemeinertes Konzept, sogenannte *emulierte Prüfpfade*, ersetzt werden können. Dadurch entstehen zusätzliche Freiheitsgrade zur Optimierung von Realisierungsaufwand, Schaltungsgeschwindigkeit und Testaufwand beim Steuerwerksentwurf.

Damit wird insgesamt ein Instrumentarium zur Verfügung gestellt, das es gestattet, den scheinbaren Widerspruch zwischen geringem Realisierungsaufwand und zugleich geringem Testaufwand aufzulösen und eine automatische Synthese bezüglich des Flächenbedarfs, der Geschwindigkeit und des Testaufwands optimierter hochintegrierter Steuerwerke erlaubt.

7.2 Weiterführende Arbeiten

Abschließend seien noch einige Punkte genannt, aus denen sich Ansätze für weiterführende Arbeiten ergeben könnten.

Der parallele Selbsttest mit Hilfe der in dieser Arbeit entwickelten Schaltungsstrukturen kann besonders im Hinblick auf die Stimulierung der primären Eingänge mit Pseudozufallsmustern weiter ausgebaut werden. So ist es möglich, analog zum Pseudozufallstest von Schaltnetzen optimierte Eingangswahrscheinlichkeiten und mehrere Testsitzungen mit unterschiedlichen Eingangswahrscheinlichkeiten zu verwenden, um die Testlänge zu verkürzen. Auch durch Erweiterungen der Steuerwerksbeschreibung, wie durch eine zielgerichtete Verfügung unspezifizierter Zustandsübergänge oder durch Hinzufügung zusätzlicher Eingaben für den Testbetrieb, können die Testeigenschaften parallel selbsttestbarer Schaltungen weiter verbessert werden.

Bei der experimentellen Untersuchung emulierter Prüfpfade zeigte es sich, daß die zusätzlichen Zustandsübergänge zur Realisierung des Prüfpfadverhaltens im allgemeinen bereits durch einen konventionellen Schieberegistertest und die Testmuster für die kombinatorische Logik des Schaltwerks vollständig überprüft werden. Hilfreich wäre es jedoch, ein allgemeines Kriterium zu besitzen, das solche Schaltungen von anderen unterscheidet, bei denen zusätzliche Testmuster notwendig sind. Notwendig dafür ist sicherlich die Irredundanz der zu testenden kombinatorischen Logik; ob diese Bedingung auch hinreicht, ist jedoch noch unklar.

Bei der Beschreibung eines Steuerwerks kann man mehr Freiheitsgrade offen lassen, als dies auch bei unvollständig spezifizierten Steuerwerken im allgemeinen üblich ist. So kann man als Folgezustand mehrere Zustände aus einer bestimmten Teilmenge von Zuständen zulassen, Eingaben früher oder später abfragen und Ausgaben zu einem früheren oder späteren Zeitpunkt aktivieren [MeLi 90]. Diese Freiheitsgrade lassen sich auch bei der testfreundlichen Synthese ausnutzen, indem z. B. beim emulierten Prüfpfad ein Folgezustand so verfügt wird, daß der Zustandsübergang einem Schiebeübergang entspricht.

Um eine durchgängige Berücksichtigung der Testbarkeit von der Spezifikation einer integrierten Schaltung bis zur vollständigen Implementierung zu erreichen, ist es notwendig, auch während des Entwurfs von Operationswerken Testbarkeitsaspekte stärker zu berücksichtigen. Aufgrund des Erfolgs dieses Vorgehens bei Steuerwerken können auch dabei signifikante Verbesserungen erwartet werden. Als Beispiel sei die Vermeidung unnötiger Rückkopplungen durch eine modifizierte Zuordnung von Operationen der Verhaltensbeschreibung zu Zeitschritten (*scheduling*) und funktionalen Einheiten (*allocation, module binding*) erwähnt, womit eine Erweiterung bestimmter Systemregister zu Testregistern vermieden werden könnte. Dazu wären die dieser Arbeit zugrunde liegenden Ideen auf Operationswerke zu übertragen und durch spezielle Verfahren, die auf die größere Anzahl von Speicherelementen und die weniger komplexe Verbindungsstruktur abgestimmt sind, zu ergänzen.

Schließlich sei noch auf Erweiterungsmöglichkeiten im Hinblick auf die Realisierung fehlertoleranter Schaltungen durch eine Fehlerdiagnose während des Betriebs hingewiesen. So können Selbsttesteinrichtungen während des Systembetriebs nicht nur gewisse Teile der Systemfunktion realisieren, sondern stattdessen auch die Korrektheit der Schaltungsfunktion validieren und bei Auftreten eines Fehlers eine Ausnahmebehandlung einleiten. Eine Kombination beider Möglichkeiten ist für ein selbsttestbares Steuerwerk zum Beispiel dadurch möglich, daß das Register zur Mustererzeugung wie in dieser Arbeit erläutert zur Realisierung eines Teils der Systemfunktion dient, während das Signaturregister die Zustandsfolge des Steuerwerks mitprotokolliert und an gewissen Rücksetzpunkten überprüft [EsWu 91d].

Anhang

A.1 Einfluß der Zustandcodierung auf die Steuerwerksgröße

Für die kleineren Steuerwerke der Benchmark-Sammlung ist die Bewertung
aller möglicher Zustandscodierungen durch eine nachfolgende Logikminimierung möglich. Daraus kann man Verteilungen der relativen Häufigkeit
von Codierungen, die zu einer bestimmten Komplexität der kombinatorischen
Logik des Steuerwerks führen, gewinnen. In den folgenden Grafiken wird die
Verteilung der Literal-Anzahlen nach einer mehrstufigen bzw. der Produktterm-Anzahlen nach einer zweistufigen Logikminimierung für eine D-Flip-
flop- und eine MISR-Realisierung des Zustandsregisters verglichen.

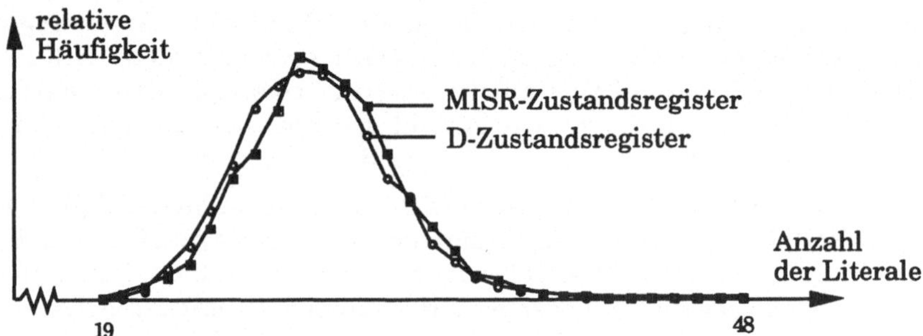

Bild A.1.1: Verteilung der Literal-Anzahlen für das Beispiel bbtas

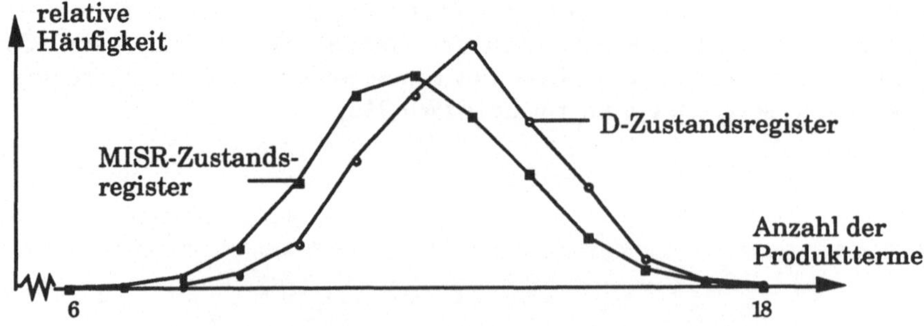

Bild A.1.2: Verteilung der Produktterm-Anzahlen für das Beispiel bbtas

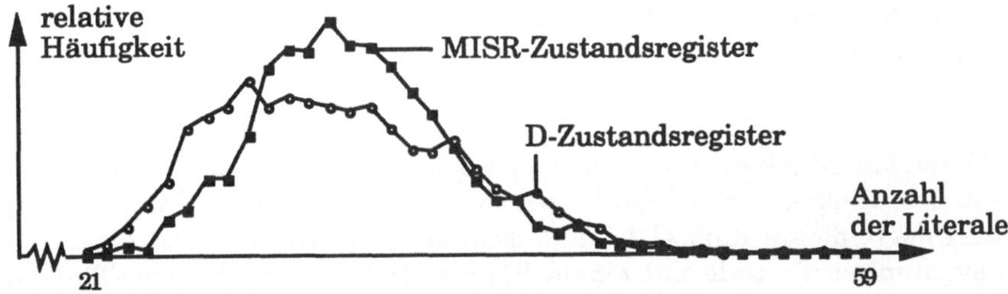

Bild A.1.3: Verteilung der Literal-Anzahlen für das Beispiel s8

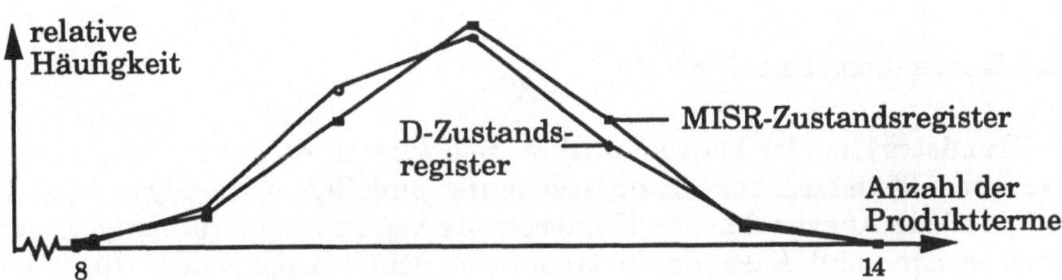

Bild A.1.4: Verteilung der Produktterm-Anzahlen für das Beispiel s8

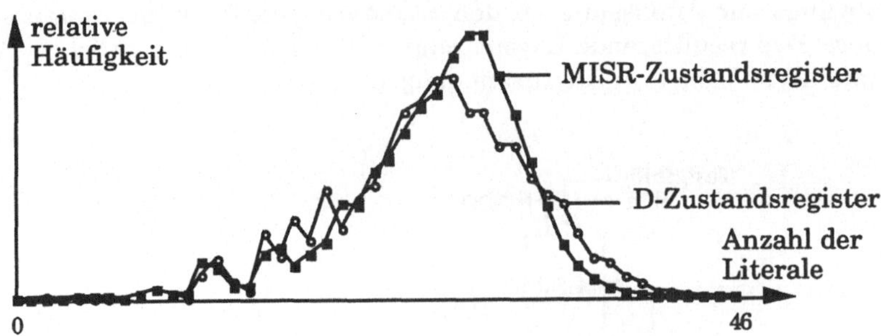

Bild A.1.5: Verteilung der Literal-Anzahlen für das Beispiel shiftreg

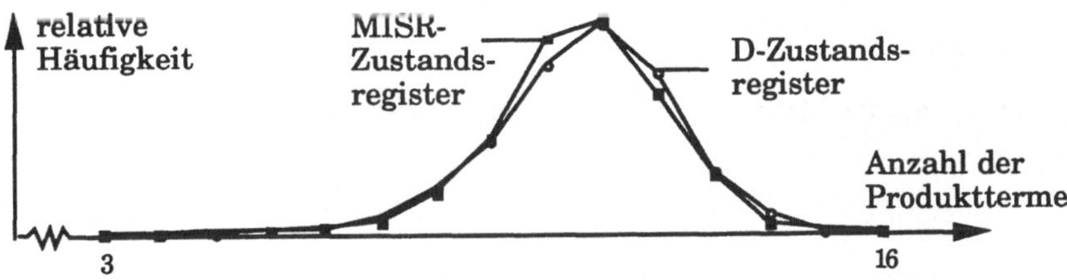

Bild A.1.6: Verteilung der Produktterm-Anzahlen für das Beispiel shiftreg

A.2 Implementierungen testfreundlicher „Boundary Scan"-Steuerwerke

Die folgenden Abschnitte stellen verschiedene testfreundliche Implementierungen des „Boundary Scan"-Steuerwerks von Abschnitt 2.3.3.3 vor. Der Logikentwurf folgte den in Kapitel 4 und 5 erläuterten Prinzipien, der darauffolgende Layoutentwurf wurde mit einem Standardzell-System für eine 2µ-CMOS-Technologie [OCT 89] durchgeführt. Da die wesentlichen Ergebnisse bereits in den Abschnitten 4 und 5 kommentiert wurden, wird für die einzelnen Implementierungen auf weitergehende Ausführungen verzichtet.

A.2.1 Konventioneller Selbsttest

Die Grundstruktur der konventionellen selbsttestbaren Implementierung mit getrennten Registern zur Mustererzeugung und Signaturanalyse zeigt Bild A.2.1. Auf die Angabe der zur Mustererzeugung und Signaturanalyse für die primären Ein- und Ausgänge notwendigen Schaltungen wurde zur Vereinfachung verzichtet. Da in dieser Struktur System- und Testbetrieb völlig unabhängig voneinander sind, kann die kombinatorische Logik des Normvorschlags [IEEE 90] übernommen werden. Ihre zweistufige Folgezustandslogik wurde allerdings zur Anpassung an den Standardzellentwurf noch mehrstufig minimiert. Das resultierende Layout zeigt Bild A.2.2, die wesentlichen Entwurfsdaten sind in Tabelle A.2.1 zusammengefaßt.

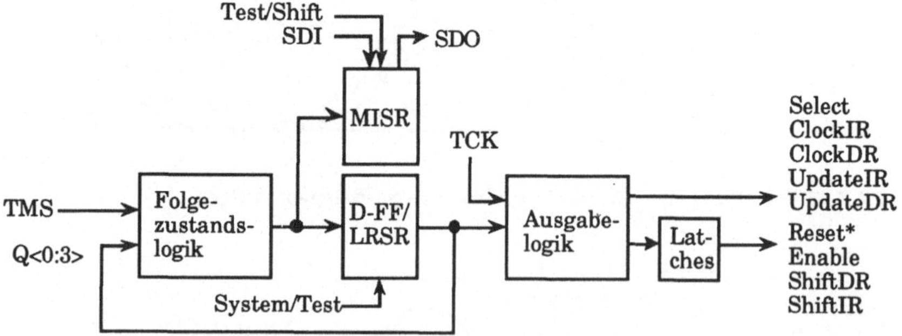

Bild A.2.1: „Boundary Scan"-Steuerwerk mit konventionellem Selbsttest

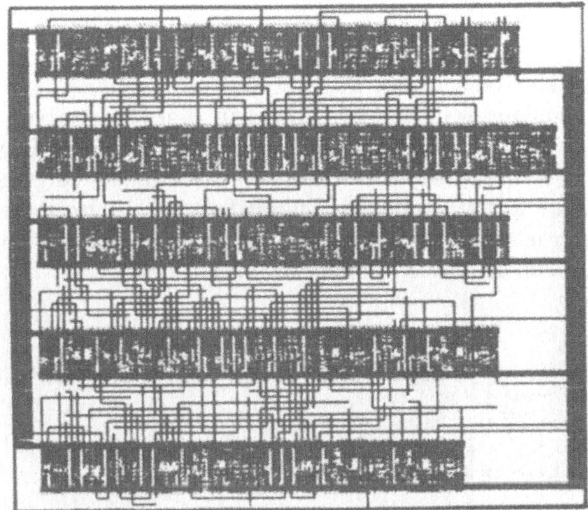

Bild A.2.2: Layout des Steuerwerks von Bild A.2.1

Tabelle A.2.1: Entwurfsdaten des Steuerwerks von Bild A.2.2

```
***** GLOBAL STATISTICS
      Chip Area W x H         =       768 x     683
      Chip Area               =          524544.00  (100.00%)
      Total Instance Area     =          243200.00  ( 46.36%)
      Routing + Empty Area    =          281344.00  ( 53.64%)
      Total    net area       =          174166.50
      Total    net length     =           39155.50
      Average net length      =             551.49
      St.dev. net length      =             755.15
      Number of vias          =             264

***** 6 LONGEST NETS
      (---) NAME          LENGTH (λ)          AREA (λ²)
      (  1) GND              4660.00           43360.00
      (  2) Vdd              3672.00           38336.00
      (  3) TCK              2574.00            7722.00
      (  4) Select           1648.50            4945.50
      (  5) % int. net %     1454.50            4363.50
      (  6) Q<0>             1391.00            4173.00
```

A.2.2 Paralleler Selbsttest

Die Grundstruktur der realisierten parallel selbsttestbaren Implementierung
zeigt Bild A.2.3. Auch hier wurden Mustererzeugung und Signaturanalyse für
primäre Ein- und Ausgänge nicht einbezogen. Zustandscodierung und Logikentwurf sind in [Jone 90] dokumentiert. Das resultierende Layout zeigt Bild
A.2.4, wobei das Ergebnis des konventionellen Entwurfs von Abschnitt A.2.1
zum Flächenvergleich als gerastertes Rechteck unterlegt wurde. Die wesentlichen Entwurfsdaten sind in Tabelle A.2.2 zusammengefaßt.

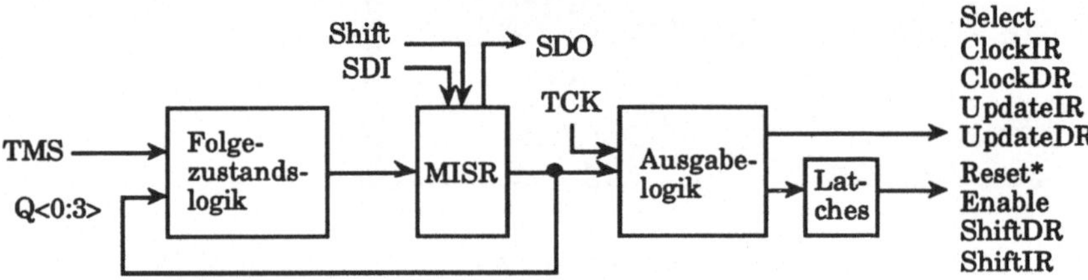

Bild A.2.3: „Boundary Scan"-Steuerwerk mit parallelem Selbsttest

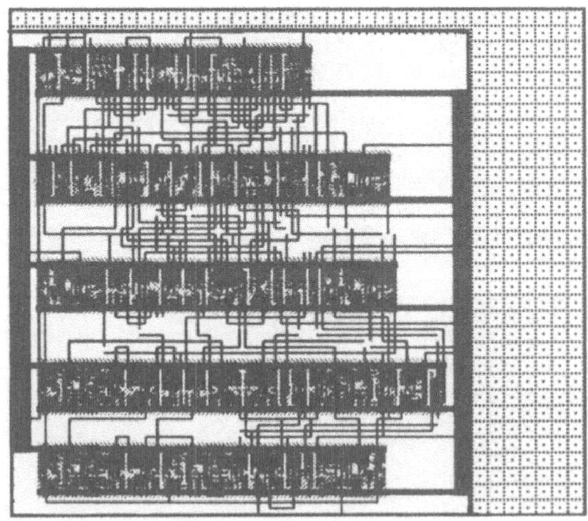

Bild A.2.4: Layout des Steuerwerks von Bild A.2.3

Tabelle A.2.2: Entwurfsdaten des Steuerwerks von Bild A.2.4

```
***** GLOBAL STATISTICS
      Chip Area W x H        =    568 x    635
      Chip Area             =        360680.00 (100.00%)
      Total Instance Area   =        178752.00 ( 49.56%)
      Routing + Empty Area  =        181928.00 ( 50.44%)
      Total   net area      =        131172.50
      Total   net length    =         28561.50
      Average net length    =           468.22
      St.dev. net length    =           662.65
      Number of vias        =           216


***** 6 LONGEST NETS
      (---) NAME           LENGTH (λ)        AREA (λ²)
      (  1) GND               3990.00        35214.00
      (  2) Vdd               2836.00        30752.00
      (  3) TCK               1753.50         5260.50
      (  4) Q<0>              1480.50         4441.50
      (  5) Q<2>              1359.00         4077.00
      (  6) Q<1>              1327.00         3981.00
```

A.2.3 Konventioneller Prüfpfad

Die Grundstruktur einer Implementierung mit konventionellem ETSD-Prüf-
pfad zeigt Bild A.2.5. Die kombinatorische Logik kann aus dem Normvorschlag
[IEEE 90] übernommen werden, die Folgezustandslogik wurde allerdings zur
Anpassung an den Standardzellentwurf noch mehrstufig minimiert. Das
resultierende Layout zeigt Bild A.2.6, die wesentlichen Entwurfsdaten sind in
Tabelle A.2.3 zusammengefaßt.

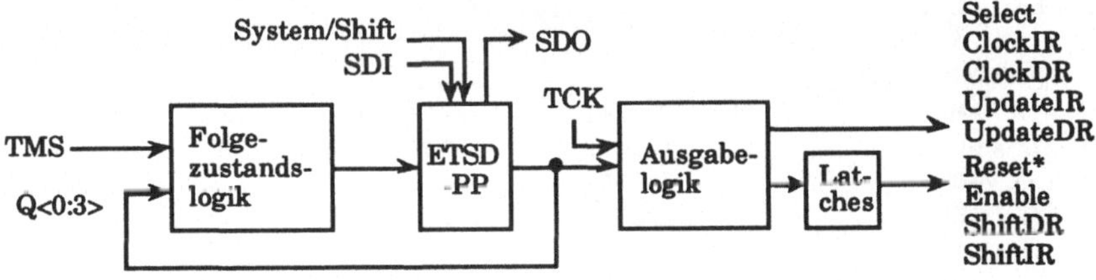

Bild A.2.5: „Boundary Scan"-Steuerwerk mit konventionellem Prüfpfad

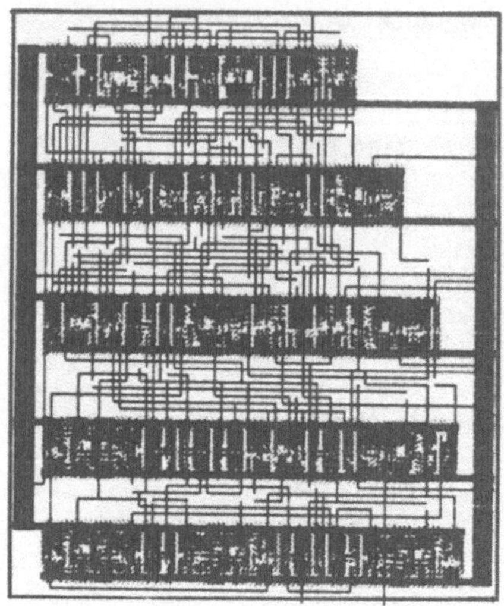

Bild A.2.6: Layout des Steuerwerks von Bild A.2.5

Tabelle A.2.3: Entwurfsdaten des Steuerwerks von Bild A.2.6

```
***** GLOBAL STATISTICS
    Chip Area W x H          =      560 x    691
    Chip Area                =        386960.00 (100.00%)
    Total Instance Area      =        169024.00 ( 43.68%)
    Routing + Empty Area     =        217936.00 ( 56.32%)
    Total    net area        =        138104.50
    Total    net length      =         30613.50
    Average net length       =           546.67
    St.dev.  net length      =           663.98
    Number of vias           =           203

***** 6 LONGEST NETS
    (---)  NAME          LENGTH (λ)          AREA (λ²)
    (  1)  GND            3753.00             34951.00
    (  2)  Vdd            2748.00             30816.00
    (  3)  TCK            2182.50              6547.50
    (  4)  Q<1>           1493.50              4480.50
    (  5)  Q<0>           1324.00              3972.00
    (  6)  Select         1133.00              3399.00
```

A.2.4 Nutzung des Prüfpfades im Systembetrieb

Die Grundstruktur der realisierten Steuerwerks mit Ausnutzung des ETSD-
Prüfpfades zeigt Bild A.2.7. Dabei wird das Schieberegister im Systembetrieb
zu einem Johnson-Zähler umkonfiguriert. Das resultierende Layout zeigt Bild
A.2.8, wobei das Ergebnis des konventionellen Entwurfs von Abschnitt A.2.3
zum Flächenvergleich als gerastertes Rechteck unterlegt wurde. Die wesentlichen Entwurfsdaten sind in Tabelle A.2.4 zusammengefaßt.

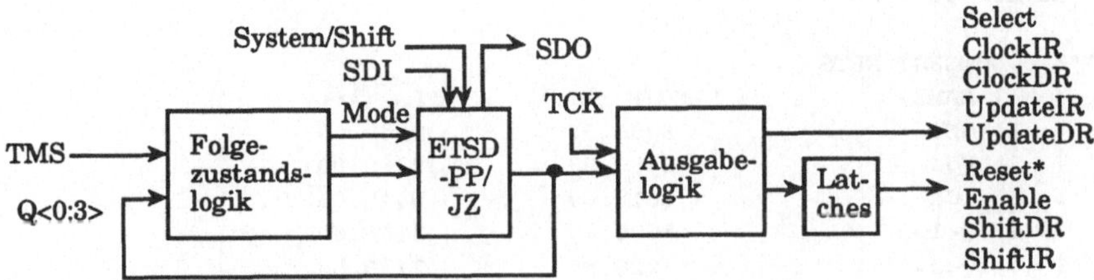

Bild A.2.7: „Boundary Scan"-Steuerwerk mit parallelem Selbsttest

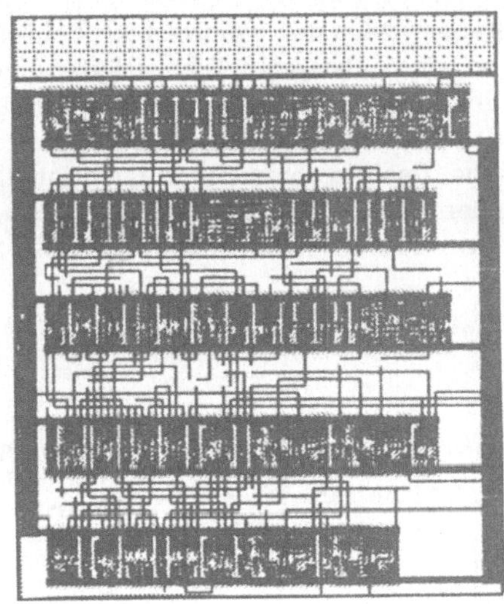

Bild A.2.8: Layout des Steuerwerks von Bild A.2.7

Tabelle A.2.4: Entwurfsdaten des Steuerwerks von Bild A.2.8

```
***** GLOBAL STATISTICS
    Chip Area W x H          =      560 x     611
    Chip Area                =        342160.00 (100.00%)
    Total Instance Area      =        175712.00 ( 51.35%)
    Routing + Empty Area     =        166448.00 ( 48.65%)
    Total    net area        =        120805.00
    Total    net length      =         25735.00
    Average net length       =           459.55
    St.dev. net length       =           604.01
    Number of vias           =           192

***** 6 LONGEST NETS
    (---) NAME           LENGTH (λ)          AREA (λ²)
    (  1) GND              3439.00            32057.00
    (  2) Vdd              2836.00            30368.00
    (  3) TCK              1815.00             5445.00
    (  4) Q<1>             1035.00             3105.00
    (  5) Q<2>              925.50             2776.50
    (  6) Test             914.50             2743.50
```

A.2.5 Emulierter Prüfpfad

Die Grundstruktur des realisierten Steuerwerks mit emuliertem Prüfpfad
zeigt Bild A.2.9. Die Schiebereihenfolge wurde in Beispiel 6.5 hergeleitet, dabei
wurde dieselbe Zustandscodierung wie im Normvorschlag [IEEE 90] benutzt.
Die Ausgabelogik ist dadurch mit der des Normvorschlags identisch. Das resultierende Layout zeigt Bild A.2.10, wobei das Ergebnis des konventionellen
Entwurfs von Abschnitt A.2.3 zum Flächenvergleich als gerastertes Rechteck
unterlegt wurde. Die wesentlichen Entwurfsdaten sind in Tabelle A.2.5 zusammengefaßt.

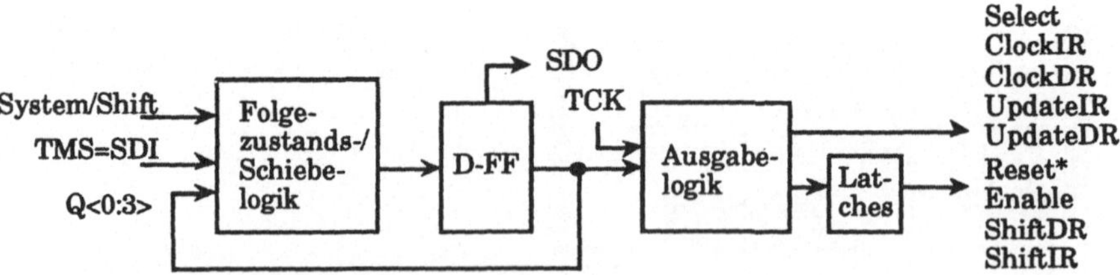

Bild A.2.9: „Boundary Scan"-Steuerwerk mit parallelem Selbsttest

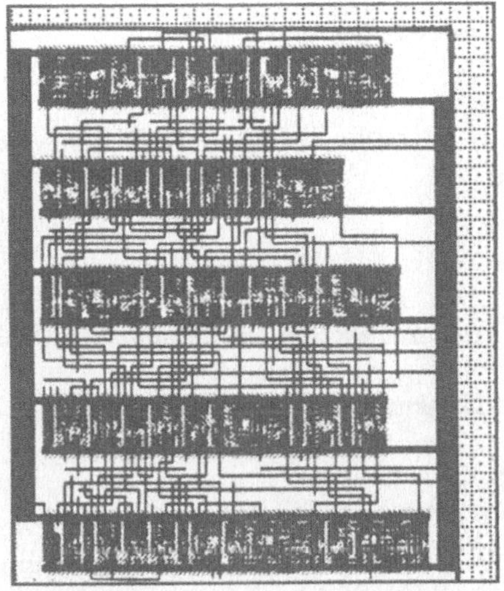

Bild A.2.10: Layout des Steuerwerks von Bild A.2.9

Tabelle A.2.5: Entwurfsdaten des Steuerwerks von Bild A.2.10

```
***** GLOBAL STATISTICS
    Chip Area W x H          =      520 x    667
    Chip Area                =      346840.00 (100.00%)
    Total Instance Area      =      156256.00 ( 45.05%)
    Routing + Empty Area     =      190584.00 ( 54.95%)
    Total    net area        =      125576.00
    Total    net length      =       27256.00
    Average net length       =         514.26
    St.dev. net length       =         701.31
    Number of vias           =         207
```

```
***** 6 LONGEST NETS
    (---) NAME           LENGTH (λ)          AREA (λ²)
    (  1) GND              3813.00           34183.00
    (  2) Vdd              2472.00           28480.00
    (  3) Select           2107.50            5665.50
    (  4) TCK              1815.00            5445.00
    (  5) Q<0>             1698.50            5095.50
    (  6) Q<2>             1484.50            4453.50
```

A.3 Abschätzung der Fläche von PLA-Steuerwerken

Für die folgende Flächenabschätzung von PLA-Steuerwerken [EsWu 90a] werden folgende Bezeichnungen verwendet:

p :   Anzahl der primären Eingaben
q: Anzahl der primären Ausgaben
r: Anzahl der Zustandsvariablen
t_1:   Anzahl der Produktterme bei konventioneller Implementierung, Zustandscodierung mit „NOVA"
t_2:   Anzahl der Produktterme bei Nutzung des Prüfpfadregisters, Zustandscodierung mit „KOALA"
w_r: Abstand zweier Produkttermleitungen (Reihen)
w_s: Abstand zweier Ein- oder Ausgabeleitungen (Spalten)

Das verwendete PLA-Modell ist in Bild A.3.1 illustriert. Es wird angenommen, daß Peripherieschaltungen die Breite des Kern-PLA um $\ell_s \cdot w_s$ (Lasttransistoren und Schnittstelle zwischen UND- und ODER-Feld), die Höhe um $\ell_r \cdot w_r$ (Lasttransistoren und getaktete Treiber) vergrößern.

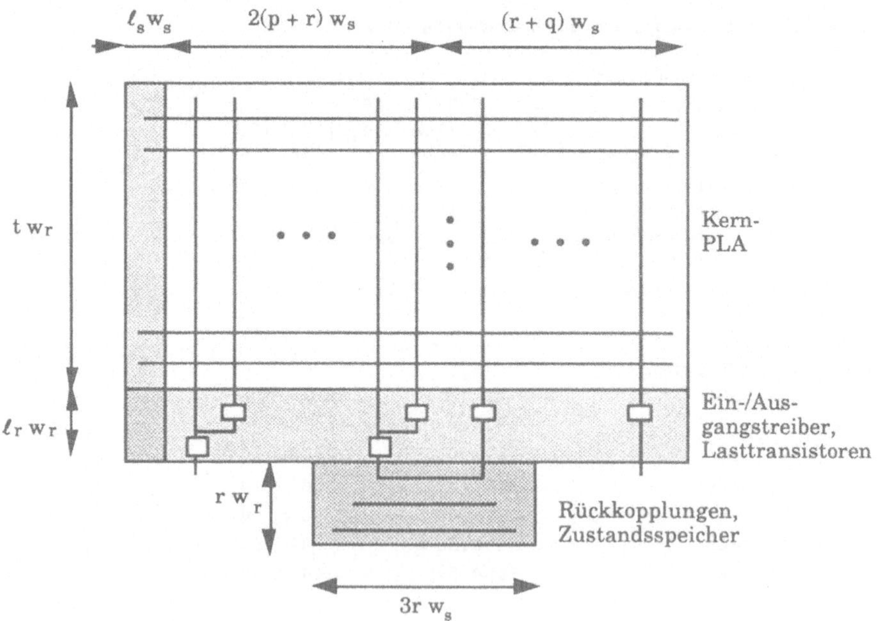

Bild A.3.1: **PLA-Steuerwerk**

Für ein PLA ohne testbarkeitserhöhende Maßnahmen erhält man

$$A_0 = (2p + 3r + q + \ell_s)\, w_s \cdot (t_1 + \ell_r)\, w_r + 3r\, w_s \cdot r\, w_r\,. \qquad (A.3.1)$$

Ein Prüfpfad werde durch Erweiterung der Ein-/Ausgangstreiber für die Zustandsvariablen implementiert, wodurch sich die lineare Ausdehnung einer Speicherzelle um $v \cdot w_r$ erhöhe. Man erhält dann für das PLA mit Prüfpfad

$$A_1 = A_0 + 3r\, w_s \cdot v\, w_r\,. \qquad (A.3.2)$$

Bei der Lösung mit Nutzung des Prüfpfadregisters ist eine zusätzliche Ausgabevariable notwendig, die zudem in einem Prüfpfadelement gespeichert werden muß, um von außen beobachtbar zu sein. Für dieses zusätzliche Speicherelement sowie für das Gatter zur Modusumschaltung werde eine Fläche von $a \cdot w_s \cdot w_r$ Flächeneinheiten benötigt. Insgesamt ergibt sich für die PLA-Fläche dann

$$A_2 = (2p + 3r + (q{+}1) + \ell_s)\, w_s\, (t_2 + \ell_r)\, w_r + 3r\, w_s\, (r + v)\, w_r + a\, w_s\, w_r\,. \qquad (A.3.3)$$

Bei der Berechnung des Testzusatzaufwandes

$$\Delta A_i = \frac{A_i - A_0}{A_0} = \frac{A_i}{A_0} - 1 \qquad i = 1, 2 \qquad (A.3.4)$$

heben sich die technologieabhängigen Parameter w_r und w_s heraus. Setzt man realistische Werte für die Größen ℓ_s, ℓ_r, v und a ein, hängt der Unterschied zwischen ΔA_1 und ΔA_2 bei einem Steuerwerk mit minimaler Breite r_0 der Zustandscodierung nur noch von den Produktterm-Anzahlen t_1 und t_2 ab. Für die Ergebnisse in Tabelle 6.3 wurden die Größen $\ell_s = 5$, $\ell_r = 10$, $v = 15$ und $a = 50$ verwendet.

Verwendete Formelzeichen, Indizes und Abkürzungen

∎	Ende eines Beweises	$a \vee b$	ODER-Verknüpfung
●	Ende eines Beispiels	$\overline{a}$	Negation
$\square^t, \square(t)$	Folgenindex, Zeitindex	$a \oplus b$	Antivalenz-Verknüpfung
$\square^+$	nächster Wert einer Folge	$\forall$	Allquantor
$\square_i$	Koordinate eines Vektors, Mengenelement	$\exists$	Existenzquantor
$\square_{ij}$	Matrixelement	$I_1 \subseteq I_2$	Enthaltenseinsrelation
$\square^T$	Transposition	$\sim$	Zugehörigkeit zum selben Block einer Partition
$\square^V$	Verhalten		
$\square^I$	Implementierung	$\alpha(\psi)$	Adjazenzkosten
		$\beta(\psi)$	Bedeckungskosten
$|x|$	Betrag einer Zahl	$\gamma(\psi)$	IZR-Kosten
$\lceil x \rceil$	kleinste ganze Zahl $\geq x$	$\delta^+(v_i)$	Ausgangsgrad eines Knotens v_i
ld x	Logarithmus zur Basis 2	$\delta^-(v_i)$	Eingangsgrad eines Knotens v_i
k!	Fakultät		
$\binom{n}{k}$	Binomialkoeffizient	ε	Folgezustand oder Ausgabe unspezifiziert
		$\kappa(\psi)$	heuristische Kostenfunktion
$a \in A$	Element einer Menge		
$A \cup B$	Vereinigungsmenge	λ_i	Eigenwert
$A \cap B$	Schnittmenge	π	Partition (allgemein)
$A \setminus B$	Differenzmenge	$\Phi(n)$	Euler-Funktion
$A \times B$	Produktmenge	φ_i	Codierpartition
$A \subseteq B$	Teilmenge	ψ_E	Eingabecodierung
$\emptyset$	leere Menge	ψ_A	Ausgabecodierung
$|M|$	Mächtigkeit einer Menge	ψ_Z, ψ	Zustandscodierung
		ψ_i	Teilcodierung, Codierspalte
0, 1, −	boolesche Null, boolesche Eins, *don't care*		
$a \wedge b$, ab	UND-Verknüpfung		

A	Menge symbolischer Ausgaben	f_a^V	Ausgabefunktion (Verhalten)
A_i	symbolische Ausgabe	f_y^I	Ansteuerfunktion
AG	Abhängigkeitsgraph	f_z^V	Zustandsübergangsfunktion
AM	Adjazenzmatrix		
a	Ausgabebelegung	$\mathcal{F}$	Menge der Flipflops
a_i	Ausgabevariable		
$\mathcal{A}$	Menge der Ausgänge	G	Adjazenzgruppe
		GF(2)	endlicher Körper (Galois-Feld) mit 2 Elementen
BM	Zustandsbedeckungsmatrix	GURT	Testregister für gewichtete Zufallsmuster (*generator of unequiprobable random test patterns*)
BILBO	multifunktionales Testregister (*built-in logic block observer*)		
$b(\pi)$	Anzahl der Teilmengen (Blöcke) einer Partition π	HD(a,b)	Hamming-Distanz
		I	Implikant
C	Menge von Codewörtern	I_r	quadratische Einheitsmatrix der Dimension r
CM	Codebedeckungsmatrix	IZR	„intelligentes" Zustandsregister
$c(\pi)$	Mächtigkeit des größten Blocks einer Partition π		
$\mathcal{C}$	symb. Überdeckung	K	Testkonfidenz
		$K(\psi)$	Kosten der kombinatorischen Logik
det(M)	Determinante einer Matrix		
DM	Distanzmatrix	LRSR	linear rückgekoppeltes Schieberegister
		LSSD	Prüfpfad mit pegelgesteuerten Latches (*level-sensitive scan design*)
E	Menge symbolischer Eingaben		
E_i	symbolische Eingabe		
ETSD	Prüfpfad mit flankengesteuerten Flipflops (*edge-triggered scan design*)	MM	Musterfolgematrix
		MX	Multiplexer
e	Eingabebelegung		
e_i	Eingabevariable	N	Testlänge
$\mathcal{E}$	Menge der Eingänge	NRSR	nichtlinear rückgekoppeltes Schieberegister
		$\mathbb{N}$	Menge der natürlichen Zahlen
F	Fehlermenge		
FF	Flipflop		
f	Fehler	n	Anzahl der Zustände (Spezifikation)
f_a^I	Ausgabefunktion (Implementierung)		
		O(f(n))	Landau-Symbol

O	Nullpartition
P	Markov-Übergangsmatrix
P_S	Markov-Übergangsmatrix im Systembetrieb
P_T	Markov-Übergangsmatrix im Testbetrieb
P_M	Fehlermaskierungswahrscheinlichkeit
PP	Prüfpfad
PSR	paralleles Signaturregister (MISR, *multiple-input signature register*)
p	Anzahl der Eingänge
p_f	Fehlererkennungswahrscheinlichkeit
p_{ij}	Übergangswahrscheinlichkeit
pZ	Vektor von Zustandswahrscheinlichkeiten
pE_i	Wahrscheinlichkeit einer symbolischen Eingabe
pZ_i	Wahrscheinlichkeit eines symbolischen Zustands
pe	Vektor von Eingabevariablenwahrscheinlichkeiten
pz	Vektor von Zustandsvariablenwahrscheinlichkeiten
pe_i	1-Wahrscheinlichkeit einer Eingabevariablen
pz_i	1-Wahrscheinlichkeit einer Zustandsvariablen
$p[z]$	Wahrscheinlichkeit einer Zufallsvariablen
q	Anzahl der Ausgänge
$\mathbb{R}$	Menge der reellen Zahlen
r	Zustandsvariablenanzahl
r_0	minimal mögliche Zustandsvariablenanzahl
r_i, ℓ_i	Rechts-, Linkseigenvektor
r_s	Spearman'scher Rangkorrelationskoeffizient
S	Übergangsmatrix eines linearen Automaten
$S(z)$	Übergangsfunktion eines IZR
SDI	Schiebeeingang (*shift data in*)
SDO	Schiebeausgang (*shift data out*)
SR	Signaturregister
s	Anzahl möglicher Zustände (Implementierung)
$s(x)$	Rückkopplungspolynom
$s^*(x)$	reziprokes Polynom
$\mathcal{S}$	Schaltwerk
TM	Transitionsmatrix
X	Zuordnungsmatrix
y	Ansteuerbelegung
y_i	Ansteuervariable
Z	Zustandsmenge
Z^0	Anfangszustand
Z_i	symbolischer Zustand
ZG	Zustandsübergangsgraph
$ZC(r,n)$	Anzahl möglicher Zustandscodierungen
$ZS(n)$	Anzahl möglicher Codierspalten
$\mathbb{Z}$	Menge der ganzen Zahlen
z	Zustandsbelegung
z_i	Zustandsvariable

Literaturverzeichnis

Abad 89   M. S. Abadir: *TIGER: Testability Insertion Guidance Expert System*; Dig. Tech. Papers, Int. Conf. on Computer-Aided Design, S. 562-565, 1989.

AcCa 85   J. I. Acha, J. Calvo: *On the Implementation of Sequential Circuits with PLA Modules*; IEE Proc., Vol. 132, S. 246-250, 1985.

AgCe 81   V. K. Agrawal, E. Cerny: *Store and Generate Built-in-Testing Approach*; Proc. 11th Int. Symp. Fault Tolerant Computing, S. 35-40, 1981.

AgCh 90   V. D. Agrawal, K.-T. Cheng: *An Architecture for Synthesis of Finite State Machines*; Proc. 1st European Design Automation Conf., S. 612-616, 1990.

AgCh 90a   V. D. Agrawal, K.-T. Cheng: *Test Function Specification in Synthesis*; Proc. 27th Design Automation Conf., S. 235-240, 1990.

Ager 76   T. Agerwala: *Microprogram Optimization: A Survey*; IEEE Trans. on Computers, Vol. 25, S. 962-973, 1976.

AkJa 89   S. B. Akers, W. Jansz: *Test Set Embedding in a Built-In Self-Test Environment*; Proc. Int. Test Conf., S. 257-263, 1989.

Aman 87   R. Amann: *Algorithmische Entwurfsverfahren für kombinierte PLA/ROM-Steuerwerke unter Verwendung von Zählern*; Fortschrittberichte VDI, Reihe 9, Nr. 68, 1987.

AmBa 89   R. Amann, U. G. Baitinger: *Optimal State Chains and State Codes in Finite State Machines*; IEEE Trans. on Computer-Aided Design, Vol. 8, S. 153-170, 1989.

AmEB 88   R. Amann, B. Eschermann, U. G. Baitinger: *PLA Based Finite State Machines Using Johnson Counters as State Memories*; Proc. IEEE Int. Conf. on Computer Design, S. 267-270, 1988.

Arms 62   D. B. Armstrong: *A Programmed Algorithm for Assigning Internal Codes to Sequential Machines*; IRE Trans. on Electronic Computers, Vol. 11, S. 466-472, 1962.

AvQH 90   M. J. Avedillo, J. M. Quintana, J. L. Huertas: *A New Method for the State Reduction of Incompletely Specified Finite Sequential Machines*; Proc. 1st European Design Automation Conf., S. 552-556, 1990.

BaCR 83   Z. Barzilai, D. Coppersmith, A. L. Rosenberg: *Exhaustive Generation of Bit Patterns with Applications to VLSI Self-Testing*; IEEE Trans. on Computers, Vol. 32, 1983.

Bart 61   T. C. Bartee: *Computer Design of Multiple Output Logical Networks*; IRE Trans. on Electronic Computers, Vol. 10, S. 21-30, 1961.

BBCK 89   F. Brglez, D. Bryan, J. Calhoun, G. Kedem, R. Lisanke: *Automated Synthesis for Testability*; IEEE Trans. on Industrial Electronics, Vol. 36, S. 263-277, 1989.

BBHJ 88   K. Bartlett, R. K. Brayton, G. D. Hachtel et al.: *Multi-level Logic Minimization Using Implicit Don't Cares*; IEEE Trans. on Computer-Aided Design, Vol. 7, S. 723-740, 1988.

BCDO 88   R. K. Brayton, R. Camposano, G. De Micheli, R. H. J. M. Otten, J. van
          Eijndhoven: *The Yorktown Silicon Compiler System*; in: *Silicon Compilation*,
          Daniel D. Gajski (Hrsg.), S. 204-310, 1988.

BeMa 84   F. P. Beucler, M. J. Manner: *HILDO: The Highly Integrated Logic Device
          Observer*; VLSI Design, S. 89-96, June 1984.

Benn 84   R. G. Bennetts: *Design of Testable Logic Circuits*; Addison-Wesley, London, 1984.

Bhat 83   A. Bhattacharyya: *On a Novel Approach of Fault Detection in an Easily Testable
          Sequential Machine with Extra Inputs and Extra Outputs*; IEEE Trans. on
          Computers, Vol. 32, S. 323-325, 1983.

BHMS 84   R.K. Brayton, G. D. Hachtel, C. T. McMullen, Alberto L. Sangiovanni-Vincen-
          telli: *Logic Minimization Algorithms for VLSI Synthesis*; Kluwer, Boston, 1984.

BIST 90   BIST Workshop Discussion: *Built-in Self Test and Logic Synthesis*; 8th IEEE
          Built-in Self Test Workshop, Kiawah Island, März 1990.

Blum 88   A. Blum: *Test-effizienter Entwurf von digitalen VLSI-Schaltungen*; Dissertation
          D83, Technische Universität Berlin, 1988.

BoCB 89   M. Bolotski, D. Camporese, R. Barman: *State Assignment for Multi-Level Logic
          using Dynamic Literal Estimation*; Dig. Tech. Papers, Int. Conf. on Computer-
          Aided Design, S. 220-223, 1989.

BoMc 80   S. Bozorgue-Nesbat, E. J. McCluskey: *Structured Design for Testability to
          Eliminate Test Pattern Generation*; Proc. 10th Int. Symp. Fault-Tolerant
          Computing, S. 158-163, 1980.

Boot 67   T. L. Booth: *Sequential Machines and Automata Theory*; Wiley, New York, 1967.

Bose 90   A. Bose: *Recent Developments in CAD*; Keynote Address, 1st European Design
          Automation Conf., Glasgow, 1990.

Boss 87   P. Bosshart: *Overview of a 32-Bit Microprocessor Design Project*; in: *VLSI CAD
          Tools and Applications*, Wolfgang Fichtner, Martin Morf (Hrsg.), S. 351-380, 1987.

Breu 90   M. Breuer: *Obstacles and an Approach toward Concurrent Engineering*; Proc. Int.
          Test Conf., S. 260-261, 1990.

BrGK 89   F. Brglez, C. Gloster, G. Kedem: *Hardware-Based Weighted Random Pattern
          Generation for Boundary Scan*; Proc. Int. Test Conf., S. 264-274, 1989.

BrHS 90   R. K. Brayton, G. D. Hachtel, A. L. Sangiovanni-Vincentelli: *Multilevel Logic
          Synthesis*; Proc. of the IEEE, Vol. 78, S. 264-300, 1990.

BrMc 82   R. K. Brayton, C. McMullen: *The Decomposition and Factorization of Boolean
          Expressions*; Proc. 1982 Int. Symp. on Circuits and Systems, S. 49-54, 1982.

Brow 81   D. W. Brown: *A State-Machine Synthesizer - SMS*; Proc. 18th Design Automation
          Conf., S., 301-305, 1981.

BRSW 87   R. K. Brayton, R. Rudell, A. Sangiovanni-Vincentelli, A. R. Wang: *MIS: A
          Multiple-Level Logic Optimization System*; IEEE Trans. on Computer-Aided
          Design, Vol. 6, S. 1062-1081, 1987.

BuDe 80   R. E. Burkard, U. Derigs: *Assignment and Matching Problems: Solution
          Programs with FORTRAN Programs*; Springer, Heidelberg, 1980.

Burk 84   R. E. Burkard: *Quadratic Assignment Problems*; European Journal of
          Operational Research, Vol. 15, S. 283-289, 1984.

CaEi 87   R. Camposano, J. van Ejndhoven: *Combined Synthesis of Control Logic and Data
          Path*; Dig. Tech. Papers, Int. Conf. on Computer-Aided Design, S. 327-329, 1987.

CaHi 90   R. K. Cavin III, J. L. Hilbert: *Design of Integrated Circuits: Directions and
          Challenges*; Proc. of the IEEE, Vol. 78, S. 418-435, 1990.

CaRo 89   R. Camposano, W. Rosenstiel: *Synthesizing Circuits From Behavioral
          Descriptions*; IEEE Trans. on Computer-Aided Design, Vol. 8, S. 171-180, 1989.

CaTa 89   R. Camposano, R. M. Tabet: *Design Representation for the Synthesis of Behavioral VHDL Models*; in: *Computer Hardware Description Languages and their Applications*, J. A. Darringer, F. J. Rammig (Hrsg.), S. 49-58, 1989.

ChAg 89   K.-T. Cheng, V. Agrawal: *Design of Sequential Machines for Efficient Test Generation*; Dig. Tech. Papers, Int. Conf. on Computer-Aided Design, S. 358-361, 1989.

ChAg 89a   K.-T. Cheng, V. Agrawal: *State Assignment for Initializable Synthesis*; Dig. Tech. Papers, Int. Conf. on Computer-Aided Design, S. 212-215, 1989.

ChAg 89b   K.-T. Cheng, V. Agrawal: *An Economical Scan Design for Sequential Logic Test Generation*; Proc. 19th Int. Symp. Fault-Tolerant Computing, S. 28-35, 1989.

ChGu 89   C. C. Chuang, A. K. Gupta: *The Analysis of Parallel BIST by the Combined Markov Chain (CMC) Model*; Proc. Int. Test Conf., S. 337-343, 1989.

Chri 75   N. Christofides: *Graph Theory: An Algorithmic Approach*; Academic Press, London, 1975.

Copp 86   A. J. Coppola: *An Implementation of a State Assignment Heuristic*; Proc. 23rd Design Automation Conf., S. 643-649, 1986.

Curt 69   H. A. Curtis: *Systematic Procedures for Realizing Synchronous Sequential Machines Using Flip-Flop Memory: Part I*; IEEE Trans. on Computers, Vol. 18, S. 1121-1127, 1969.

Curt 70   H. A. Curtis: *Systematic Procedures for Realizing Synchronous Sequential Machines Using Flip-Flop Memory: Part II*; IEEE Trans. on Computers, Vol. 19, S. 66-73, 1970.

Daeh 83   W. Daehn: *Deterministische Testmustergenerierung für den eingebauten Selbsttest von integrierten Schaltungen*; NTG-Fachberichte 82, Großintegration, S. 16-19, 1983.

Daeh 87   W. Daehn: *Testing - The Bottleneck of VLSI?*; Proc. CompEuro, S. 917-919, 1987.

DaUY 89   A. T. Dahbura, M. Ü. Uyar, C. W. Yau: *An Optimal Test Sequence for the JTAG/ IEEE P1149.1 Test Access Port Controller*; Proc. Int. Test Conf., S. 55-62, 1989.

DaWW 90   W. Daehn, T. W. Williams, K. D. Wagner: *Aliasing Errors in Linear Automata Used as Multiple-Input Signature Analyzers*; IBM J. Res. Develop., Vol. 34, S. 363-380, 1990.

DeBS 85   G. De Micheli, R. K. Brayton, A. Sangiovanni-Vincentelli: *Optimal State Assignment for Finite State Machines*; IEEE Trans. on Computer-Aided Design, Vol. 4, S. 269-285, 1985.

DeKe 89   S. Devadas, K. Keutzer: *Boolean Minimization and Algebraic Factorization Procedures for Fully Testable Sequential Machines*; Dig. Tech. Papers, Int. Conf. on Computer-Aided Design, S. 208-211, 1989.

DeKe 90   S. Devadas, K. Keutzer: *Synthesis and Optimization Procedures for Robustly Delay-Fault Testable Combinational Logic Circuits*; Proc. 27th Design Automation Conf., S. 221-227, 1990.

DeMa 90   S. Devadas, H.-K. T. Ma: *Easily Testable PLA-Based Finite State Machines*; IEEE Trans. on Computer-Aided Design, Vol. 9, S. 604-611, 1990.

Demi 86   G. DeMicheli: *Symbolic Design of Combinational and Sequential Logic Circuits Implemented by Two-Level Logic Macros*; IEEE Trans. on Computer-Aided Design, Vol. 5, S. 597-616, 1986.

Demi 87   G. DeMicheli: *Synthesis of Control Systems*; in: *Design Systems for VLSI Circuits*, G. De Micheli, A. Sangiovanni-Vincentelli, P. Antognetti (Hrsg.), Martinus Nijhoff, 1987.

DeMN 89a   S. Devadas, H.-K. T. Ma, A. R. Newton: *Easily Testable PLA-Based Finite State Machines*; Proc. 19th Int. Symp. Fault-Tolerant Computing, S. 102-109, 1989.

DeMN 89b   S. Devadas, H.-K. T. Ma, A. R. Newton: *Redundancies and Don't Cares in Sequential Logic Synthesis*; Proc. Int. Test Conf., S. 491-500, 1989.

DeMN 90   S. Devadas, H.-K. T. Ma, A. R. Newton: *Redundancies and Don't Cares in Sequential Logic Synthesis*; Journal of Electronic Testing: Theory and Applications (JETTA), Vol. 1, S. 15-30, 1990.

DeNe 88   S. Devadas, A. R. Newton: *Decomposition and Factorization of Sequential Finite State Machines*; Dig. Tech. Papers, Int. Conf. on Computer-Aided Design, S. 148-151, 1988.

DeSV 83   G. DeMicheli, A. Sangiovanni-Vincentelli, T. Villa: *Computer-Aided Synthesis of PLA-Based Finite State Machines*; Dig. Tech. Papers, Int. Conf. on Computer-Aided Design, S. 154-156, 1983.

DGWW 82   S. DasGupta, P. Goel, R. G. Walther, T. W. Williams: *A Variation of LSSD and its Implications on Design and Test Pattern Generation in VLSI*; Proc. Int. Test Conf., S. 63-66, 1982.

DMNS 88   S. Devadas, H.-K. T. Ma, A. R. Newton, A. Sangiovanni-Vincentelli: *Synthesis and Optimization Procedures for Fully and Easily Testable Sequential Machines*; Proc. Int. Test Conf., S. 621-630, 1988.

DMNS 88a   S. Devadas, H.-K. T. Ma, A. R. Newton, A. Sangiovanni-Vincentelli: *MUSTANG: State Assignment of Finite State Machines Targeting Multilevel Logic Implementations*; IEEE Trans. on Computer-Aided Design, Vol. 7, S. 1290-1300, 1988.

DMNS 88b   S. Devadas, H.-K. T. Ma, A. R. Newton, A. Sangiovanni-Vincentelli: *Optimal Logic Synthesis and Testability: Two Faces of the Same Coin*; Proc. Int. Test Conf., S. 4-12, 1988.

DMNS 89   S. Devadas, H.-K. T. Ma, A. R. Newton, A. Sangiovanni-Vincentelli: *A Synthesis and Optimization Procedure for Fully and Easily Testable Sequential Machines*; IEEE Trans. on Computer-Aided Design, Vol. 8, S. 1100-1107, 1989.

DMNS 89a   S. Devadas, H.-K. T. Ma, A. R. Newton, A. Sangiovanni-Vincentelli: *The Relationship Between Logic Synthesis and Test*; Proc. IFIP Int. Conf. on Very Large Scale Integration, S. 175-186, 1989.

DMNS 90   S. Devadas, H.-K. T. Ma, A. R. Newton, A. Sangiovanni-Vincentelli: *Irredundant Sequential Machines Via Optimal Logic Synthesis*; IEEE Trans. on Computer-Aided Design, Vol. 9, S. 8-18, 1990.

DOFE 89   M. Damiani, P. Olivo, M. Favalli, S. Ercolani, B. Ricco: *Aliasing in Signature Analysis Testing with Multiple-Input Shift-Registers*; Proc. 1st European Test Conf., S. 346-353, 1989.

DOFR 89   M. Damiani, P. Olivo, M. Favalli, B. Ricco: *An Analytical Model for the Aliasing Probability in Signature Analysis Testing*; IEEE Trans. on Computer-Aided Design, Vol. 8, S. 1133-1144, 1989.

DoMc 64   T. A. Dolotta, E. J. McCluskey: *The Coding of Internal States of Sequential Circuits*; IRE Trans. on Electronic Computers, Vol. 13, S. 549-562, 1964.

Dona 88   W. Donath: *Logic Partitioning*; in: *Physical Design Automation of VLSI Systems*, B. Preas, M. Lorenzetti (Hrsg.), Benjamin/Cummings, Menlo Park, 1988.

EbKK 88   K. Ebata, T. Kutsuwa, N. Kadomaru: *Automatic Synthesis System of Sequential Circuits*; Proc. 1988 Int. Symp. on Circuits and Systems, S. 969-972, 1988.

EHSW 90   B. Eschermann, O. Haberl, A. Ströle, H.-J. Wunderlich: *Synthese selbsttestender Schaltungen*; BMFT-Verbundprojekt ARIADNE, 1. Workshop, H. T. Vierhaus (Hrsg.), S. 85-103, 1990.

EiWi 77   E. B. Eichelberger, T. W. Williams: *A Logic Design Structure for LSI Testability*; Proc. 14th Design Automation Conf., S. 462-468, 1977.

Esch 91   B. Eschermann: *State Assignment Methods for Synchronous Sequential Circuits*; in: *Digital Logic Analysis and Design*, G. Zobrist (Hrsg.), Ablex, Norwood.

Esch 91a   B. Eschermann: *Synthesis of Parallel Self-Testable Finite State Machines*; 5th Int. High-Level Synthesis Workshop, Bühlerhöhe, S. 141-148, März 1991.

EsWu 90a   B. Eschermann, H.-J. Wunderlich: *A Synthesis Approach to Reduce Scan Design Overhead*; Proc. 1st European Design Automation Conf., S. 671, 1990.

EsWu 90b   B. Eschermann, H.-J. Wunderlich: *Optimized Synthesis of Self-Testable Finite State Machines*; Proc. 20th Int. Symp. Fault-Tolerant Computing, S. 390-397, 1990.

EsWu 90c   B. Eschermann, H.-J. Wunderlich: *BIST and the Synthesis of Sequential Circuits*; 8th IEEE Built-in Self Test Workshop, Kiawah Island, März 1990.

EsWu 91   B. Eschermann, H.-J. Wunderlich: *Optimized Synthesis Techniques for Testable Sequential Circuits*; IEEE Trans. on Computer-Aided Design, Vol. 11, S. 301-312, 1992.

EsWu 91a   B. Eschermann, H.-J. Wunderlich: *Parallel Self-Test and the Synthesis of Control Units*; Proc. 2nd European Test Conf., S. 73-82, 1991.

EsWu 91b   B. Eschermann, H.-J. Wunderlich: *A Unified Approach for the Synthesis of Self-Testable Highly Sequential Circuits*; Proc. 28th Design Automation Conf., S. 372-377, 1991.

EsWu 91c   B. Eschermann, H.-J. Wunderlich: *Emulation of Scan Paths in Sequential Circuit Synthesis*; in: *Fault-Tolerant Computing Systems*, M. Dal Cin, W. Hohl (Hrsg.), Springer, Informatik-Fachberichte 283, S. 136-147, 1991.

EsWu 91d   B. Eschermann, H.-J. Wunderlich: *Utilizing Self-Test Hardware for On-line Checking*; 14th Annual IEEE Design for Testability Workshop, Vail, April 1991.

Fair 90   R. B. Fair: *Challenges to Manufacturing Submicron, Ultra-Large Scale Integrated Circuits*; Proc. of the IEEE, Vol. 78, S. 1687-1705, 1990.

Fell 57   W. Feller: *An Introduction to Probability Theory and its Applications*; Wiley, New York, 1957.

Fers 70   F. Ferschl: *Markovketten*; Lecture Notes in Operations Research and Mathematical Systems, Springer, Berlin, 1970.

FNSK 75   H. Fujiwara, Y. Nagao, T. Sasao, K. Kinoshita: *Easily Testable Sequential Machines with Extra Inputs*; IEEE Trans. on Computers, Vol. 24, S. 821-826, 1975.

Free 89   R. H. Freeman: *XC3000 Family of User-Programmable Gate Arrays*; Microprocessors & Microsystems, Vol. 13, S. 313-320, 1989.

FrHW 79   F. Fritz, B. Huppert, W. Willems: *Stochastische Matrizen*; Springer, Berlin, 1979.

Frie 75   A. D. Friedman: *Logical Design of Digital Systems*; Computer Science Press, Rockville, 1975.

FrMe 75   A. D. Friedman, P. R. Menon: *Theory and Design of Switching Circuits*; Computer Science Press, Rockville, 1975.

Froh 77   R. A. Frohwerk: *Signature Analysis: A New Digital Field Service Method*; Hewlett Packard Journal, Vol. 28, S. 2-8, Mai 1977.

FuKi 74   H. Fujiwara, K. Kinoshita: *Design of Diagnosable Sequential Machines Utilizing Extra Outputs*; IEEE Trans. on Computers, Vol. 23, S. 138-145, 1974.

FuSh 83   H. Fujiwara, T. Shimono: *On the Acceleration of Test Generation Algorithms*; IEEE Trans. on Computers, Vol. 32, S. 1137-1144, 1983.

Gaba 90   J. Gabay: *How much Can Design-for-Test Reduce the Need for Testing?*; Computer Design, Vol. 29, Nr. 17, S. 94-112, 1990.

GaJo 79   M. Garey, D. Johnson: *Computers and Intractability*; Freeman, New York 1979.

GaNe 72   R. Garfinkel, G. Nemhauser: *Integer Programming*; Wiley, New York, 1972.

GBGH 86   D. Gregory, K. Bartlett, A. de Geus, G. Hachtel: *SOCRATES: A System for Automatically Synthesizing and Optimizing Combinational Logic*; Proc. 23rd Design Automation Conf., S. 79-85, 1986.

Gerv 86   C. M. Gerveshi: *Comparisons of CMOS PLA and Polycell Representations of Control Logic*; Proc. 23rd Design Automation Conf., S. 638-642, 1986.

GhDN 89   A.Ghosh, S. Devadas, A. R. Newton: *Test Generation for Highly Sequential Circuits*; Dig. Tech. Papers, Int. Conf. on Computer-Aided Design, S. 362-365, 1989.

Ghee 89   T. Gheewala: *CrossCheck: A Cell Based VLSI Testability Solution*; Proc. 26th Design Automation Conf., S. 706-709, 1989.

GiLi 80   W. Giloi, H. Liebig: *Logischer Entwurf digitaler Systeme, 2. Auflage*; Springer, Berlin, 1980.

Goel 80   P. Goel: *Test Generation Costs Analysis and Projections*; Proc. 17th Design Automation Conf., S. 77-84, 1980.

Goel 81   P. Goel: *An Implicit Enumeration Algorithm to Generate Tests for Combinational Logic Circuits*; IEEE Trans. on Computers, Vol. 30, S. 215-222, 1981.

Golo 67   S. W. Golomb: *Shift Register Sequences*; Holden-Day, San Francisco, 1967.

Gras 78   W. Grass: *Steuerwerke – Entwurf von Schaltwerken mit Festwertspeichern*; Springer, Berlin, 1978.

GrMu 88   W. Grass, M. Mutz: *Modulare Implementierung von Schaltwerken unter Berücksichtigung topologischer Randbedingungen*; GI-Jahrestagung, S. 160-173, 1988.

GuPR 90   S. K. Gupta, D. K. Pradhan, S. M. Reddy: *Zero Aliasing Compression*; Proc. 20th Int. Symp. Fault-Tolerant Computing, S. 254-263, 1990.

HaCo 67   C.Harlow, C. L. Coates: *On the Structure of Realizations Using Flip-Flop Memory Elements*; Information & Control, Vol. 10, S. 159-174, 1967.

HaMc 84   S. Z. Hassan, E. J. McCluskey: *Pseudo-Exhaustive Testing of Sequential Machines Using Signature Analysis*; Proc. Int. Test Conf., S. 320-326, 1984.

HaPa 89   S. Hayati, A. Parker: *Automatic Production of Controller Specifications From Control and Timing Behavioral Descriptions*; Proc. 26th Design Automation Conf., S. 75-80, 1989.

HaWu 90   O. Haberl, H.-J. Wunderlich: *HIST - Hierarchischer Selbsttest*; Interner Bericht Nr. 1/90, Fakultät für Informatik, Universität Karlsruhe, 1990.

Hell 91   S. Hellebrand: *Synthese vollständig testbarer Schaltungen*; Dissertation, Fakultät für Informatik, Universität Karlsruhe, 1991.

Henn 64   F. C. Hennie: *Fault Detecting Experiments for Sequential Circuits*; Proc. 5th Annual Symp. Switching Circuit Theory and Logical Design, S. 95-110, 1964.

HeWu 90   S. Hellebrand, H.-J. Wunderlich: *Tools and Devices Supporting the Pseudo-Exhaustive Test*; Proc. 1st European Design Automation Conf., S. 13-17, 1990.

Hibb 61   T. N. Hibbard: *Least Upper Bounds on Minimal Terminal State Experiments for Two Classes of Sequential Machines*; Journal of the ACM, Vol. 8, S. 601-612, 1961.

HJKM 89   G. Hachtel, R. Jacoby, K. Keutzer, C. Morrison: *On Properties of Algebraic Transformations and the Multifault Testability of Multilevel Logic*; Dig. Tech. Papers, Int. Conf. on Computer-Aided Design, S. 422-425, 1989.

HMPM 89   P. D. Hortensius, R. D. McLeod, W. Pries, D. M. Miller, H. C. Card: *Cellular Automata-Based Pseudorandom Number Generators for Built-In Self-Test*; IEEE Trans. on Computer-Aided Design, Vol. 8, S. 842-859, 1989.

HNFG 89   C. Hawkins, H. Nagle, R. Fritzemeier, J. Guth: *The VLSI Circuit Test Problem - A Tutorial*; IEEE Trans. on Industrial Electronics, Vol. 36, S. 111-116, 1989.

Holb 72   C. E. Holborow: *An Improved Bound on the Length of Checking Experiments for Sequential Machines with Counter Cycles*; IEEE Trans. on Computers, Vol. 21, S. 597-598, 1972.

Hopc 71   J. E. Hopcroft: *An n log n Algorithm for Minimizing States in a Finite Automaton*; in: *Theory of Machines and Computations*, Z. Kohavi, A. Paz (Hrsg.), Academic Press, New York, 1971.

HoSa 78   W. Horowitz, S. Sahni: *Fundamentals of Computer Algorithms*; Computer Science Press, Rockville, 1978.

Hsie 71   E. P. Hsieh: *Checking Experiments for Sequential Machines*; IEEE Trans. on Computers, Vol. 20, S. 1152-1166, 1971.

Hump 58   W. S. Humphrey: *Switching Circuits with Computer Applications*; McGraw-Hill, New York, 1958.

HuPe 87   C.L. Hudson, G. D. Peterson: *Parallel Self-Test with Pseudo-Random Test Patterns*; Proc. Int. Test Conf., S. 954-963, 1987.

HuQu 88   J. L. Huertas, J. M. Quintana: *A New Method for the Efficient State-Assignment of PLA-Based Sequential Machines*; Dig. Tech. Papers, Int. Conf. on Computer-Aided Design, S. 156-159, 1988.

HuSe 89   R. V. Hudli, S. C. Seth: *Testability Analysis of Synchronous Sequential Circuits Based on Structural Data*; Proc. Int. Test Conf., S. 364-372, 1989.

IbSa 75   O. H. Ibarra, S. K. Sahni: *Polynomially Complete Fault Detection Problems*; IEEE Trans. on Computers, Vol. 24, S. 242-249, 1975.

IEEE 90   IEEE Standard P1149.1: *IEEE Standard Test Access Port and Boundary Scan Architecture*, 1990.

IEEE 90a   E. Murphy: *Applications '90 – Design Tools*; IEEE Spectrum, Vol. 27, S. 34-36, Feb. 1990.

IvAg 89   A. Ivanov, V. K. Agarwal: *An Analysis of the Probabilistic Behavior of Linear Feedback Shift Registers*; IEEE Trans. on Computer-Aided Design, Vol. 8, S. 1074-1088, 1989.

IwAr 90   K. Iwasaki, F. Arakawa: *An Analysis of the Aliasing Probability of Multiple-Input Signature Registers in the Case of 2^m-ary Symmetric Channel*; IEEE Trans. on Computer-Aided Design, Vol. 9, S. 427-438, 1990.

Jone 90   H. D. B. Jones: *Synthese selbsttestbarer Teststeuerungen für Schaltungen mit „Boundary Scan"*; Diplomarbeit, Institut für Rechnerentwurf und Fehlertoleranz, Universität Karlsruhe, Mai 1990.

Kais 89   K.-H. Kaiser: *Algorithmen zur Zustandscodierung synchroner Steuerwerke*; Fortschrittberichte VDI, Reihe 9, Nr. 90, 1989.

Kamb 79   Y. Kambayasi: *Logic Design of Programmable Logic Arrays*; IEEE Trans. on Computers, Vol. 28, S. 609-617, 1979.

Karp 72   R. M. Karp: *Reducibility among Combinatorial Problems*; in: *Complexity of Computer Computations*, R. E. Miller, J. W. Thatcher (Hrsg.), Plenum Press, New York, 1972.

Keut 89   K. Keutzer: *Three Competing Design Methodologies for ASIC´s: Architectural Synthesis, Logic Synthesis and Module Generation*; Proc. 26th Design Automation Conf., S. 308 313, 1989.

KiGV 83   S. Kirkpatrick, C. Gelatt, M. Vecci: *Optimization by Simulated Annealing*; Science, Vol. 220, S. 671-680, 1983.

Koha 70   Z. Kohavi: *Switching and Finite Automata Theory*; McGraw-Hill, New York, 1970.

KöMZ 79   B. Könemann, J. Mucha, G. Zwiehoff: *Built-In Logic Block Observation Techniques*; Proc. Int. Test Conf., S. 37-41, 1979.

Koll 91   H. Kollnig: *Effiziente Berechnung von Signalwahrscheinlichkeiten für sequentielle Schaltungen*; Studienarbeit, Institut für Rechnerentwurf und Fehlertoleranz, Universität Karlsruhe, Februar 1991.

KrAl 85   A. Krasniewski, A. Albicki: *Self-Testing Pipelines*; Proc. Int. Conf. on Computer Design, S. 702-706, 1985.

Kras 89   A. Krasniewski: *Designing Mixed-Mode Test Pattern Generators for Minimum-Overhead Self-Testing Circuits*; Proc. 1st European Test Conf., S. 409-413, 1989.

KrPi 89   A. Krasniewski, S. Pilarski: *Circular Self-Test Path: A Low-Cost BIST Technique for VLSI Circuits*; IEEE Trans. on Computer-Aided Design, Vol. 8, S. 46-55, 1989.

KuDe 89   D. Ku, G. DeMicheli: *Optimal Synthesis of Control Logic from Behavioral Specifications*; Technical Report, Nr. CSL-TR-89-402, Computer Systems Laboratory, Stanford University, November 1989.

KuSa 84   J. Kuban, J. Salick: *Testability Features of the MC68020*; Proc. Int. Test Conf., S. 821-826, 1984.

KuWu 90   A. Kunzmann, H.-J. Wunderlich: *An Analytical Approach to the Partial Scan Problem*; Journal of Electronic Testing: Theory and Applications (JETTA), Vol. 1, S. 163-174, 1990.

Lawl 76   E. L. Lawler: *Combinatorial Optimization: Networks and Matroids*; Holt, Rinehart and Winston, New York, 1976.

Leis 82   D. Leisengang: *Klassifikation und Einsatz von Signaturregistern zur Fehlererkennung in digitalen Schaltungen*; Dissertation, Fakultät für Elektrotechnik, Technische Universität München, 1982.

LeSa 89   R. Leveugle, G. Saucier: *Optimized Synthesis of Dedicated Controllers with Concurrent Checking Capabilities*; Proc. Int. Test Conf., S. 355-363, 1989.

LeSh 90   S. Lee, K. G. Shin: *Design for Test Using Partial Parallel Scan*; IEEE Trans. on Computer-Aided Design, Vol. 9, S. 203-211, 1990.

LiNe 89   B. Lin, A. R. Newton: *Synthesis of Multiple Level Logic from Symbolic High-Level Description Languages*; Proc. IFIP Int. Conf. on Very Large Scale Integration, S. 187-196, 1989.

LiNi 86   R. Lidl, H. Niederreiter: *Introduction to Finite Fields and their Applications*; Cambridge University Press, 1986.

Lipp 83   H. M. Lipp: *Methodical Aspects of Logic Synthesis*; Proc. of the IEEE, Vol. 71, S. 88-97, 1983.

LiWo 88   M. Lightner, W. Wolf: *Experiments in Logic Optimization*; Dig. Tech. Papers, Int. Conf. on Computer-Aided Design, S. 285-289, 1988.

Mala 85   Y. K. Malaiya: *Options in Control Implementation*; Proc. Int. Conf. on Computer Design, S. 267-272, 1985.

MaNa 84   Y. K. Malaiya, R. Narayanaswamy: *Modeling and Testing for Timing Faults in Synchronous Sequential Circuits*; IEEE Design & Test, S. 62-74, 1984.

MaNC 84   P. Marchal, M. Nicolaidis, B. Courtois: *Microarchitecture of the MC 68000*; NATO Advanced Study, Institute on Microarchitecture of VLSI Computers, Sogesto Urbino, 1984.

Maxw 88   P. C. Maxwell: *Comparative Analysis of Different Implementations of Multiple-Input Signature Analyzers*; IEEE Trans. on Computers, Vol. 37, S. 1411-1414, 1988.

McBr 89   P. McGeer, R. K. Brayton: *Consistency and Observability Invariance in Multi-Level Logic Synthesis*; Dig. Tech. Papers, Int. Conf. on Computer-Aided Design, S. 426-429, 1989.

McCl 84   E. J. McCluskey: *Verification Testing - A Pseudoexhaustive Test Technique*; IEEE Trans. on Computers, Vol. 33, S. 541-546, 1984.

McCl 86   E. J. McCluskey: *Logic Design Principles with Emphasis on Testable Semicustom Circuits*; Prentice-Hall, Englewood Cliffs, 1986.

MCNC 88   R. Lisanke: *Logic Synthesis and Optimization Benchmarks, Version 2.0*; Microelectronics Center of North Carolina, 1988.

McSh 90   D. McCarty, T. Shergowski: *Leitfaden zum Beurteilen der Gatterdichte von FPGAs*; Elektronik, S. 52-58, 14/1990.

McUn 59   E. J. McCluskey, S. H. Unger: *A Note on the Number of Internal Variable Assignments for Sequential Switching Circuits*; IRE Trans. on Electronic Computers, Vol. 8, S. 439-440, 1959.

MDNS 88   H.-K. T. Ma, S. Devadas, A. R. Newton, A. Sangiovanni-Vincentelli: *Test Generation for Sequential Circuits*; IEEE Trans. on Computer-Aided Design, Vol. 7, S. 1081-1093, 1988.

MeLi 90   S. Mensch, H. M. Lipp: *Fuzzy Specification of Finite State Machines*; Proc. 1st European Design Automation Conf., S. 622-626, 1990.

MiAT 88   J. R. Miles, A. P. Ambler, K. A. E. Totton: *Estimation of Area and Performance Overheads for Testable VLSI Circuits*; Proc. IEEE Int. Conf. on Computer Design, S. 402-407, 1988.

Micz 83   A. Miczo: *The Sequential ATPG: A Theoretical Limit*; Proc. Int. Test Conf., S. 143-147, 1983.

Moor 56   E. F. Moore: *Gedanken-experiments on Sequential Machines*; Automata Studies, Annals of Math. Studies, Nr. 34, S. 129-153, 1956.

MuKO 70   S.-I. Murakami, K. Kinoshita, H. Ozaki: *Sequential Machines Capable of Fault Diagnosis*; IEEE Trans. on Computers, Vol. 19, S. 1079-1085, 1970.

NFWN 89   H. T. Nagle, R. R. Fritzemeier, J. E. van Well, M. G. McNamer: *Microprocessor Testability*; IEEE Trans. on Industrial Electronics, Vol. IE-36, S. 151-163, 1989.

NoRh 76   T. S. Noe, V. T. Rhyne: *Optimum State Assignment for the D Flip-Flop*; IEEE Trans. on Computers, Vol. 25, S. 306-311, 1976.

ObCD 86   M. Obrebska, S. Chuquillanqui, H. Derantonian: *PLA and Custom Design*; in: *Advances in CAD for VLSI*, Vol. 6, Design Methodologies, S. Goto (Hrsg.), North Holland, 1986.

OCT 89   *Octtools Distribution 3.3*; Electronics Research Laboratory, University of California, Berkeley, 1989.

OhWM 87   M. J. Ohletz, T. W. Williams, J. P. Mucha: *Overhead in Scan and Self-Testing Designs*; Proc. Int. Test Conf., S. 460-470, 1987.

PaSa 83   C. A. Papachristou, D. Sarma: *An Approach to Sequential Circuit Construction in LSI Programmable Arrays*; IEE Proc., Vol. 130, S. 159-164, 1983.

Perr 89   T. S. Perry: *The Intel i860: Intel´s secret is out* ; IEEE Spectrum, S. 22-28, 4/1989.

PeWe 72   W. W. Peterson, E. J. Weldon: *Error-Correcting Codes*; MIT Press, Cambridge, 1972.

Pfle 73   C. F. Pfleeger: *State Reduction in Incompletely Specified Finite-State Machines*; IEEE Trans. on Computers, Vol. 22, S. 1099-1102, 1973.

POLB 88   M. M. Pradhan, E. J. O´Brien, S. L. Lam, J. Beausang: *Circular BIST with Partial Scan*; Proc. Int. Test Conf., S. 719-728, 1988.

Prad 83   D. K. Pradhan: *Sequential Network Design Using Extra Inputs for Fault Detection*; IEEE Trans. on Computers, Vol. 32, S. 319-323, 1983.

PrRe 90   A. K. Pramanick, S. M. Reddy: *On the Design of Path Delay Fault Testable Combinational Circuits*; Proc. 20th Int. Symp. Fault-Tolerant Computing, S. 374-381, 1990.

Quin 52   W. V. Quine: *The Problem of Simplifying Truth Functions*; Am. Math. Monthly, Vol. 59, S. 521-531, 1952.

RADL 89   K. Roy, J. A. Abraham, K. De, S. Lusky: *Synthesis of Delay Fault Testable Combinational Logic*; Dig. Tech. Papers, Int. Conf. on Computer-Aided Design, S. 418-421, 1989.

Rein 89   K. Reindl: *Design-to-Test-Lücke: Brüder, reicht die Hand zum Bunde*; Markt &
            Technik, Nr. 16, S. 90-91, 1989.

RNRA 89   G. Rietsche, M. Neher, W. Rosenstiel, R. Amann: *CASTOR: FSM-Synthesis in a
            Digital Circuit Synthesis System*; Proc. 15th European Solid-State Circuits Conf.,
            S. 105-108, 1989.

RoCa 89   W. Rosenstiel, R. Camposano: *Rechnergestützter Entwurf hochintegrierter MOS-
            Schaltungen*; Springer, Berlin, 1989.

Ross 83   S. M. Ross: *Stochastic Processes*; Wiley, New York, 1983.

Roth 78   J. Roth: *Sequential Test Generation*; Technical Disclosure Bull., IBM, Jan. 1978.

RRBC 89   M. Renovell, S. Rayon, Y. Bertrand, G. Cambon: *Testability Design for PLA-
            Implemented Finite State Machines*; Proc. 1st European Test Conf., S. 246-251,
            1989.

RuSa 87   R. Rudell, A. Sangiovanni-Vincentelli: *Multiple-Valued Minimization for PLA
            Optimization*; IEEE Trans. on Computer-Aided Design, Vol. 6, S. 727-750, 1987.

SaBh 80   S. Sahni, A. Bhatt: *The Complexity of Design Automation Problems*; Proc. 17th
            Design Automation Conf., S. 402-411, 1980.

SaCS 87   G. Saucier, M. C. de Paulet, P. Sicard: *ASYL: A Rule-Based System for Controller
            Synthesis*; IEEE Trans. on Computer-Aided Design, Vol. 6, S. 1088-1097, 1987.

SaDa 86   K. Saluja, R. Dandapani: *A Built-In Self-Testable Design Method for Sequential
            Circuits*; Proc. 16th Int. Symp. Fault Tolerant Computing, S. 312-317, 1986.

SaDa 88   K. Sabnani, A. Dahbura: *A Protocol Test Generation Procedure*; Computer
            Networks and ISDN Systems, Vol. 15, S. 285-297, 1988.

SaDP 89   G. Saucier, C. Duff, F. Poirot: *State Assignment Using a New Embedding Method
            Based On an Intersecting Cube Theory*; Proc. 26th Design Automation Conf., S.
            321-326, 1989.

SaGo 76   S. Sahni, T. Gonzalez: *P-Complete Approximation Problems*; Journal of the ACM,
            Vol. 23, S. 555-565, 1976.

Sang 87   A. Sangiovanni-Vincentelli: *Automatic Layout of Integrated Circuits*; in: *Design
            Systems for VLSI Circuits*, G. De Micheli, A. Sangiovanni-Vincentelli, P.
            Antognetti (Hrsg.), Martinus Nijhoff, 1987.

SaSB 90   G. Saucier, P. Sicard, L. Bouchet: *Multi-Level Synthesis on PALs*; Proc. 1st
            European Design Automation Conf., S. 542-546, 1990.

ScTS 87   M. Schulz, E. Trischler, T. Sarfert: *SOCRATES: A Highly Efficient Automatic
            Test Pattern Generation System*; Proc. Int. Test Conf., S. 1016-1026, 1987.

ScWu 87   D. Schmid, H.-J. Wunderlich et al.: *Integrated Tools for Automatic Design for
            Testability*; Proc. of the IFIP Workshop on Tool Integration and Design
            Environments, S. 233-258, 1988.

ShMc 76   J. J. Shedletsky, E. J. McCluskey: *The Error Latency of a Fault in a Sequential
            Digital Circuit*; IEEE Trans. on Computers, Vol. 25, S. 655-659, 1976.

SIEM 89   SIEMENS AG, ZFE: *Synthese - Entwurfsmethode der Zukunft*; Elektronik, S.
            ASIC19-ASIC39, Nr. 23, 1989.

SiSw 82   D. P. Sieworek, R. S. Swarz: *The Theory and Practice of Reliable System Design*;
            Digital Press, Bedford, 1982.

Spaa 86   L. Spaanenburg: *Structured Design of Control Specifications*; in: *Advances in
            CAD for VLSI*, Vol. 2, Logic Design and Simulation, E. Hörbst (Hrsg.), S. 53-92,
            1986.

StHR 72   J. Story, H. Harrison, E. Reinhard: *Optimum State Assignment for Synchronous
            Sequential Circuits*; IEEE Trans. on Computers, Vol. 21, S. 1365-1373, 1972.

Stro 88   C. E. Stroud: *An Automated BIST Approach for General Sequential Logic
            Synthesis*; Proc. 25th Design Automation Conf., S. 3-8, 1988.

StVi 90   O. Stern, H. T. Vierhaus: *CMOS Layout Generation for Improved Testability*; Proc. EUROMICRO, S. 509-512, 1990.

ThKu 91   R. Thomas, S. Kundu: *Synthesis of Fully Testable Sequential Machines*; Proc. 2nd European Design Automation Conf., S. 283-288, 1991.

ToBo 75   N. G. Topol'skii, V. I. Bozhich: *A Method of Coding Automata States from the Graphs of Possible Proximities*; Engineering Cybernetics, Vol. 13, S. 89-96, 1975.

Torn 68   H. C. Torng: *An Algorithm for Finding Secondary Assignments of Synchronous Sequential Circuits*; IEEE Trans. on Computers, Vol. 17, S. 461-469, 1968.

Tris 80   E. Trischler: *Incomplete Scan Path with an Automatic Test Generation Methodology*; Proc. Int. Test Conf., S. 153-162, 1980.

TTAG 90   J. P. Teixeira et al.: *A Strategy for Testability Enhancement at Layout Level*; Proc. 1st European Design Automation Conf., S. 413-417, 1990.

TuBr 74   G. Tumbush, J. Brandeberry: *A State Assignment Technique for Sequential Machines Using JK Flipflops*; IEEE Trans. on Computers, Vol. 23, S. 85-86, 1974.

Tuck 90   B. Tuck: *Is Synthesis the Solution for Testing Complex ASICs?*; Computer Design, Vol. 29, Nr. 13, S. 22-30, Juli 1990.

Unge 69   S. Unger: *Asynchronous Sequential Switching Circuits*; Wiley, New York, 1969.

VaTr 88   D. Varma, E. A. Trachtenberg: *A Fast Algorithm for the Optimal State Assignment of Large Finite State Machines*; Dig. Tech. Papers, Int. Conf. on Computer-Aided Design, S. 152-155, 1988.

VeSa 80   C. S. Venkatraman, K. K. Saluja: *Transition Count Testing of Sequential Machines*; Proc. 10th Int. Symp. Fault-Tolerant Computing, S. 167-172, 1980.

ViJh 91   B. Vinnakota, N. K. Jha: *MACHETE: Synthesis of Sequential Machines for Easy Testability*; Proc. 2nd European Design Automation Conf., S. 289-293, 1991.

ViSa 89   T. Villa, A. Sangiovanni-Vincentelli: *NOVA: State Assignment of Finite State Machines for Optimal Two-Level Logic Implementations*; Proc. 26th Design Automation Conf., S. 327-332, 1989.

ViSa 90   T. Villa, A. Sangiovanni-Vincentelli: *NOVA: State Assignment of Finite State Machines for Optimal Two-Level Logic Implementation*; IEEE Trans. on Computer-Aided Design, Vol. 9, S. 905-924, 1990.

VoPl 89   L. Voelkel, J. Pliquett: *Signaturanalyse*; Springer, Informatik-Fachberichte 177, Berlin, 1989.

Wads 78   R. L. Wadsack: *Fault Modeling and Logic Simulation of CMOS and MOS Integrated Circuits*; Bell System Technical Journal, Vol. 57, S. 1449-1474, 1978.

WaMc 86   Laung-Terng Wang, Edward J. McCluskey: *Complete Feedback Shift Register Design for Built-in Self-test*; Dig. Tech. Papers, Int. Conf. on Computer-Aided Design, S. 56-59, 1986.

WaMc 87   L.-T. Wang, E. J. McCluskey: *Built-in Self-Test for Sequential Machines*; Proc. Int. Test Conf., S. 334-341, 1987.

WaMM 87   L.-T. Wang, E. J. McCluskey, S. Mourad: *Shift Register Testing of Sequential Machines*; Proc. 17th Int. Symp. Fault-Tolerant Computing, S. 66-71, 1987.

WaMo 89   L. T. Wang, S. Mourad: *SST: Scan Self-Test for Sequential Machines*; IEE Proceedings, pt. E, Vol. 136, S. 569-574, 1989.

WDGS 88   T. W. Williams, W. Daehn, M. Gruetzner, C. W. Starke: *Bounds and Analysis of Aliasing Errors in Linear Feedback Shift Registers*; IEEE Trans. on Computer-Aided Design, Vol. 7, S. 75-83, 1988.

WeDo 69   P. Weiner, T. A. Dolotta: *Mixed Memory Realizations of Sequential Machines*; IEEE Trans. on Computers, Vol. 18, S. 272-277, 1969.

Wend 74   S. Wendt: *Entwurf komplexer Schaltwerke*; Springer, Berlin, 1974.

WeSm 67   P. Weiner, E. J. Smith: *On the Number of Distinct State Assignments for Synchronous Sequential Machines*; IEEE Trans. on Electronic Computers, Vol. 16, S. 220-221, 1967.

WiAn 73   M. J. Y. Williams, J. B. Angell: *Enhancing Testability of Large-Scale Integrated Circuits via Test Points and Additional Logic*; IEEE Trans. on Computers, Vol. 22, S. 46-60, 1973.

WiDa 89   T. W. Williams, W. Daehn: *Aliasing Probability for Multiple Input Signature Analyzers with Dependent Inputs*; Proc. CompEuro, 3rd Annual European Computer Conf., S. 5.120-5.127, 1989.

WiDa 89a   T. W. Williams, W. Daehn: *Aliasing Errors in Multiple Input Signature Analysis Registers*; Proc. 1st European Test Conf., S. 338-345, 1989.

WiHW 85   O. Wing, S. Huang, R. Wang: *Gate Matrix Layout*; IEEE Trans. on Computer-Aided Design, Vol. 4, S. 220-231, 1985.

Wilk 51   M. V. Wilkes: *The Best Way to Design an Automatic Calculating Machine*; Manchester Univ. Comp. Inaugural Conf., Ferranti, London, 1951.

Will 77   T. W. Williams: *Random Patterns within a Structured Sequential Logic Design*; Proc. Int. Test Conf., S. 19-26, 1977.

Will 81   T. W. Williams: *Design for Testability*; in: *Computer Design Aids for VLSI Circuits*, P. Antognetti, D. O. Pederson, H. DeMan (Hrsg.), S. 359-416, 1981.

Will 86   R. M. Williams: *IBM Perspectives on the Electrical Design Automation Industry*; Keywords, 23rd Design Automation Conf., 1986.

WiPa 83   T. W. Williams, K. P. Parker: *Design for Testability - A Survey*; Proc. of the IEEE, Vol. 71, S. 98-112, 1983.

WoKA 88   W. Wolf, K. Keutzer, J. Akella: *A Kernel-Finding State Assignment Algorithm for Multi-Level Logic*; Proc. 25th Design Automation Conf., S. 433-438, 1988.

Wolf 90   W. Wolf: *The FSM Network Model for Behavioral Synthesis of Control Dominated Machines*; Proc. 27th Design Automation Conf., S. 692-697, 1990.

WuHe 89   H.-J. Wunderlich, S. Hellebrand: *The Pseudo-Exhaustive Test of Sequential Circuits*; Proc. Int. Test Conf., 1989.

Wund 87   H.-J. Wunderlich: *Probabilistische Verfahren für den Test hochintegierter Schaltungen*; Informatik-Fachberichte 140, Springer, Berlin, 1987.

Wund 87a   H.-J. Wunderlich: *Self Test Using Unequiprobable Random Patterns*; Proc. 17th Int. Symp. Fault-Tolerant Computing, S. 258-263, 1987.

Wund 89   H.-J. Wunderlich: *The Design of Random-Testable Sequential Circuits*; Proc. 19th Int. Symp. Fault-Tolerant Computing, S. 110-117, 1989.

Wund 90   H.-J. Wunderlich: *Multiple Distributions for Biased Random Test Patterns*; IEEE Trans. on Computer-Aided Design, Vol. 9, S. 584-593, 1990.

Wund 91   H.-J.Wunderlich: *Hochintegrierte Schaltungen: Prüfgerechter Entwurf und Test*; Springer, Berlin, 1991.

ZoIv 90   Y. Zorian, A. Ivanov: *An Effective BIST Scheme for ROMs*; 8th IEEE Built-in Self Test Workshop, Kiawah Island, März 1990.